항공기장비 실습

이부일 저

D.B.Info

PREFACE

최근 몇 십년간 국내의 항공산업은 다양한 종류의 항공기 개발 사업을 바탕으로 눈부신 발전을 이루어 왔다. 초창기엔 항공기 창정비를 시작으로 항공기 기술도입 면허생산 사업인 F-5 제공호, KF-16, MD-500을 거쳐 KT-1 기본 훈련기, T-50 고등훈련기, FA-50 경공격기, 무인항공기, 회전익 항공기인 KUH 수리온 다목적 헬기등 주로 군용 항공기 위주의 개발이 그 밑거름이 되었다. 그러나 최근에 KC-100 민수 항공기를 개발하였고 이 사업을 통해 한국과 미국 양국의 형식증명을 획득하여 미국으로의 민수 항공기 수출까지 바라보게 되었다. 이러한 개발과정을 통해 국내의 항공기개발 기술 수준은 독자개발을 할 수 있는 수준에 도달하게 되었다.

또한 최근에는 항공산업 특화단지가 사천/진주지역에 지정됨으로써 많은 항공업체의 투자가 일어나고 관련 인력들도 많이 필요한 시점이 되었다. 이에 따라 항공기에 대한 다양한 분야의 이론과 실무 지식을 갖춘 인재의 수요가 증가할 것으로 예측된다. 따라서 그 동안 대학에서 비중을 두었던 이론 교육뿐만 아니라 실무교육과 실습교육도 중요하게 되었다. 이론교육은 시중의 많은 교재를 통해 교육이 가능하나 실습교육은 실습 대상의 항공기 장비를 갖추는 데는 드는 높은 비용과 교보재로서의 기능을 갖춘 교육장비를 구하는 데 어려움이 있었다. 대부분의 학교에서는 항공기 기체나 엔진에 대한 실습장비를 갖추는 경우가 더러 있으나 항공기 내부에 장착된 여러 가지 주요 시스템에 대한 실습장비는 갖추지 못해 실습교육을 할 수 없는 상황에 있다.

이런 상황을 고려해서 만든 가칭 AST(Aircraft Systems Trainer)는 항공기 시스템의 작동 원리와 작동 절차를 시청각적으로 이해하고 실습할 수 있는 항공기 시스템 시뮬레이션 교육 훈련장비이다. AST는 Air Conditional and Pressurization, Anti-Icing and Rain Protection System, APU System, Electrical System, Warning System, Fire Protection System, Fuel System, Hydraulic System, Landing Gear System에 대하여 실습할 수 있도록 구성되어 있다. 장비에 구현된 항공기 시스템은 B737을 적용하였고, 그 내용은 B737 operation manual의 내용을 근거로 작성하였다. B737은 현재 세계에서 가장 많이 팔린 민간

여객기의 하나로서 탑재된 시스템은 여타 다른 항공기의 시스템과 거의 동일하기 때문에 B737 시스템의 이해를 통해 대부분의 항공기 시스템을 이해할 수 있다고 볼 수 있다.

각 시스템별로 별도의 모듈로 구성하였고 모듈에는 각 시스템의 구성품을 장착하게 하여 시스템의 구성과 구성품을 이해하고 시나리오 스위치 작동을 하여 그 결과로서 시스템이 상황별로 어떻게 작동하는지 모니터에 구현하였다.

본 교재는 이러한 실습을 하기 위해 필요한 실습절차뿐만 아니라 각 시스템별 주요 사항들을 요약 정리하였고, 가장 최근의 B787 항공기와 비교 설명하는 내용을 포함시켰다. 본 교재와 장비를 활용한다면 항공기 시스템에 대해 좀 더 나은 이해를 할 수 있으면 하는 조그만 바람으로 교재를 작성하였다.

2015년 8월

이 부 일

CONTENTS

1 개요

2 실습 장치

2.1 실습 장치 개요 9
2.2 실습 장치 특징 10
2.3 실습 장치 구성 11

3 환경제어계통(Air Conditional and Pressurization)

3.1 환경제어계통 개요 24
3.2 환경제어계통 Module ECS-1 실습 35
3.3 환경제어계통 Module ECS-2 실습 44
3.4 환경제어계통 Module ECS-3 실습 50

4 방/제빙 및 제우계통(Anti-Icing and Rain Protection System)

4.1 방/제빙 및 제우계통 개요 56
4.2 방/제빙계통 실습 65

5 연료계통(Fuel System)

5.1 연료계통 개요 76
5.2 연료계통 실습 86

6 유압계통(Hydraulic System)

6.1 유압계통 개요 104
6.2 유압계통 Hydraulic-1 모듈 실습 114
6.3 유압계통 Hydraulic-2 모듈 실습 119
6.4 착륙계통(Landing gear) 실습 136

7 화재 감지/보호 계통(Fire protection system)

7.1 화재 감지/보호 계통 개요 145
7.2 화재 감지/보호 계통 실습 154

8 전기계통(Electrical system)

8.1 전기계통 개요 166
8.2 전기계통 실습 176

9 경고계통(Warning system)

9.1 경고계통 개요 182
9.2 경고계통 실습 187

10 보조동력계통(APU system)

10.1 보조동력계통 개요 206
10.2 비상동력(Emergency power) 207
10.3 보조동력계통 실습 210

CHAPTER

01

개요

국내 항공 산업은 최근 몇 십년 동안 다양한 형태의 항공기를 개발하면서 많은 기술발전을 이루어왔다. 초창기 창정비를 시작으로 기술도입 면허생산을 거쳐 현재는 독자적으로 항공기 개발이 가능한 수준까지 올라와 있다. 최근에는 국내에서 독자 설계로 개발한 항공기들이 국내는 물론 해외에 수출되고 있고, 대형 민항기의 부품 제작 및 조립 수출, 항공기 부품 국산화를 위한 정부의 개발 예산 투입 등을 통해 글로벌 항공산업 국가로 성장하고 있다. 이에 따라 항공기에 대한 이론 뿐만 아니라 실무 지식을 갖춘 인재들의 수요가 증가할 것으로 보인다.

이론적인 수업은 시중의 많은 우수한 교재를 통해 교육이 가능하나 실물 항공기를 대상으로 하는 실습 교육은 교육 대상의 장비를 갖추는데 많은 제약조건이 따르게 된다. 그 중에서 항공기 구조물, 엔진에 대한 실습 장비는 상대적으로 나은 편이지만 그 외에 수많은 주요 계통 시스템들은 주변에서 쉽게 접근하기가 어려운 실정이다.

이러한 환경 속에서 좀 더 학생들에게 실습을 통해 계통 시스템을 이해할 수 있도록 하기 위해 실물 대신 simulation 장비를 활용하여 교육하도록 하였다. 가칭 AST(Aircraft Systems Trainer)는 실물 장비을 대신 할 수 있도록 구성하여 항공기 시스템의 구성 부품, 시스템 구성, 작동 원리와 작동 절차를 시청각적으로 이해하고 실습할 수 있도록 하였다.

AST는 항공기 주요 시스템중에서 Air Conditional and Pressurization, Anti-Icing and Rain Protection System, APU System, Electrical System, Warning System, Fire Protection System, Fuel System, Hydraulic System, Landing Gear System에 대하여 실습할 수 있도록 구성되어 있다. 이런 교육을 위해 AST의 각 시스템은 베이스 시스템(Base System), 착탈식 시스템 모듈(System Module)과 착탈식 컴포넌트(Component)로 구성되어 있다. 시스템 모듈에는 항공기 시스템들을 개별적으로 구현하였고, 가상의 항공기 시스템 부품인 컴포넌트(Component)를

시스템 모듈에 장착하도록 하여 시스템의 중요 부품과 전체적 흐름 및 구성에 대한 이해도를 높이도록 하였다.

장비에 구현된 항공기 시스템은 B737을 적용하였고, 그 내용은 B737 operation manual의 내용을 근거로 작성하였다. B737은 현재 세계에서 가장 많이 팔린 민간 여객기로서 탑재된 시스템은 여타 다른 항공기의 시스템과 거의 동일하기 때문에 B737 시스템의 이해를 통해 대부분의 항공기 시스템을 이해할 수 있다고 볼 수 있다.

CHAPTER 02

실습 장치

2.1 실습 장치 개요

항공기 시스템 실습장치는 베이스 시스템(Base System), 착탈식 시스템 모듈(System Module)과 착탈식 컴포넌트(Component)로 구성되어 있다. 착탈식으로 구성된 각각의 시스템 모듈은 항공기 시스템 별로 개별 구성되어 있다. 이를 이용하여 항공기 시스템별 학습과 실습이 용이하고 시스템에 대한 학생들의 이해가 쉽도록 구성하였다. 학생들이 항공기 시스템의 주요 부품을 의미하는 컴포넌트(Component)를 시스템 모듈에 구성되어 있는 개별 항공기 시스템에 직접 착탈하는 실습을 통해 시스템의 구성, 주요 구성품과 전체 시스템의 작동원리를 시각적이고 촉각적인 학습이 가능하도록 하였다.

또한 베이스의 상판에 부탁된 LCD 화면을 이용하여 컴포넌트(Component) 착탈에 따른 정상상태 및 오류 결과를 시각적으로 확인할 수 있으며, 항공기 시스템에서 사용되는 각종 경고(Warning, Alert) 및 구두메시지(Oral Message)를 청각적으로 확인할 수 있도록 하였다.

시스템 모듈에는 각 항공기 시스템의 작동 모드별 scenario switch를 조작하여 모드별 시스템 작동 흐름을 화면을 통해 확인할 수 있다.

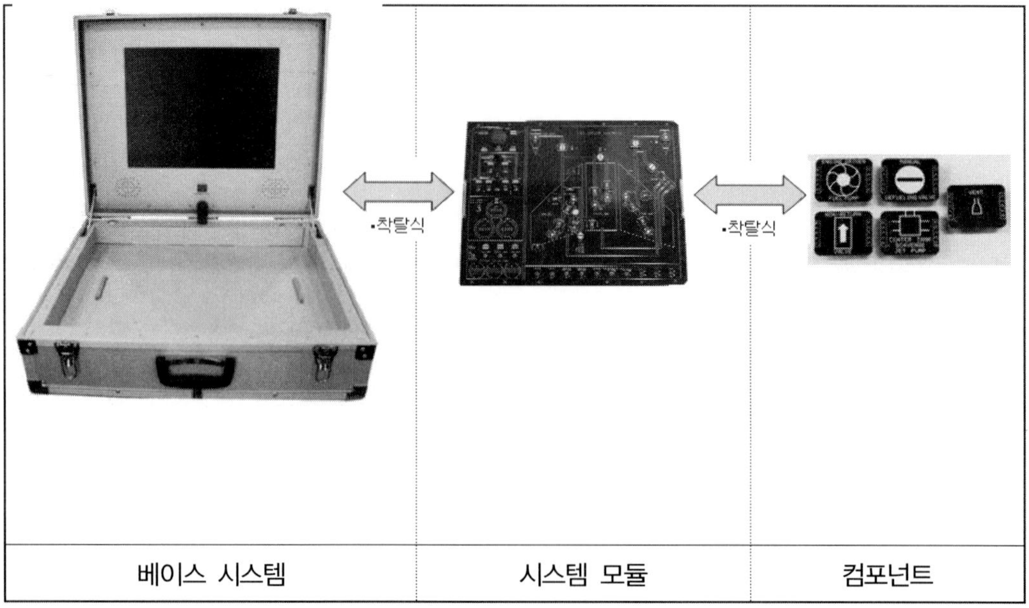

그림 2.1 AST의 장비 구성

2 2 실습 장치 특징

각 시스템은 시스템 모듈로 구성되어 베이스 시스템(Base System)에 착탈할 수 있도록 하였다. 착탈식으로 구성되어 시스템 모듈을 사용한 강의는 학생들이 해당 시스템에 대한 이해와 집중이 용이하다.

또한 각 시스템의 시스템 모듈은 학생들이 중요 부분을 모사한 컴포넌트(Component)를 이용하여 직접 착탈하고 실행하며, 시스템의 중요 부분과 전체적 흐름 및 구성에 대한 이해를 높인다. 모듈과 component의 착탈에 따른 결과를 LCD으로 화면으로 즉시 확인할 수 있다.

- 항공기 시스템의 작동원리와 작동절차를 효율적으로 학습가능
- 교육훈련장비는 시청각적 교육시스템으로 활용
- 한 대의 베이스 시스템을 이용하여 여러 항공기 시스템의 작동원리 및 절차를 실습

2 3 실습 장치 구성

2.3.1 베이스 시스템(Base System)

베이스 시스템은 항공시스템 시뮬레이션 교육훈련장비 중에서 기본이 되는 장치로서 각 시스템 모듈(Air Conditional and Pressurization, Anti-Icing and Rain Protection System, APU System, Electrical System, Warning System, Fire Protection System, Fuel System, Hydraulic System, Landing Gear System)을 장착하여 교육훈련을 수행할 수 있도록 하는 장치이다. 구조는 시스템 모듈을 장착할 수 있도록 공간이 구성되어 있고 모듈에 전원을 공급하는 장치, 전체 시스템을 운영하는 소프트웨어 및 하드웨어, 결과를 확인할 수 있는 LCD 모니터와 입출력 단자가 설치되어 있다.

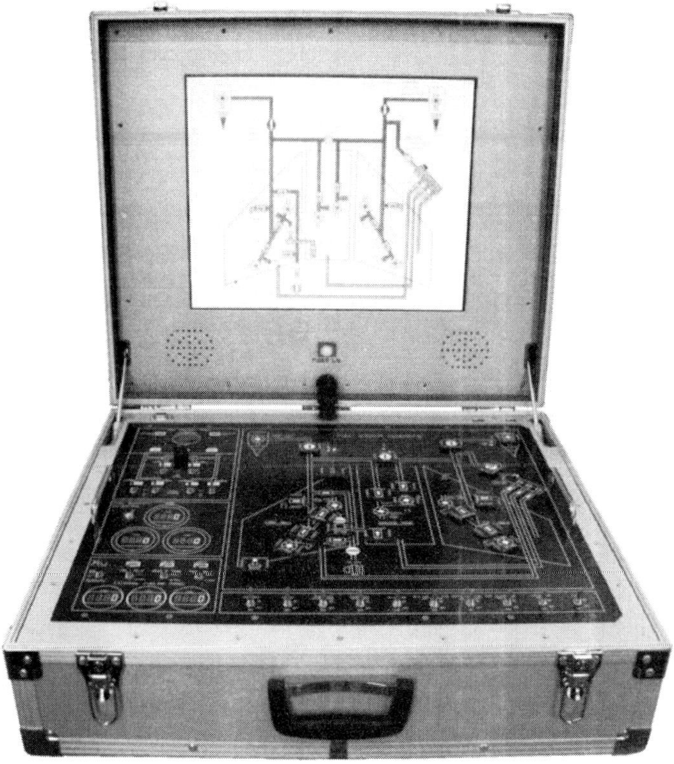

그림 2.2 베이스 장치에 모듈이 장착된 모습

2.3.2 시스템 모듈(System Module)

시스템 모듈은 항공기에 장착되어 있는 시스템 중 주요 시스템을 선정하여 구현하였다. 구현된 시스템은 환경제어계통(Air Conditional/Pressurization), 방제빙 및 방우 계통(Anti-Icing/Rain Protection System), 보조동력계통(APU System), 전기계통(Electrical System), 경고계통(Warning System), 화재감지 및 보호계통(Fire Protection System), 연료계통(Fuel System), 유압계통(Hydraulic System), 착륙계통(Landing Gear System)이다. 시스템 모듈에는 컴포넌트를 꽂을 수 있도록 구성한 시스템의 Schematic과 시스템 계기 판넬(Panel), 스위치(Switch) 등으로 구성되어 있다.

시스템 모듈의 양 끝단의 손잡이로 들어 베이스 시스템에 장착하여 사용한다. 베이스 시스템과 모듈의 방향이 맞지 않으면 장착이 안 되도록 되어 있다.

베이스에 장착하여 정해진 절차에 따라 모듈에 설치된 스위치, 레버, 다이얼 등을 조작하면 그 결과가 모듈의 계기판과 LCD 화면에 구현되도록 하였다.

Air Conditional and Pressurization (ECS-1)

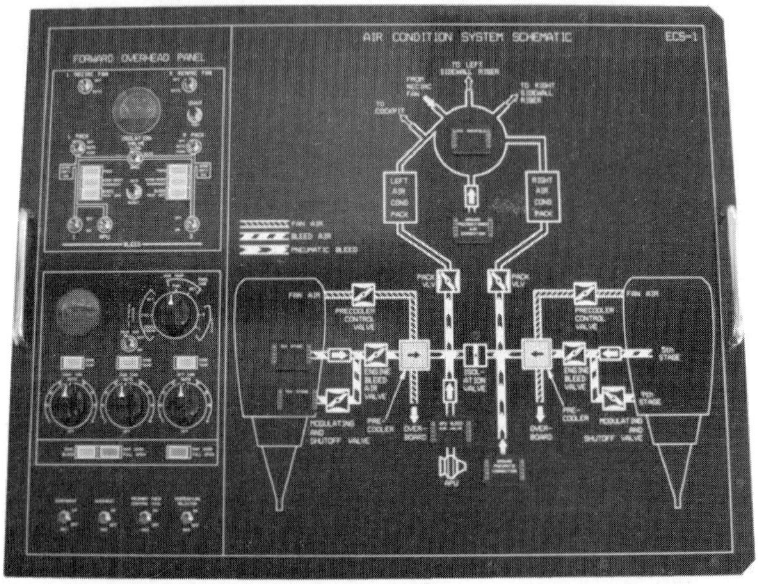

Air Conditional and Pressurization (ECS-2)

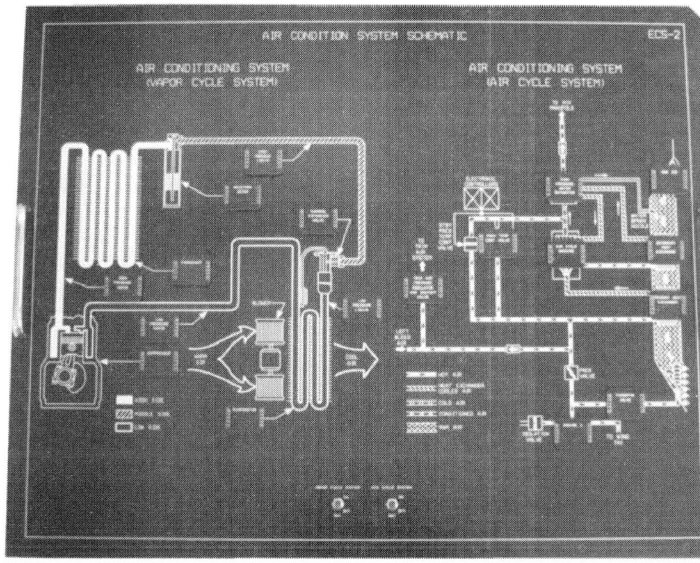

Air Conditional and Pressurization (ECS-3)

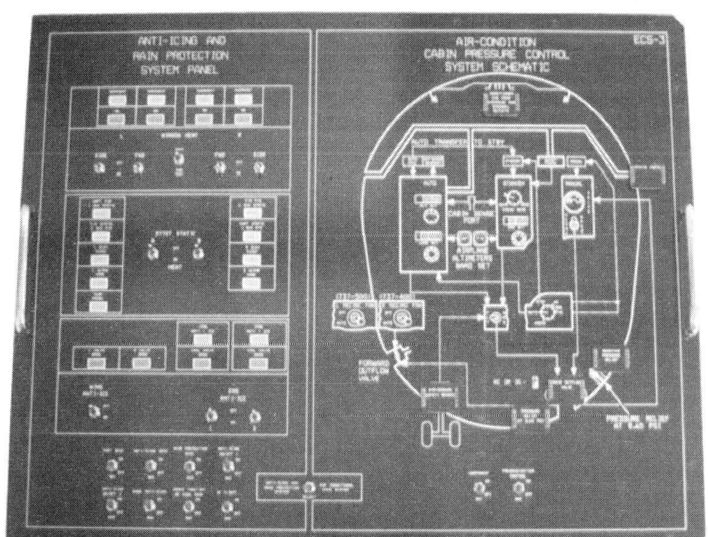

Anti-Icing and Rain Protection System

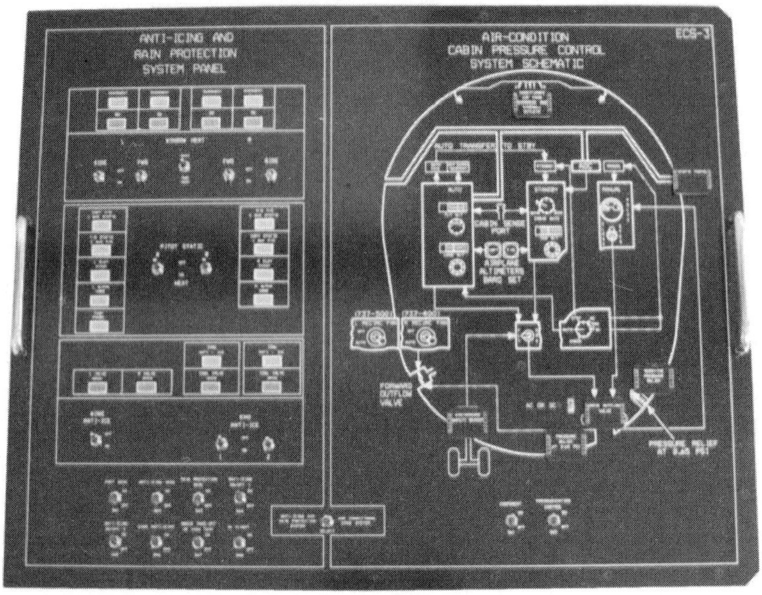

APU System

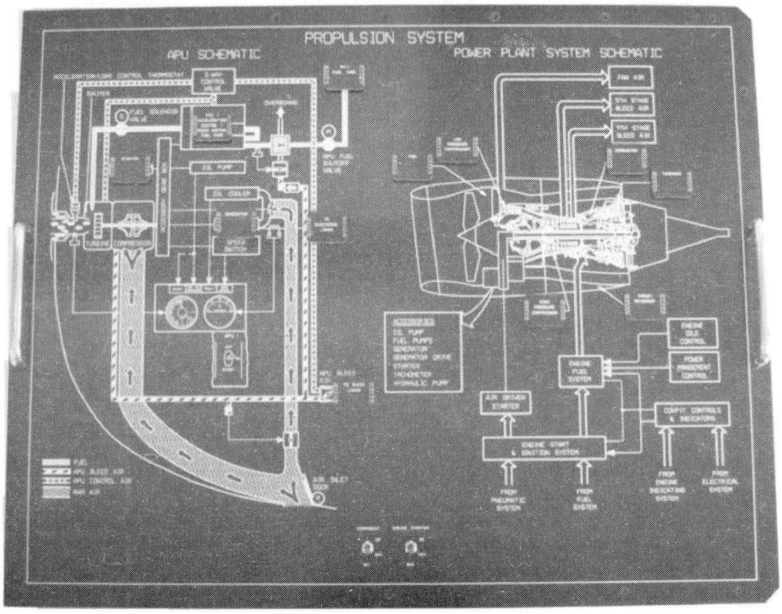

Electrical System
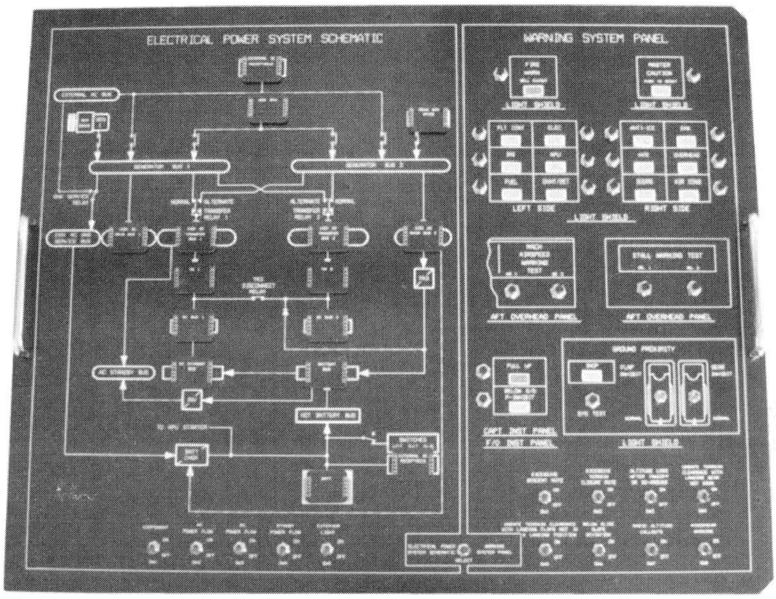

Warning System
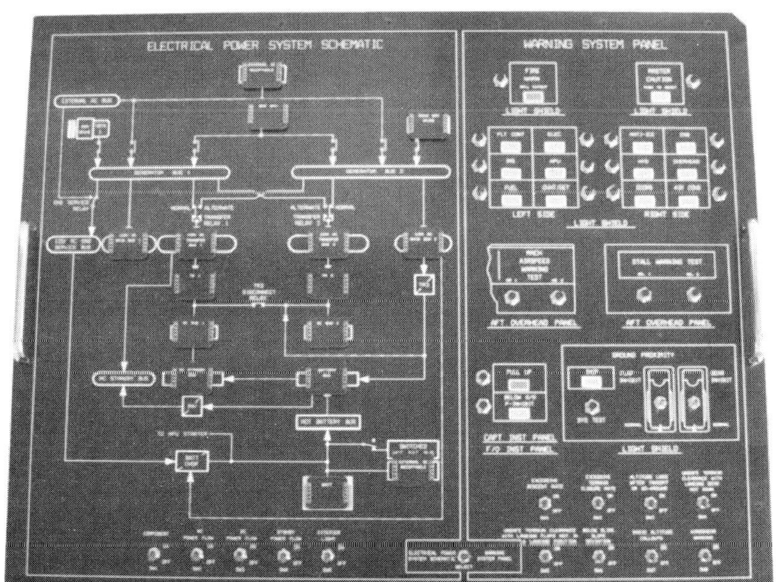

Fire Protection System

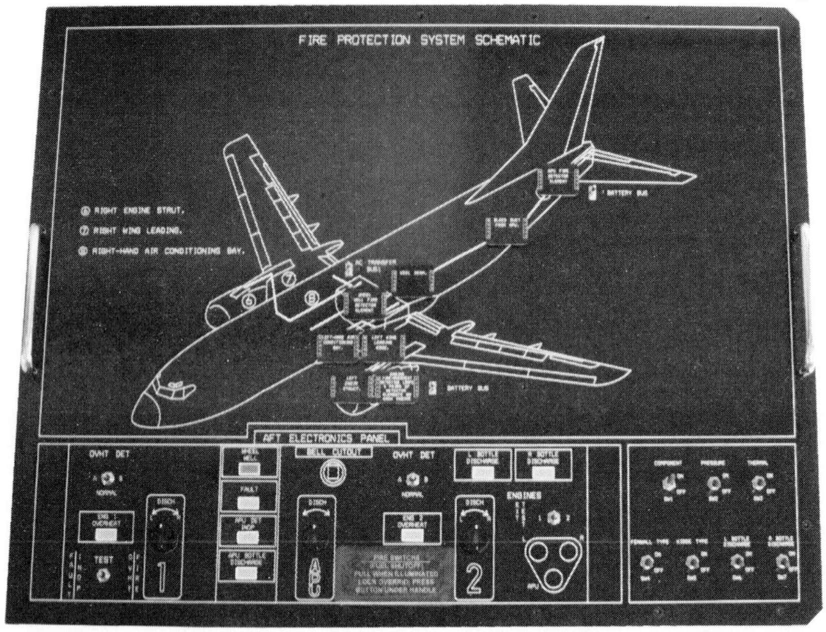

Fuel System

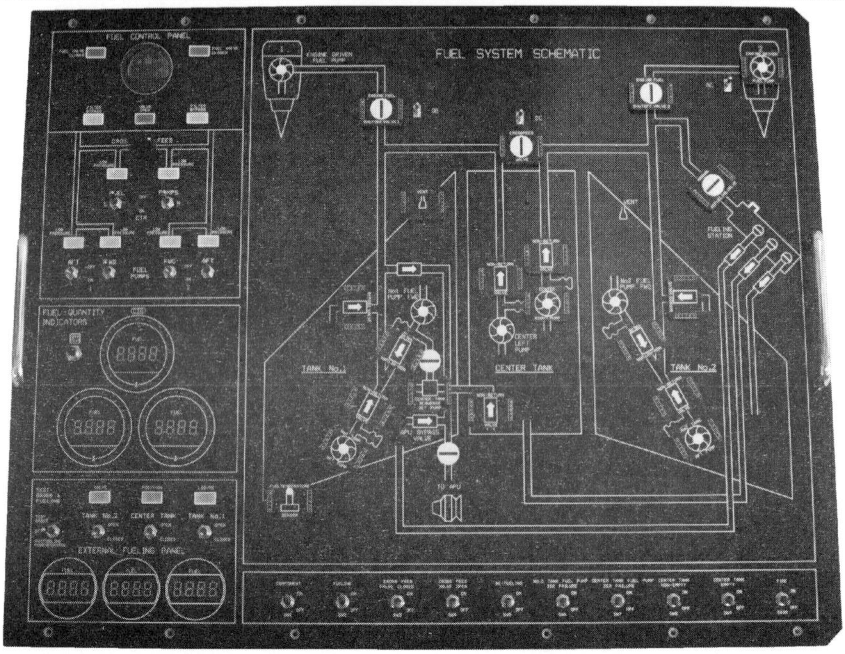

Hydraulic System (HYDRAULIC-1)

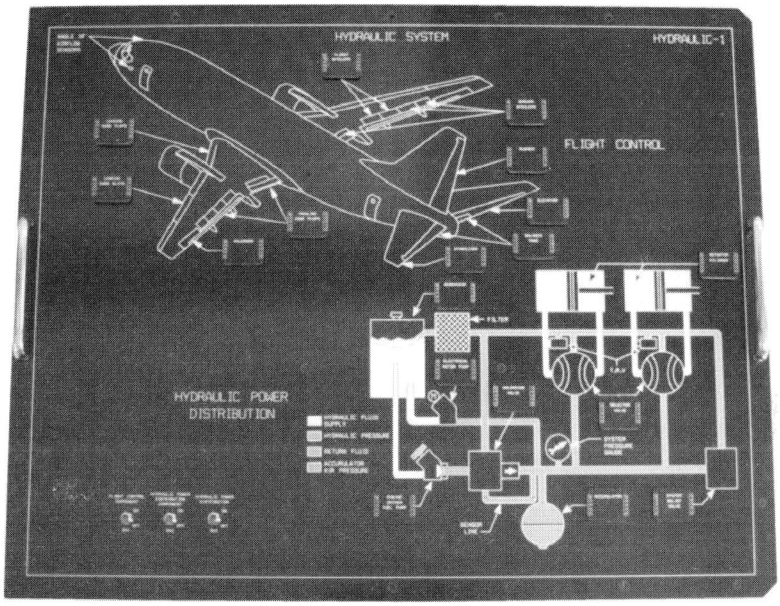

Hydraulic System (HYDRAULIC-2)

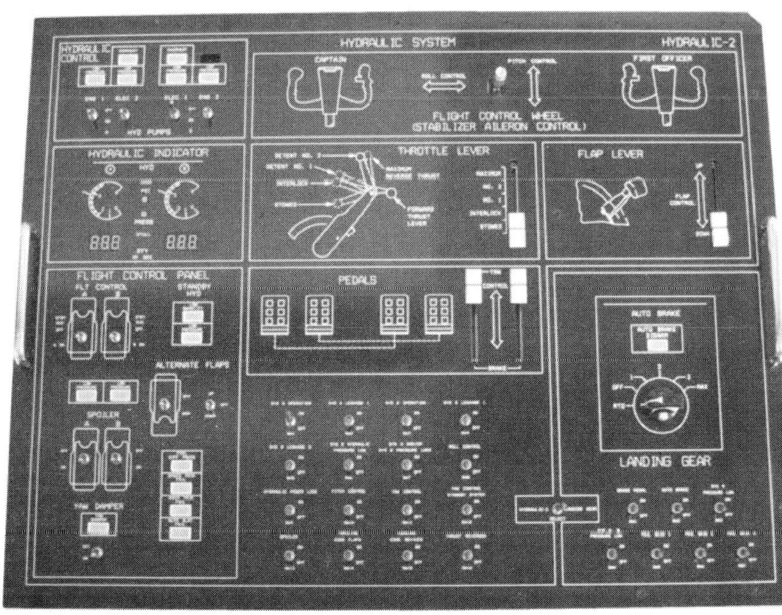

Landing Gear System

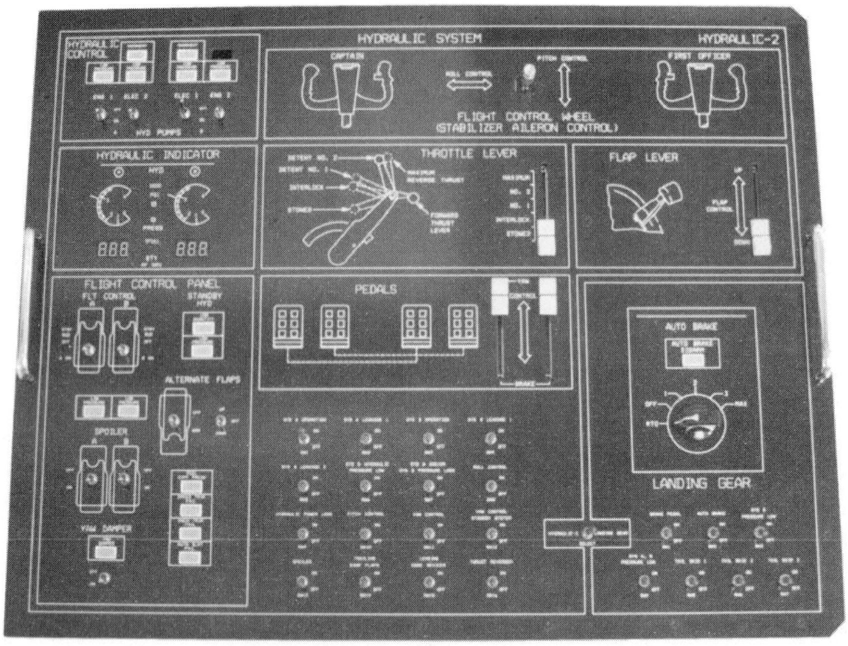

그림 2.3 실습용 모듈

2.3.3 컴포넌트(Component)

항공기의 각 시스템 모듈에 착탈되는 구성품으로서 항공기 시스템을 구성하는 주요 부품을 단위 부품화하여 학생들이 직접 장착하여 실습할 수 있도록 구성하였다. 시스템 모듈에 해당 시스템의 컴포넌트를 정확한 위치에 장착하지 않으면 전체 시스템이 작동하지 않도록 되어 있다. 즉, 가상의 항공기 시스템 부품인 컴포넌트를 정확한 위치에 장착함으로써 실제 항공기 시스템의 구성이 어떻게 이루어져 있는지 확인할 수 있다. 만일 컴포넌트를 정확한 위치에 장착하면 항공기 부품의 명칭이 화면에 구현되면서 멜로디가 나오도록 하였다. 틀린 위치에 장착하면 화면상에 부품의 명칭이 나오는 대신 물음표(?)가 나오도록 하였다. 따라서 학습의 이해를 높이고 주요 항공기 부품과 시스템의 구성에 대한 이해가 용이하다.

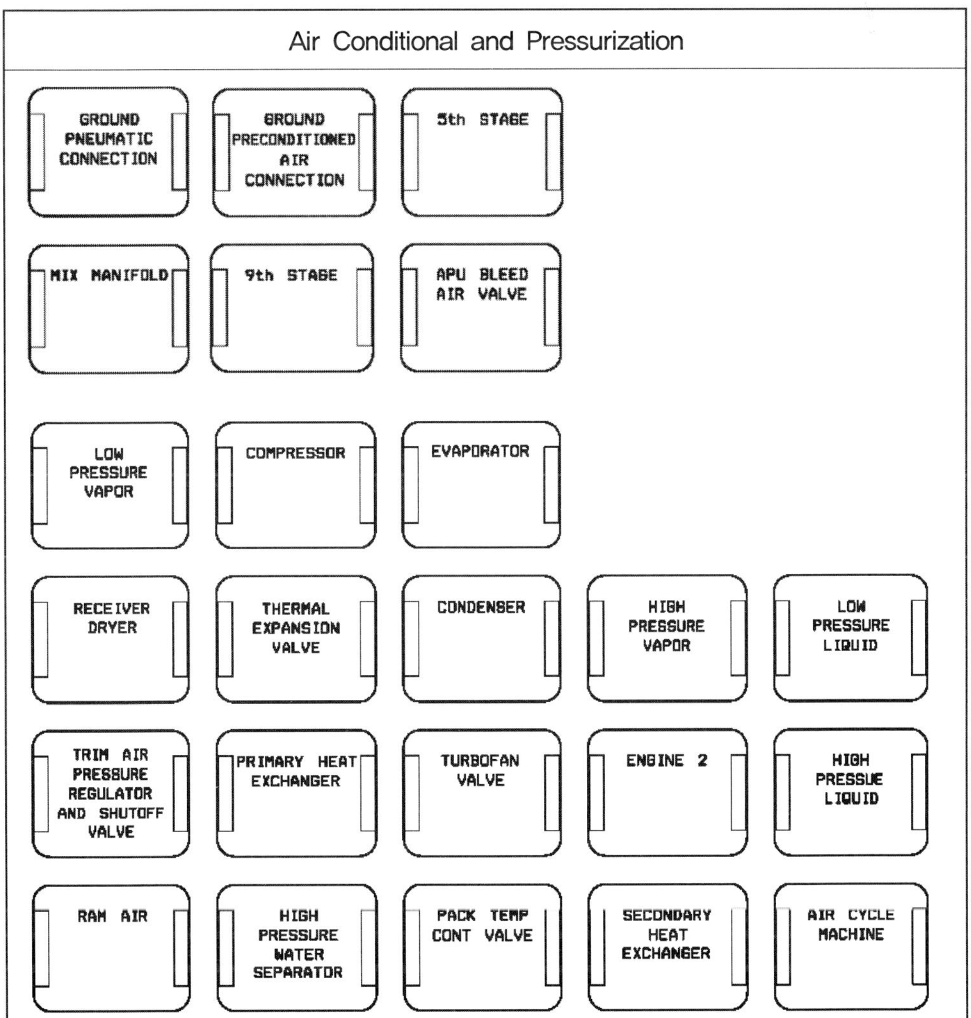

Anti-Icing and Rain Protection System (Module 2)

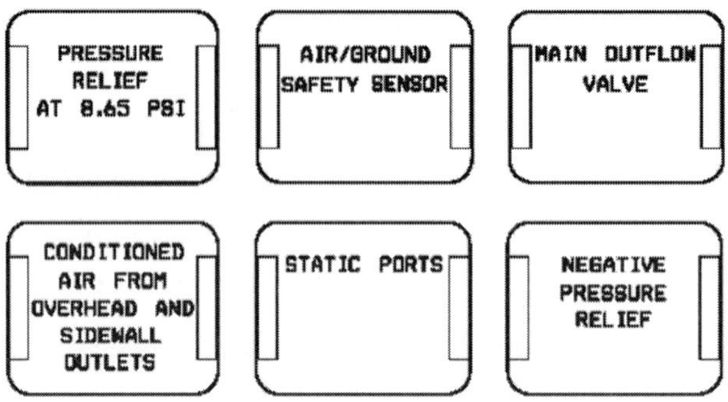

APU System

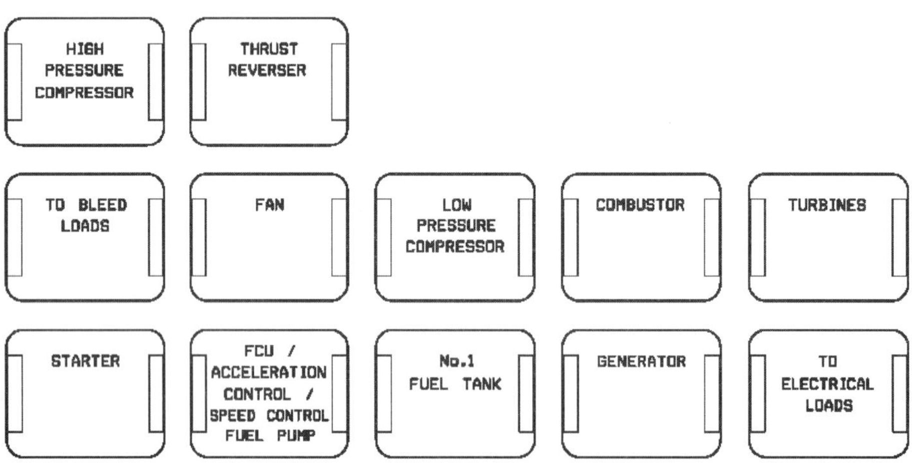

Electrical System

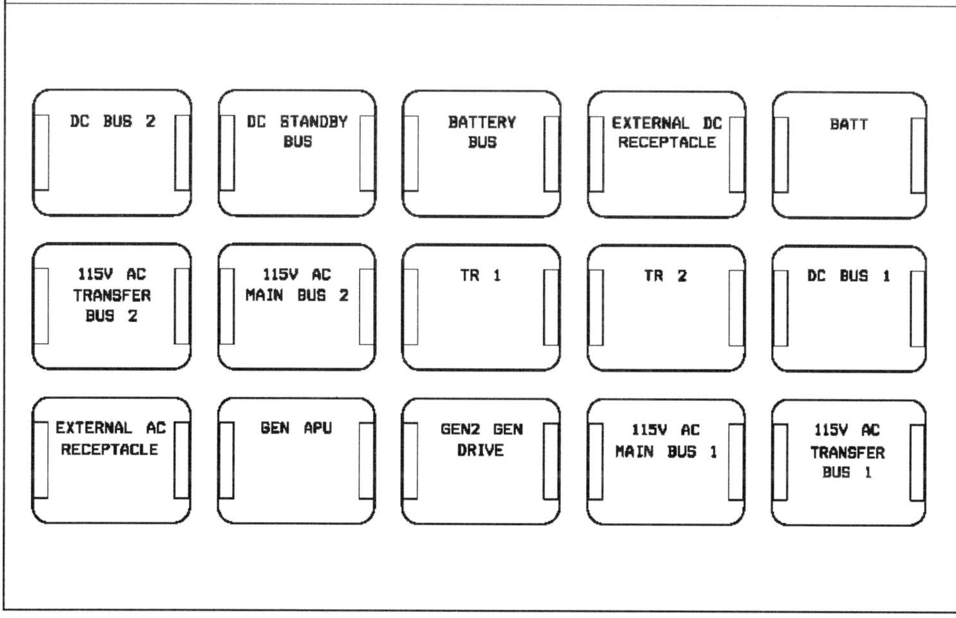

Fire Protection System

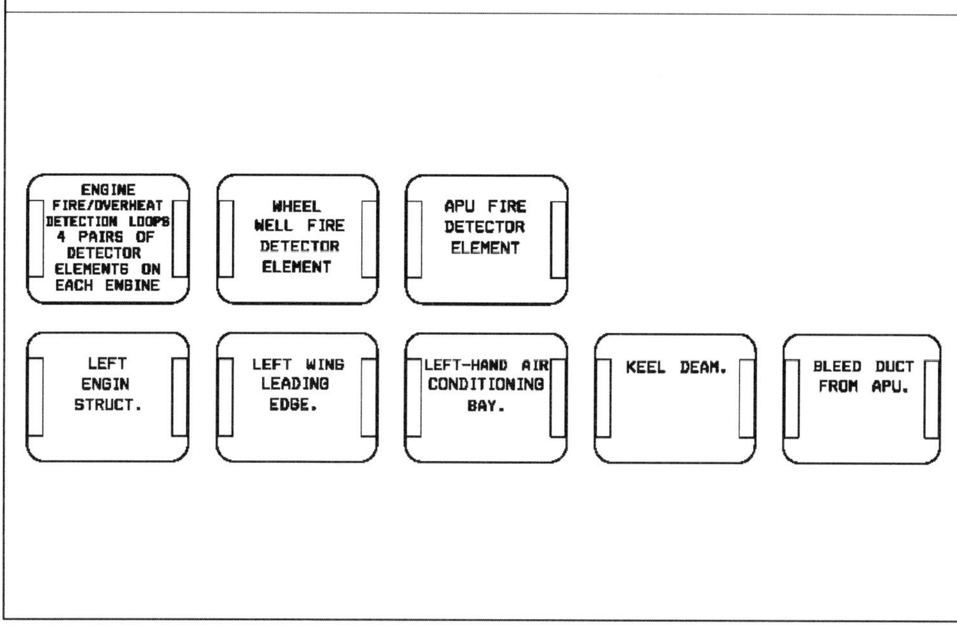

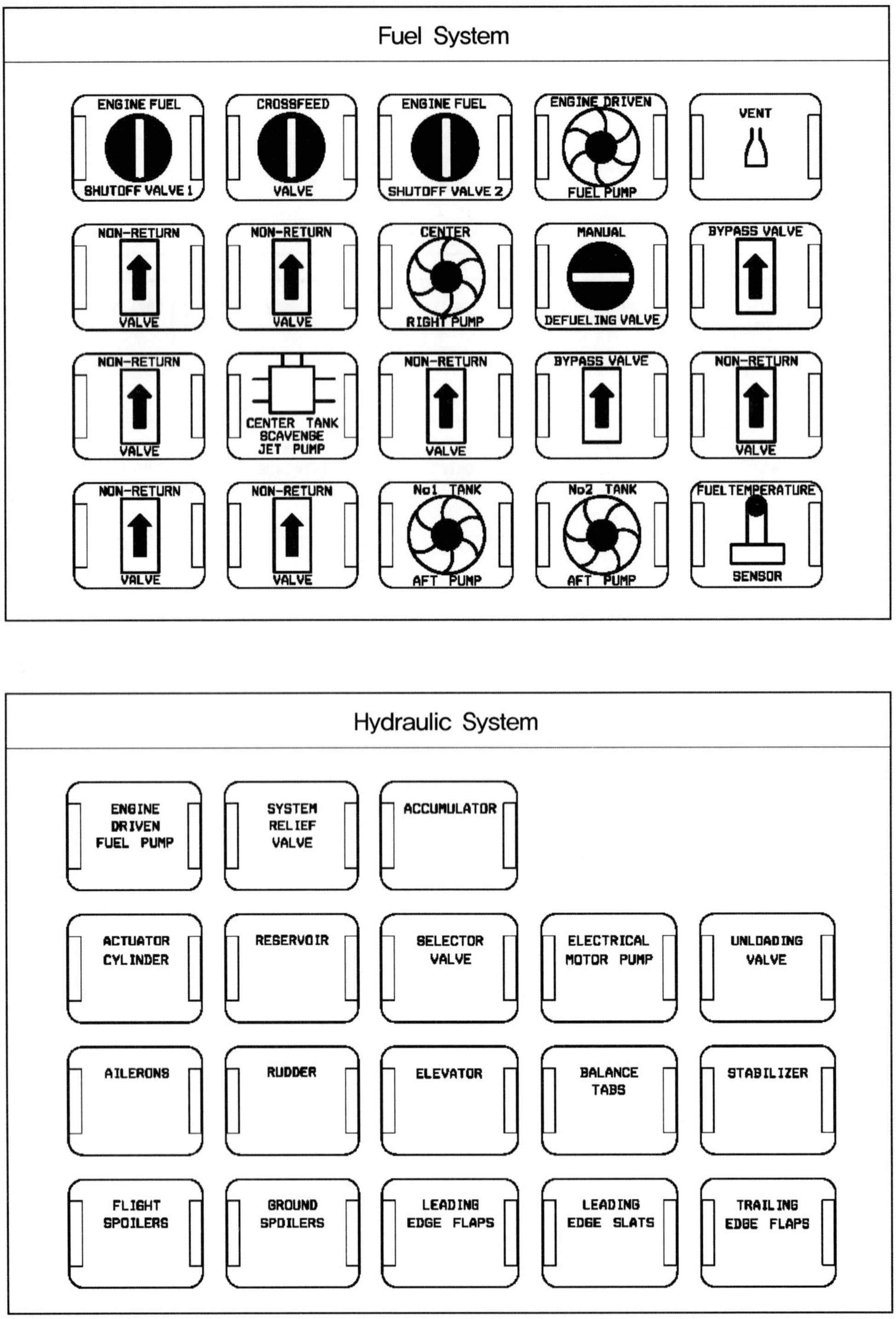

그림 2.4 실습용 component

2.3.4 액세서리(Accessory)

전원 케이블

마우스
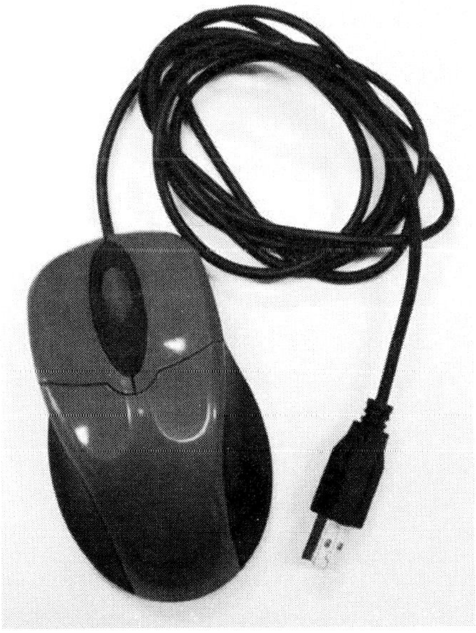

그림 2.5 실습용 액서사리

CHAPTER 03

환경제어계통

Air Conditional and Pressurization

3 1 환경제어계통 개요

항공기는 지상이든 비행 중이든 승무원과 승객에게 항상 안락한 환경을 만들어 줘야 한다. 인간에게는 덥거나 추워서는 안 되며 호흡할 공기가 있어야 하고 안락한 대기 압력에 있어야 한다. 군용항공기는 비록 탑승인원이 적지만 아주 추운 극지방에서부터 뜨거운 사막기후까지 폭넓은 기후조건에서 운용될 수 있도록 설계돼야 한다. 승객이 많이 타는 민간 항공기의 경우 만일 승객들이 아주 불편한 느낌을 가진다면 아마도 다른 항공사로 바꿀 것이다. 이런 환경을 제공하기 위해 설치한 환경제어시스템은 폭넓게 변하는 온도와 압력조건에 대응해야 하고, 적절한 습도를 유지시켜주고, 항공기내에 충분하고도 안전한 산소를 공급해줘야 한다. 현대의 항공기들은 환경제어라는 개념을 승객이나 승무원 같은 인간뿐만 아니라 항공전자 장비, 연료, 유압시스템에서 발생하는 열을 처리 제어할 수 있는 기능도 갖추고 있다. 또한 환경제어시스템은 안락함을 제공하는 기능 외에도 안개를 제거(anti-misting)하고, 방빙(anti-ice)을 하고 비를 제거(rain dispersal)하거나 내중력(anti-g)을 위한 기능도 제공해야 한다.

환경제어시스템의 주요 기능에는 다음과 같은 것들이 있다.

▌온도조절

승무원과 승객들을 위한 적절한 온도 조절, 항공전자 장비의 온도조절, 화물칸의 온도조절등

▌습도조절

승무원과 승객들을 위한 적절한 습도 조절, 공기냉각 장비에 건조한 공기 공급, 성에제거, 제우 및 제빙기능

▌여압조절(객실 압력 조절)

조종실과 객실에 적절한 압력유지, 연료탱크의 가압(pressurization), 전투기 조종사의 생환복(pressure suits, survival suits, G-suits)에 압력제공, 캐노피 밀봉(canopy seal)을 위한 압력공기 공급

▌환기(ventilation)

객실, 조종실의 적절한 환기, 전투기의 경우 기총실(gun compartment) 내부 공기제거(purge air)

3.1.1 난방장치(Heating systems)

고고도에서 운항하는 항공기는 아주 낮은 온도조건에서 비행하게 된다. 이런 조건에서는 조종실, 객실에 난방을 해야 하는데 항공기에 적용된 난방장치에는 몇 가지 방법이 있다.

▌블리드 공기 이용한 난방장치(Bleed air systems)

엔진의 블리드 공기를 사용하는 방법 중에서 가장 대표적인 시스템으로는 차후 냉방장치에서 자세히 설명하게 될 ACM(Air Cycle Machine) 시스템이다. 이 시스템은 블리드 공기를 ACM으로 온도제어를 한 공기를 사용하는 방법으로 냉난방이 하나의 시스템에서 가능한 장점을 가지고 있다. 만일 ACM을 장착하지 않은 가스터빈 엔진 장착 항공기인 경우에는 엔진의 압축기에서 뽑아낸 고온의 공기와 외부의 차가운 공기를 섞어 사용하는 방법을 사용한다.

▌전기를 이용한 난방장치(Electric heating)

일정한 저항을 가진 전열선에 전기를 흐르게 하면 열이 발생하게 된다. 이때 전열선 주위에 팬(fan)에서 만든 공기를 불어주면 따뜻한 공기가 객실이나 조종실로 흘러가도록 만든 방법이다. 이 방법은 항공기 발전기에서 나오는 많은 부분의 출력을 사용하기 때문에 많이 사용하지 않는 방법이기도 하다. 그러나 지상에서 외부 전원을 사용할 수 있는 경우에는 승객들이 탑승하기 전에 미리 난방을 하는데 사용되기도 한다.

▌엔진 배기가스 폐열을 이용한 난방장치(Exhaust shroud heaters)

이 방식은 엔진의 배기가스에서 배출되는 폐열을 이용하는 방법으로서 단발엔진을 장착한 경량 항공기에서 주로 사용하고 있다. 배기가스가 배출되는 매니폴드(manifold) 주위로 외부로부터 유입되는 램 공기를 흐르게 하면 배기가스의 온도로 인해 공기의 온도가 올라간다. 이 공기를 객실로 공급하는 아주 간단한 방식으로 전원이나 별도의 동력이 필요 없게 된다.

▌연소기에 의한 난방장치(Combustion heaters)

이 방식은 앞에서 설명한 exhaust shroud heater와 유사한 방법으로서 외부에서 유입된 공기의 온도를 올려 객실로 공급하는 방식이다. 항공기 연료를 사용하는 별도의 연소실(combustion chamber)을 설치하고 고온의 연소실 주위로 공기를 흘러가도록 해서 공기 온도를 높이는 방식이다. 연소실의 배기가스는 공기와 혼합되지 않으며 외부로 방출하게 된다.

3.1.2 냉방장치(Cooling systems)

초기의 항공기와는 달리 현대 항공기의 성능이 향상되고 민간항공기와 군용기의 운용 역할이 발전되면서 환경제어시스템의 요구는 증가하기 시작했다. 장비나 계기들이 안전하고 효과적으로 작동되기 위한 주변 환경을 만들어 줌으로써 조종사나 승무원들이 편안하게 일할 수 있고 승객들에게도 안락하고 안전한 환경을 제공할 수 있게 되었다. 과거의 항공기는 특히 저속일 때, 항공기 외부의 낮은 기온으로 인해 손실되는 내부 온도를 보상하기 위해 대형 난방장치를 설치해야 했다. 그러나 현대의 민간 및 군용항공기의 대부분이 추운 날씨의 야간비행이나 추운 날 지상에서 장시간 노출된 경우 항공기의 온도를 빠르게 올려야 하는 난방장치도 필요하지만 이제는 냉방장치의 필요성도 커지게 되었다. 냉방의 경우는 고온에서 적절한 환경을 만들기 위해 충분히 온도를 감소시켜야 하고 특히 고성능의 군용기에서 조종사와 항공전자장비를 냉각시켜야 하는 최악의 조건에서 운용해야 하기 때문에 냉방장비는 심각하게 고민해야 할 문제이다. 항공기에서 주로 사용하는 냉각방식에는 Air cycle systems(공기 싸이클), Vapor cycle systems(증기 싸이클) 두 가지가 있다.

증기 싸이클 시스템은 보통 가정이나 자동차의 에어컨과 동일한 개념으로써 냉매의 잠열을 이용하고 압축기, 응축기, 팽창밸브, 증발기로 구성된 폐회로 방식이다. 보통 왕복엔진을 장착한 항공기에서 많이 사용하지만 일부 가스터빈 엔진 장착 항공기에서도 쓰는 경우가 있다.

가스터빈 엔진을 장착한 대부분의 항공기에서 사용하는 공기 싸이클은 엔진 혹은 APU의 블리드 공기를 이용하며 열교환기, 압축기와 터빈으로 구성된 ACM(Air Cycle Machine)이 주요 구성품이다. 공기 싸이클은 증기 싸이클에 비해 경량이며 신뢰성이 좋고 냉난방이 모두 가능하다는 장점을 가지고 있다.

▌Air cycle systems

브레이튼(brayton) 싸이클을 사용하는 가스터빈 엔진(gas turbine engine)에 비해 공기 싸이클은 열역학적 싸이클로 보면 역 브레이튼 싸이클(reversed Brayton cycle)을 사용하고 있다. 이 방식의 기본 원리는 엔진의 블리드 공기를 추출해서 압축기를 거쳐 열교환기를 통과시키면 압력은 올라가고 온도는 낮춘다. 이 공기는 다시 터빈을 통과하면서 팽창과정을 거치면 압력과 온도가 낮아지게 된다. 이때의 온도는 압축기 입구로 들어온 공기의 온도보다 낮아진다. 이렇게 조절된 공기를 이용하여 객실과 항공전자 장비실(avionics bay)에 적절한 온도의 공기를 공급하고 또한 객실을 여압(cabin pressurization)시키는데 사용한다.

공기 싸이클 방식은 아주 다양한 종류가 있다. 블리드 공기의 재사용 여부에 따라 앞에서 설명한 open loop system과 closed loop system으로 나뉠 수 있으며, 시스템의 구성에 따라 크게 basic simple bootstrap, 2-wheel bootstrap, 3-wheel bootstrap방식 등이 있다. 아래 그림은 공기 싸이클 방식 중 가장 많이 사용하는 2-wheel bootstrap이다. 압축기와 터빈이 주요 핵심 부품이며 그림에서 fan은 지상에서처럼 열교환기의 냉매로 쓰이는 램 공기(ram air)가 부족할 때 fan을 이용해 공기를 열교환기로 보낸다.

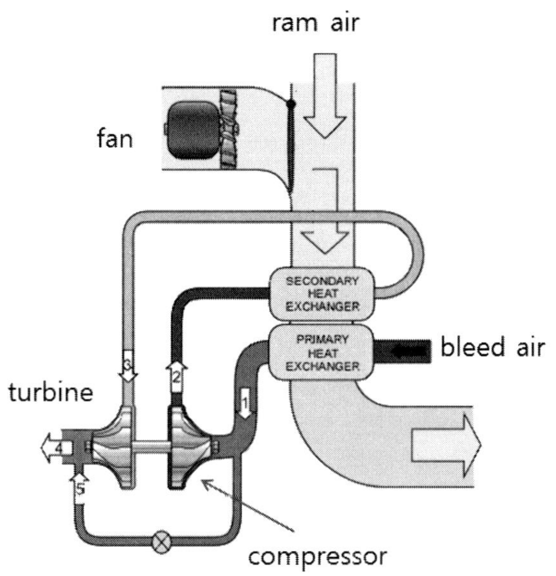

그림 3.1 2-Wheel bootstrap system

Vapor cycle systems

Vapor cycle 방식은 프레온 같은 액체 냉매가 기화되면서 열을 흡수하는 원리를 이용한 냉방방식이다. 그림 3.2에서 보듯이 냉매의 흐름은 압축기(compressor)를 거쳐 응축기(condenser), 팽창밸브(expansion valve), 기화기(evaporator)를 거쳐 다시 압축기로 순환되는 경로를 가지고 있다. 주로 엔진 블리드 공기를 제공할 수 없는 왕복엔진 장착 항공기에 많이 적용하고 있다. 기화기에서 냉매가 기화되면서 주위의 열을 흡수하여 온도가 내려가면 이 냉각된 공기를 열부하로 보내 온도를 낮추게 된다. 기화된 냉매는 압축기와 응축기를 거치면서 다시 고압의 액체 냉매로 변한다. 이 액체 냉매는 팽창밸브와 기화기를 이용하여 다시 기체로 변하는 순환과정을 거치게 되는 것이다. 이때 냉매는 낮은 온도에서도 쉽게 기화가 쉽게 일어나야 하며 기화될 때의 기화열(latent heat)이 큰 물질이어야 한다.

항공기에서 사용하는 냉매는 오래전부터 프레온 종류인 R12(dichlorodifluromethane) 물질을 사용해 왔다. 그러나 환경오염의 문제로 인해 현재는 환경오염이 적은 R134a (tetrafluoroethane, CF3CFH2) 물질을 사용하고 있다. R134a의 기화점은 -15°F로 매우 낮은 온도에서 쉽게 기화하기 때문에 대기 중에 노출되면 아주 심하게 끓는 현상이 생기므로 취급하는데 주의해야 한다.

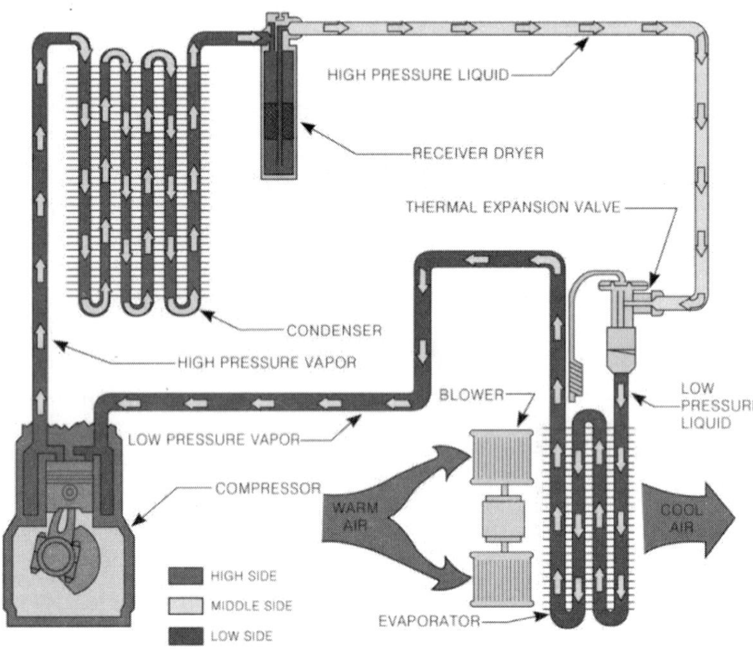

그림 3.2 Vapor cycle system 구성

3.1.3 객실/조종실 여압(cabin/cockpit pressurization)

대기 중의 공기는 비록 눈에 보이진 않지만 그 자체도 무게를 가지고 있다. 해수면(sea level)에서부터 우주 높이까지 제곱 인치당 공기의 무게는 14.7 lb 정도가 된다. 그래서 표준 대기 조건에서 해수면에서의 대기 압력은 14.7 psi라고 말할 수 있다. 대기의 압력은 고도가 올라갈수록 압력이 급격하게 낮아진다. 50,000 ft 고도에서 대기 압력은 대략 해수면의 압력에 비해 십분의 일 정도밖에 되지 않는다.

▌여압의 필요성

압력이 낮아지면 낮은 산소압력으로 인해 체내로 산소공급이 되질 않기 때문에 인간이 생활하는데 불가능해진다. 따라서 항공기 실내는 반드시 인간이 활동하는데 필요한 압력으로 유지시켜줘야 한다. 이러한 기능을 항공기의 여압(pressurization)이라 하며 조종실과 객실에 해줘야 한다.

항공기 여압을 위한 압력 공급원은 엔진의 형태 즉, 왕복엔진과 가스터빈 엔진에 따라 달라진다. 압력이 높아지면 공기의 온도도 같이 높아지기 때문에 보통 열교환기나 ACM의 터빈을 이용하여 충분히 온도를 낮춰 공급해야 한다.

▌왕복엔진 항공기의 여압 공급원

왕복엔진을 장착한 항공기의 여압 공급원은 세 가지 방법으로 구분할 수 있다. 왕복엔진 장착 항공기는 고고도에서 충분한 공기유량과 공기압력을 얻을 수 없기 때문에 항공기 최대 상승고도가 가스터빈 엔진 항공기에 비해 높지 않다. 보통 25,000 ft 이상을 초과하지 않는다. 왕복엔진에는 보통 고고도에서 엔진으로 유입되는 공기의 유량과 압력을 높이기 위해 supercharger, turbocharger를 설치하는데 여기서 나온 고압의 공기 중 일부를 여압을 위해 사용하게 된다. 세 번째로는 엔진에 의해서 구동되는 별도의 압축기를 설치하여 여압을 위한 고압 공기를 만드는 방법이다.

▌가스터빈 엔진 항공기의 여압 공급원

가스터빈 엔진 항공기는 엔진의 압축기로부터 오염이 안된 여압용 공기를 비교적 자유롭게 뽑아 사용할 수 있다. 여압용 공기량은 연소를 위한 공기량에 비해서 아주 작긴 하지만 엔진 성능 저하를 줄이기 위해 가급적 최소화해야 한다. 대형 민간 항공기의 경우 여압을 위해 사용한 공기의 약 50% 정도를 재사용함으로써 엔진의 성능을 유지하도록 하였다. 여압용 고온 고압의 공기를 만드는 방법에는 몇 가지가 있다. 터보팬 엔진을 장착한 민간 항공기나 군용기는 엔진의 압축기에서 뽑아낸 블리드 공기를 앞에서 설명한 air cycle systems으로 보내 냉난방 및 여압 기능을 같이 할 수 있다.

▌여압 방법

객실의 여압은 최소한 대기압과 같거나 고도가 올라갈수록 대기압보다는 높게 유지되도록 해야 한다. 여압용 공기는 객실 압력이 일정한 압력 상승률을 유지하도록 공급되며 필요 압력보다 약간 높은 압력까지 공급한다. 이 상태에서 기체외부로 일정한 비율로 압력이 빠져나가도록 한 다음 원하는 객실압력으로 조절하게 된다.

일상적으로 산소를 사용하지 않는 항공기나 승객과 승무원이 기내에서 활동하는 민간 항공기에서는 객실고도(cabin altitude)가 8,000 ft 이상으로 유지해서는 절대 안 된다. 보통 8,000 ft 객실고도를 가지고 35,000 ft를 비행하는 항공기의 객실내부와 외부 대기와의 객실 차압은 대략 7.25 psi이다. 조종사가 조종실에서 원하는 객실고도를 선택하면 항공기 고도가 이 고도에 도달 시 객실여압을 시작하게 된다. 이 과정은 최대 설계 객실차압 값에 도달할 때까지 유지된다. 객실 여압은 정찰기 종류나 공중재급유기 같은 대형 항공기에서도 똑같은 과정을 거치게 된다. 산소를 항상 사용하고 조종사가 고정된 위치에 있는 군용 항공기에서는 여압장치가 보통 20,000 ft 이상의 객실고도를 초과하지 않도록 설계되어 있다.

여압에서 다른 중요한 요소는 기체구조가 외부 대기압과 객실압력의 차이에서 생기는 압력 하중을 견딜 수 있어야 한다. 보통 객실차압은 단발 왕복엔진 항공기는 3.5 psi 정도이고 고성능 제트 항공기는 대략 9.0 psi 정도를 가지고 있다.

민간 여객기의 경우 객실 압력은 조종실의 객실압력 제어기(cabin pressure controller)에 의해 조절한다. 보통 객실고도(cabin altitude), 객실 상승률(cabin rate of climb)과 대기압(barometric setting)을 설정하도록 되어 있다. 제어기에서 설정된 입력 값은 압력조절기(pressure regulator)로 들어가고 압력조절기는 outflow valve의 위치를 제어하도록 한다. 객실의 여압조절 모드를 유지하도록 outflow valve의 위치가 설정되면 이 밸브를 통해 객실내의 공기가 외부로 빠져나가면서 정해진 압력으로 맞춰진다. 항공기가 지상에 있는 경우나 착륙 시 지상에 접지하게 되면 WOW(Weight On Wheel) 스위치의 일종인 air/ground safety sensor 신호를 받아 outflow valve가 열려 외부 대기압이 들어오도록 되어 있다. 현대 항공기의 여압조절은 전기신호에 의한 디지털 제어를 사용하며 자동으로 제어하도록 되어 있다. 비행관리시스템(flight management system)에 비행 계획을 입력하면 자동적으로 여압조절 일정이 설정되어 진다. 대부분의 여압조절 장치는 수동모드가 있어 자동제어 모드를 대체(override)할 수 있도록 되어있다.

3.1.4 B737 환경제어계통(Air Conditional and Pressurization)

그림 3.3은 air cycle systems을 이용한 B737 항공기 환경제어시스템의 사례로서 대부분의 대형 민항기에 적용된 시스템이라고 볼 수 있다. 그림에서 왼쪽 부분은 전체 환경제어시스템을 오른쪽 그림은 핵심부품인 air cycle systems을 보여주고 있다. 엔진이 2대 장착된 B737의 경우, 엔진별로 지정된 독립적인 air cycle systems(그림에서 air conditioning pack으로 표시)이 설치되어 있고 블리드 공기도 해당 엔진에서 공급받지만 어느 한쪽에 문제가 생기면 isolation valve를 열어 다른 쪽 엔진에서 블리드 공기 공급이 가능하다. 블리드 공기는 엔진뿐만 아니라 APU에서도 공급가능하고 지상인 경우는 지상장비(ground pneumatic cart)를 통해서도 가능하도록 되어 있다.

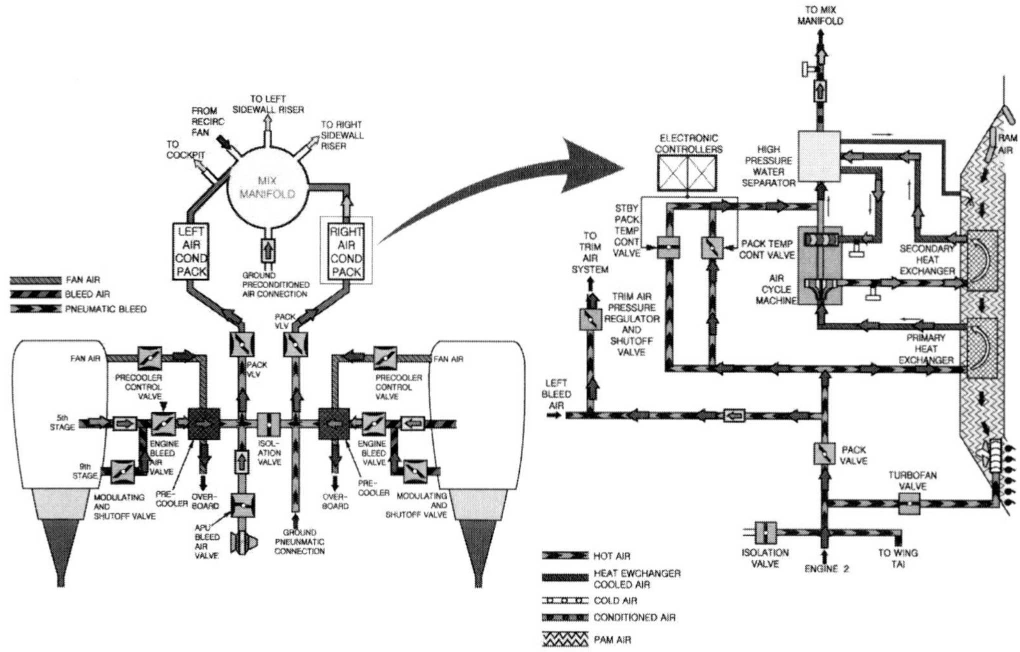

그림 3.3 ACM을 이용한 B737 환경제어시스템

블리드 공기는 pack valve를 통해 각 air cycle system으로 공급되어 1차 열교환기(primary heat exchanger)를 거쳐 ACM(Air Cycle Machine)의 압축기를 거치면서 압력과 온도가 올라간다. 이 공기는 다시 2차 열교환기(secondary heat exchanger)를 거쳐 터빈을 통과하면서 온도와 압력이 크게 내려간다. 이 공기는 pack valve를 나와 ACM을 거치지 않고 우회해서 들어온 고온의 블리드 공기와 혼합하여 온도조절을 하게 된다. 온도 조절된 블리드 공기는 수분 분리기(water separator)를 거치면서 습도조절이 되어 최종적으로 객실, 조종실로 공급된다. 열교환기는 비행 중에 유입되는 램 공기를 이용하여 블리드 공기의 온도를 낮추고, 램 공기가 부족한 지상 운용 시에는 터보팬을 가동시켜 외부 공기를 흡입시킬 수 있기 때문에 열교환기 주위로 공기흐름을 만들 수 있다. 이렇게 조절된 공기를 이용하여 객실과 조종실의 냉난방과 여압이 가능하도록 한다. 여압은 2개의 outflow valve, negative pressure relief valve, pressure relief valve를 이용하여 조절한다. 보통 천장 위에서부터 공급되는 공기는 바로 아래 바다을 통해 빠져나가도록 되어 있다.

B737의 여압조절은 그림 3.4에서 보는 것처럼 안전밸브(safety valve)를 설치하여 객실여압 조절이 고장날 경우 객실내의 압력이 규정치 이상으로 증가하는 것을 방지해야 한다. 대부분의 항공기에서 초과 허용 압력은 8~10 psid의 범위에 있으며 B737 항공기는 8.65 psid로 설정되어 있다. 객실내의 압력이 외부 압력보다 낮은 경우에는 외부 기압이 객실을 여압하도록

negative pressure relief valve를 설치하는 경우도 있다. 보통 이 밸브는 저고도에서 혹은 착륙과정에서 작동되는 경우가 많다. 또한 어떤 항공기에서는 dump valve를 설치하여 비정상인 상황, 정비목적, 비상 상황 발생 시 객실 내의 공기를 빠르게 제거하기도 한다.

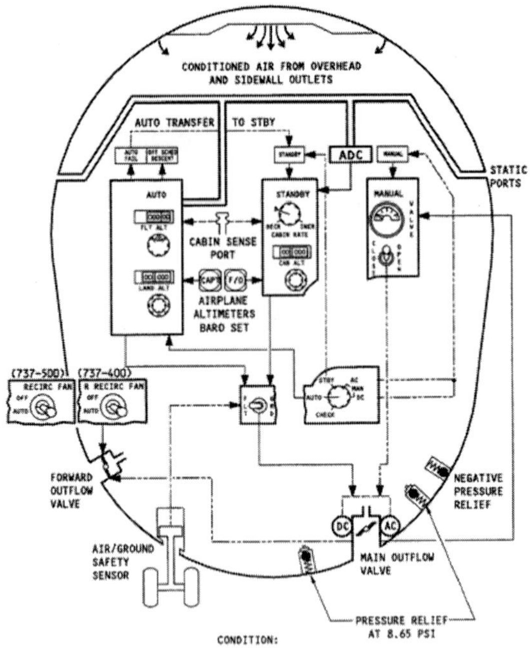

그림 3.4 B737 항공기 여압 조절 장치

3.1.5 B787 환경제어시스템

가장 최근에 운용하기 시작한 B787 항공기는 기존의 항공기에 비해 전기로 작동하는 여러 시스템을 대폭적으로 채용하기 시작하였다. 관련 내용은 차후에 별도로 설명하도록 하겠다. 그중 환경제어시스템 측면에서 보면 기존의 항공기와는 완전히 다른 개념을 가지고 있다. 그 이유는 대부분의 항공기에서 공압(pneumatic power)의 공급원으로서 엔진 블리드 공기를 주로 사용하는데 반해 B787은 엔진에서 블리드 공기를 전혀 뽑아내지 않는다는 점이다. 따라서 그림 3.5에서 보듯이 기존의 환경제어시스템의 핵심 장치인 ACM(air cycle machine)을 구동하기 위한 고압, 고온의 엔진 블리드 공기를 사용하지 못하는 대신 최초로 전기로 구동하는 압축기를 이용하여 고압의 공기를 만들어 낸다. 즉 ACM의 기존 압축기가 없어지고 전기로 구동하는 압축기로 대체된 것이다. 특히 엔진 블리드 공기의 압력과 온도는 ACM을 구동하는데 필요한 압력과 온도보다 높기 때문에 이를 낮추거나 조절하는데 필요한 에너지 손실이 발생하게 된다. 그러나 전기 구동 압축기를 이용하면 모터의 속도조절을 통해 에너지 손실이 없는 최적의 압력과 온도조건으로 맞출 수 있다. 따라서 효율측면에서 하나의 사례를 보면 대략 기존의 B777에 비해 2배 정도 높은 것으로 알려져 있다.

또한 엔진 블리드 공기를 사용하지 않기 때문에 엔진 성능 저하 문제가 없어졌다. 특히 엔진이 2대인 민간 대형 항공기의 추력 요구조건은 보통 한 개 엔진이 고장난 상태로도 이륙이 가능해야 하기 때문에 정상적인 비행조건에 비해 높은 추력조건으로 설계되어 있다. 따라서 순항 비행 시에는 엔진이 전반적으로 낮은 운용조건에서 작동하기 때문에 이 조건에서 많은 블리드 공기를 뽑아내는 것은 엔진 성능에 나쁘게 작용할 수밖에 없어 연료소모율이 나빠지게 된다. 그리고 엔진 블리드 공기 공급을 위해 필요한 여러 기계부품들이 없어지기 때문에 무게와 설계가 간편해지는 장점도 있다.

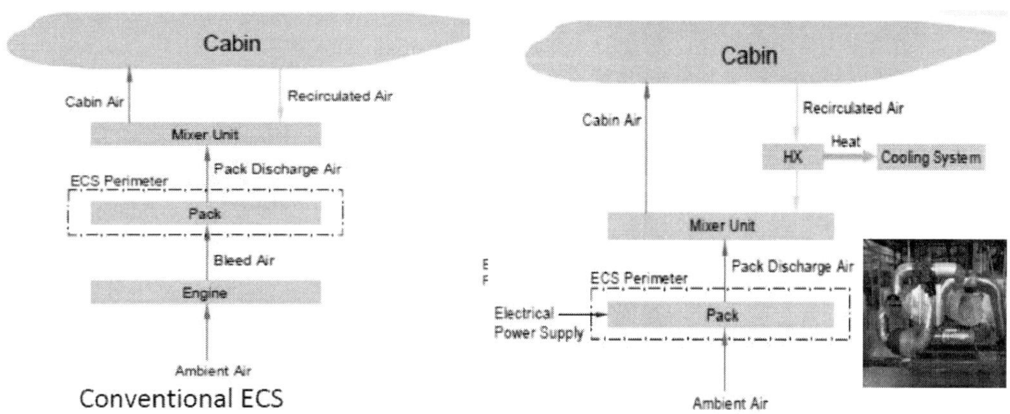

그림 3.5 기존의 환경제어시스템(ECS)와 B787 ECS의 차이

또한 B787 환경제어시스템은 thermal management system을 채택하여 운용함으로써 객실, 조종실, 조종사, 승무원용 휴식공간, 화물실의 온도 및 여압관리를 통합적으로 관리하고 있다. 전력전자 부품(power electronics)에 대해서는 물을 이용한 냉각방법을 적용하고 있다.

기존의 민간 대형 항공기에 비해 B787이 가지고 있는 또 다른 장점은 최대 객실고도가 기존 항공기들에 비해서 많이 낮아진 것이다. 그림 3.6은 B787의 최대객실고도를 타 항공기와 비교한 그림이다. 보통 타 항공기는 최대 객실고도가 8,000 ft인 반면 B787은 6,000 ft로 설정된 것을 알 수 있다. 이 의미는 보다 인간에게 편한 압력환경을 제공할 뿐만 아니라 기체구조 강도가 훨씬 좋아졌다는 것을 알 수 있다. 최대 객실고도가 낮아지면(객실 압력이 높아짐) 기체 구조 강도가 그 만큼 높아져야 하는데 아마도 복합재의 폭 넓은 적용으로 가능해 진 것으로 보인다.

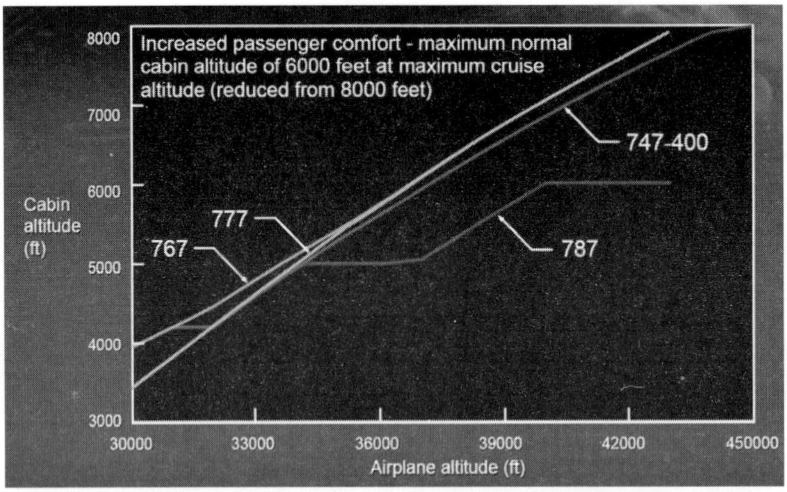

그림 3.6 B787 민간 항공기의 최대 객실고도

3.2 환경제어계통 Module ECS-1 실습

환경제어계통 ECS-1 모듈(module) 1의 구성은 아래의 그림과 같다. 이 모듈의 실습내용은 B737의 환경제어계통의 핵심부품인 ACM(Air Cycle Machine)을 적용한 시스템의 구성품과 시스템 구성 및 각 모드별 작동방법에 대한 실습으로 구성되어 있다.

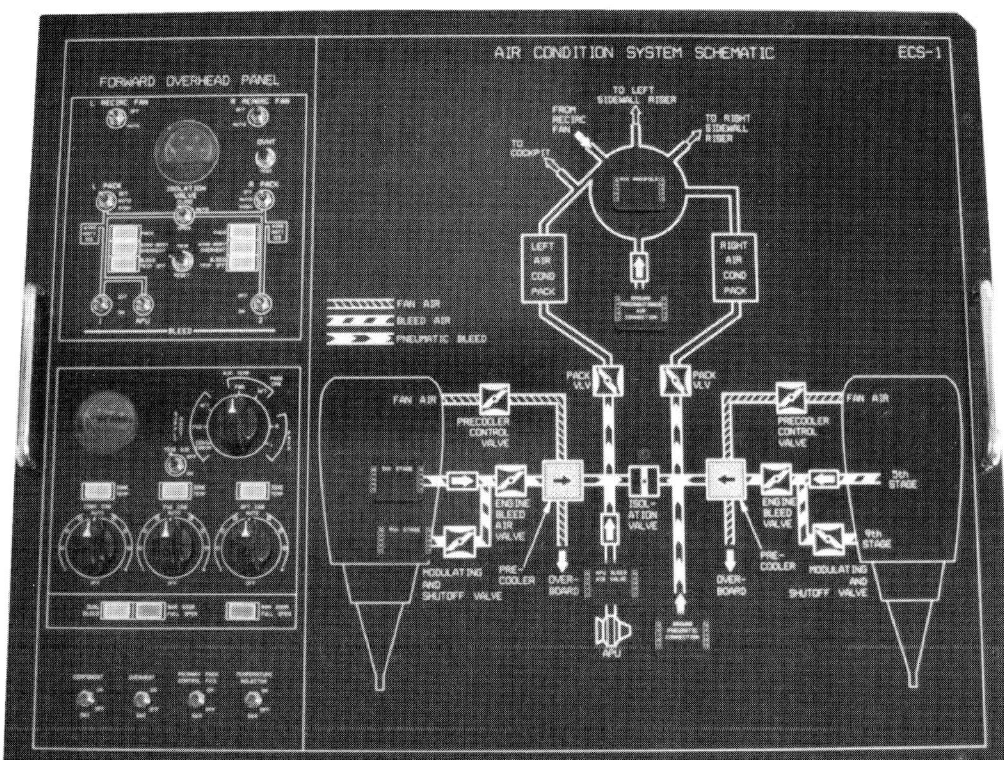

그림 3.7 ECS-1 SYSTEM MODULE

AIR CONDITIONING CONTROLS	TEMPERATURE CONTROLS
	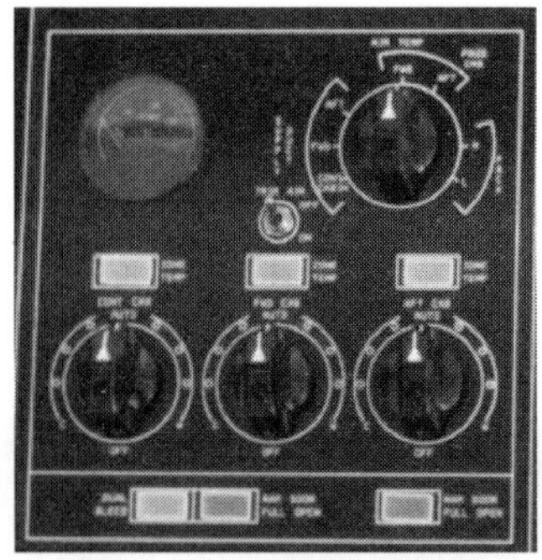

AIR CONDITION SYSTEM SCHEMATIC	COMPONENT
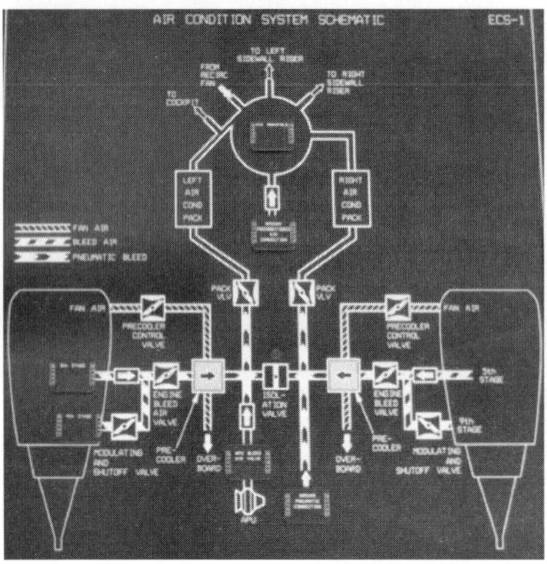	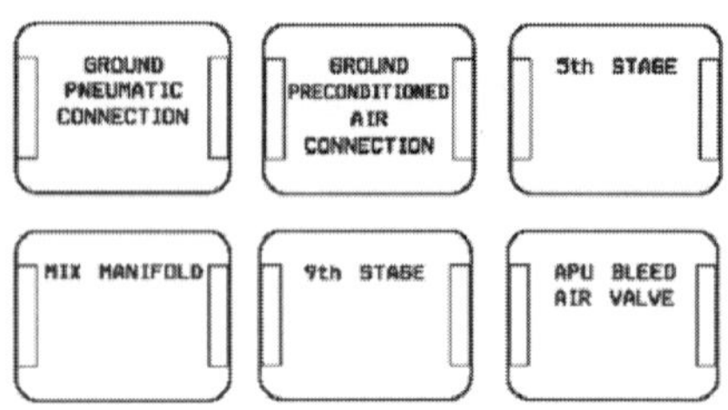

SCENARIO SWITCH
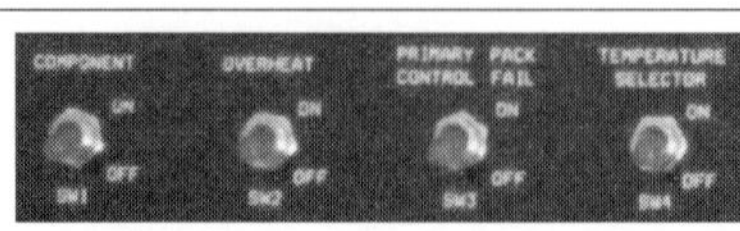

그림 3.8 ECS-1 SYSTEM MODULE 각 부의 명칭

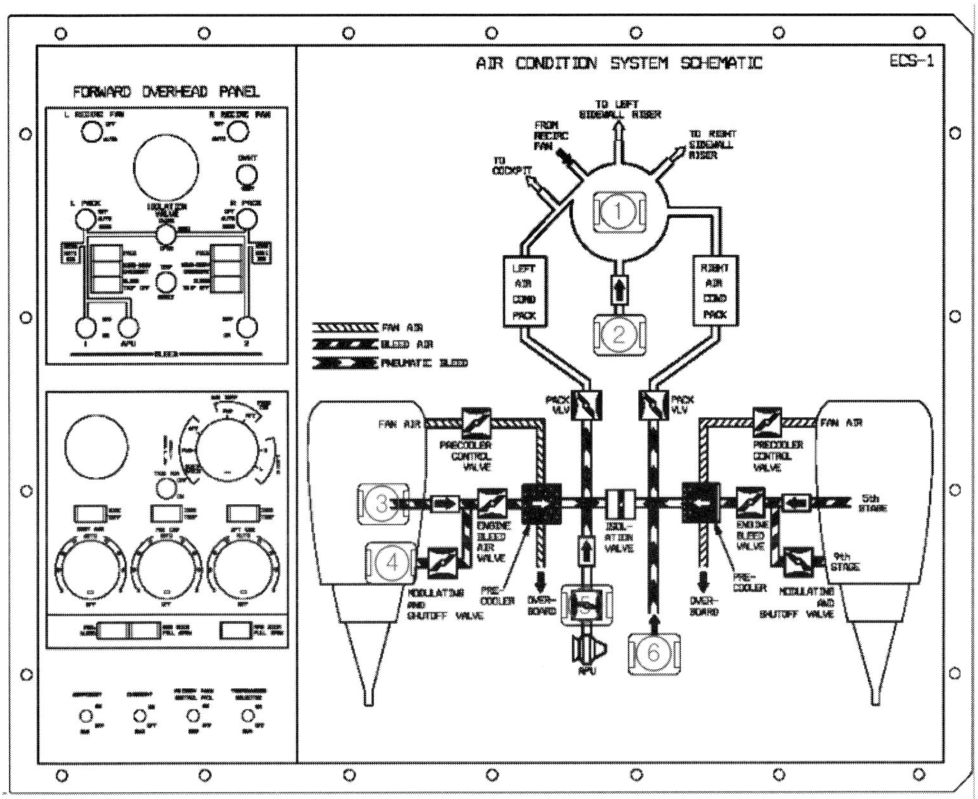

그림 3.9 AIR CONDITION SYSTEM SCHEMATIC ECS-1

번호	component 명칭
①	MIX MANIFOLD
②	GROUND PRECONDITIONED AIR CONNECTION
③	5th STAGE
④	9th STAGE
⑤	APU BLEED AIR VALVE
⑥	GROUND PNEUMATIC CONNECTION

번호	scenario switch 명칭
SW1	COMPONENT ON/OFF
SW2	OVERHEAT
SW3	PRIMARY PACK CONTROL FAIL
SW4	TEMPERATURE SELECTOR

표 3.1 환경제어계통 ECS-1 모듈 components 및 scenario switch

1) 베이스에 그림 3.7의 ECS-1 모듈을 장착한 후 전원 스위치를 켠다.
2) 모듈 좌측 하단에 있는 SCENARIO SWITCH의 위치를 OFF에 놓는다.

SCENARIO SWITCH NAME

- Scenario SW1 : COMPONENT ON/OFF
- Scenario SW2 : OVERHEAT
- Scenario SW3 : PRIMARY PACK CONTROL FAIL
- Scenario SW4 : TEMPERATURE SELECTOR

3) 화면 좌측 상단에 있는 Component 항목을 클릭하여 실습에 필요한 component들이 있는지 확인한다.
4) 화면 좌측 상단에 있는 Panel INFO 항목을 클릭하면 실습을 진행하기 전에 모듈에 있는 각 스위치의 초기 위치를 확인할 수 있다.
5) Scenario SW1 : COMPONENT ON/OFF

SW1이 OFF된 상태에서 COMPONENT를 정확한 위치에 삽입한 후에 SW1을 ON한다. COMPONENT는 제자리에 부착된 경우(위치 및 방향이 일치해야 함)는 멜로디가 나오며, 실패한 경우에는 화면에 ? 표시가 나온다.

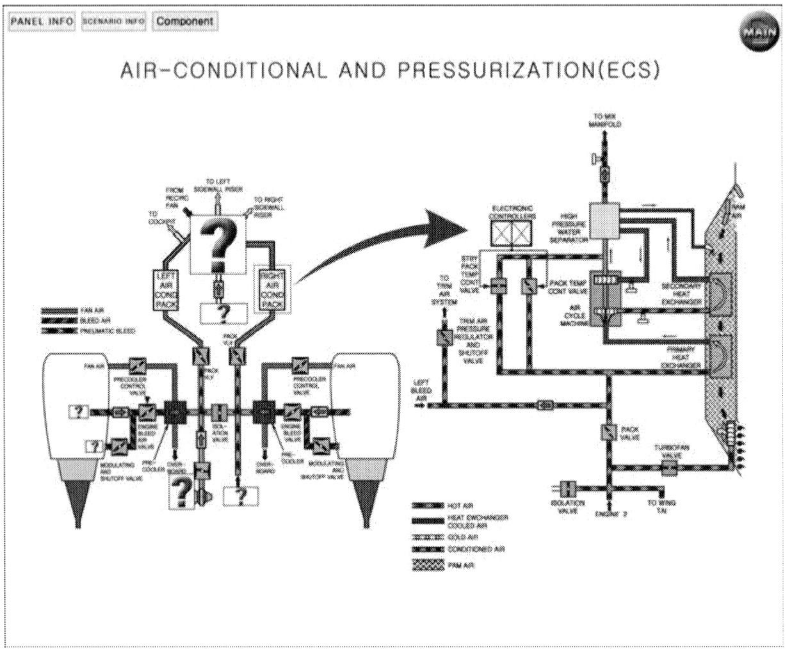

그림 3.10 COMPONENT ON/OFF 조작 화면

만일 component를 정확한 위치에 장착하면, 화면에 공기의 흐름이 표시된다. 이런 상태에서 각 scenario switch별로 ON하여 실습을 진행한다.

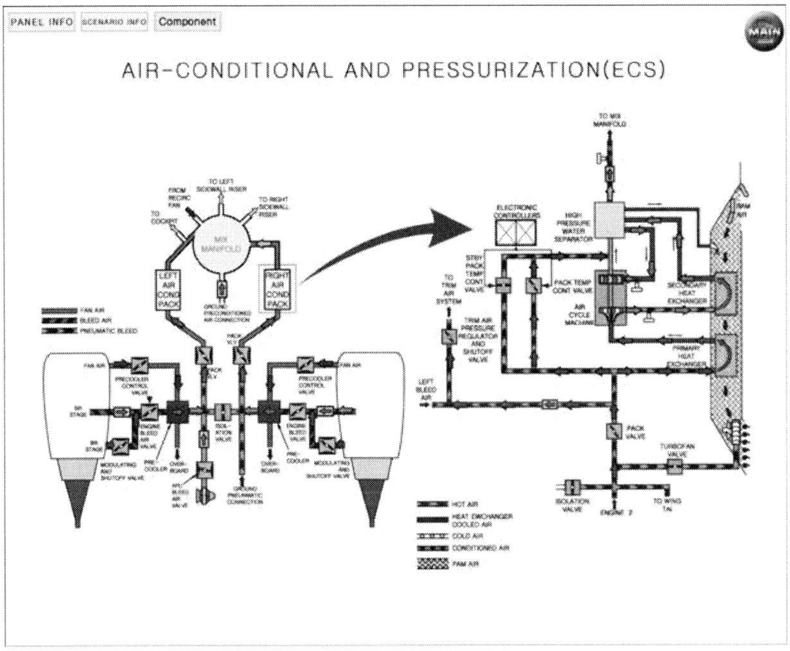

그림 3.11 Component를 정상적으로 삽입한 후의 결과 화면

6) Scenario SW2 : OVERHEAT

- SW2를 ON하고 화면 좌측 상단의 SCENARIO INFO 항목을 클릭하여 해당 scenario에서 확인해야 할 내용을 사전에 확인한다.
- 화면상에 COMPRESSOR OUTLET, TURBINE INLET, PACK DISCHARGE OUTLET이 OVERHEAT 조건이 된다.

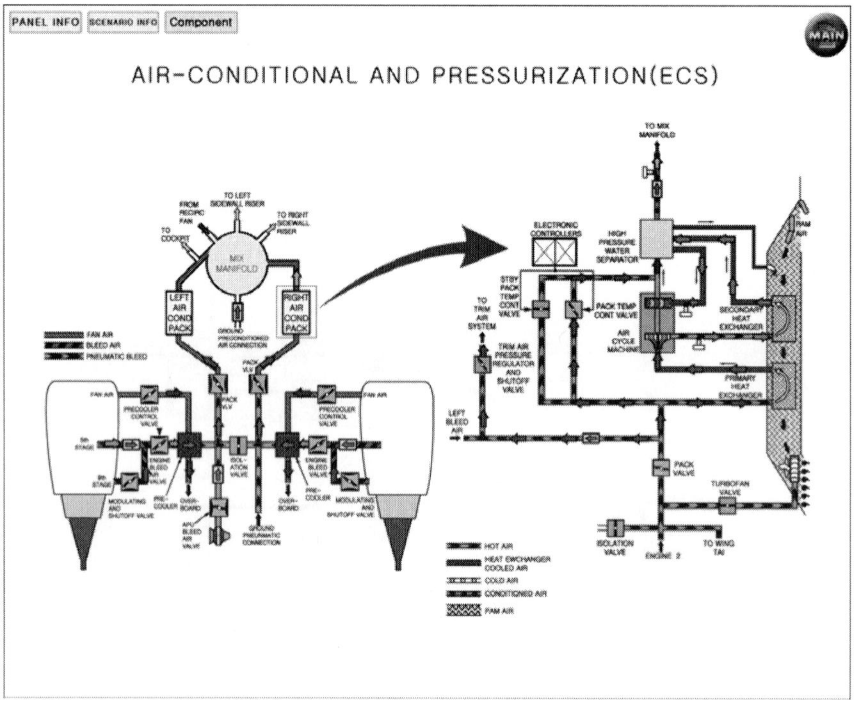

그림 3.12 OVERHEAT Scenario를 위한 화면

- OVERHEAT 처리를 위하여 AIR CONDITIONING CONTROLS PANEL에서 PACK LIGHT가 점등된다.

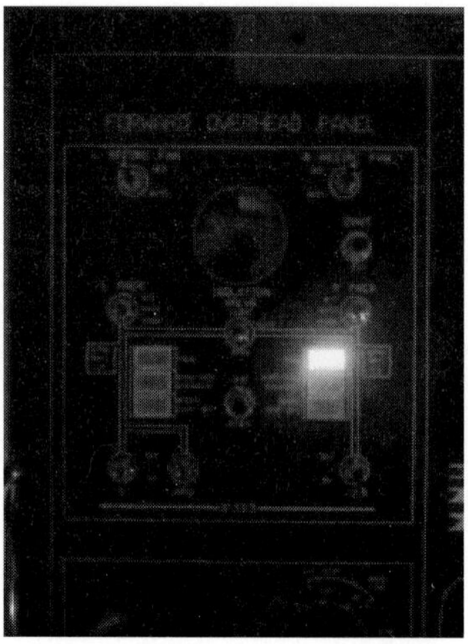

그림 3.13 PACK light 점등

• 결과 확인

화면에서 AIR CONDITIONING PACK SCHEMATIC의 PACK VALVE가 CLOSE 되고 공기의 흐름이 분홍 〉 주황 〉 녹색 〉 노랑 순으로 온도가 변화되는 흐름이 표시된다. 이 과정에 대해 조원들과 협의하여 작동방법 및 원리를 요약 정리한다.

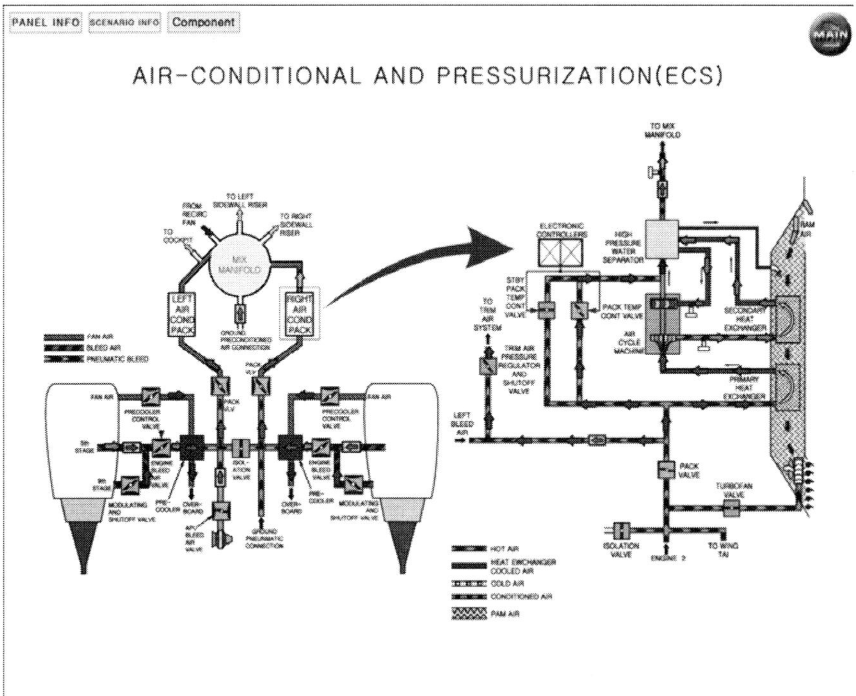

그림 3.14 OVERHEAT Scenario 결과 화면

7) Scenario SW3 : PRIMARY PACK CONTROL FAIL

• SW3을 ON하고 화면 좌측 상단의 SCENARIO INFO 항목을 클릭하여 해당 scenario에서 확인해야 할 내용을 사전에 확인한다.
• AIR CONDITIONING PACK SCHEMATIC의 PACK TEMP CONT VALVE(PRIMARY PACK CONTROL VALVE)가 FAIL시 STBY PACK TEMP CONT VALVE가 동작한다.
• 결과 확인

STBY PACK TEMP CONT VALVE가 작동됨에 따라 온도는 분홍 〉 주황 〉 녹색 〉 노랑으로 변화된다. 이 과정에 대해 조원들과 협의하여 작동방법 및 원리를 요약 정리한다.

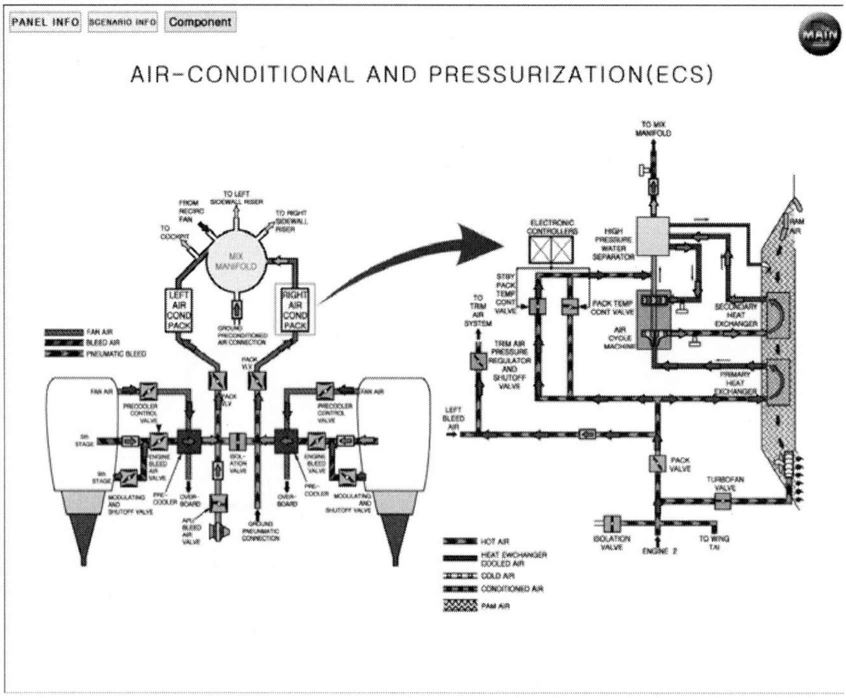

그림 3.15 PRIMARY PACK CONTROL FAIL 결과 화면

8) Scenario SW4: Zone Temperature Selector

- 모듈 좌측의 TEMPERATURE CONTROL의 다이얼 스위치를 돌려가며 결과를 확인한다.
- 결과 확인

  Zone Temperature Selector의 온도 조절에 따라 Trim Air System에서 Mix Manifold Air와 혼합되어 공기의 양이 변하는 걸을 표하고 있으며, Zone의 온도가 Overheat 되는 경우에는 Zone Temp Light가 켜지고 Valve는 Close 된다.

  이 과정에 대해 조원들과 협의하여 작동방법 및 원리를 요약 정리한다.

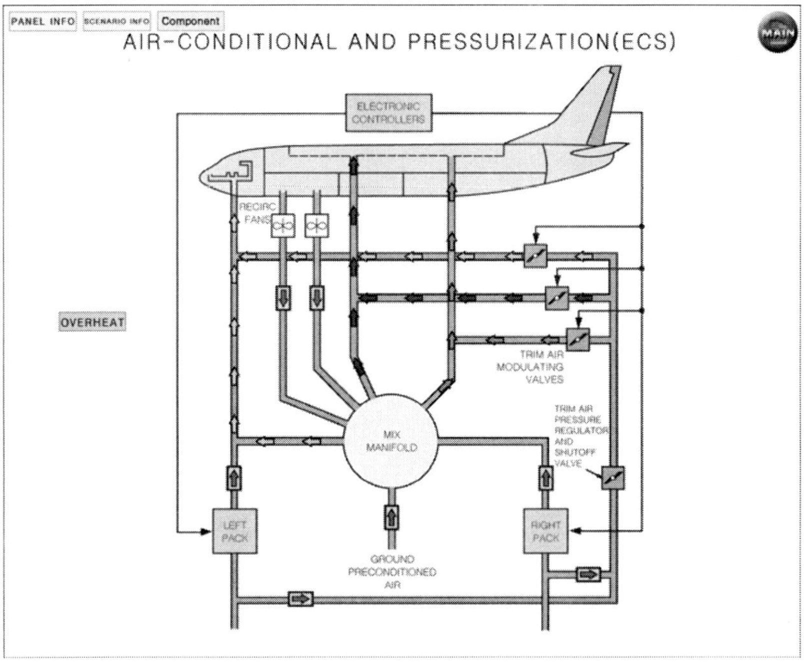

그림 3.16 Zone Temperature control 결과 화면

3.3 환경제어계통 Module ECS-2 실습

환경제어계통 ECS-2 모듈(module)의 구성은 아래의 그림과 같다. 모듈 2의 실습내용은 환경제어계통중 주요 시스템인 ACM 적용 시스템과 vapor cycle system의 구성 및 작동원리에 대한 실습을 하도록 구성되어 있다.

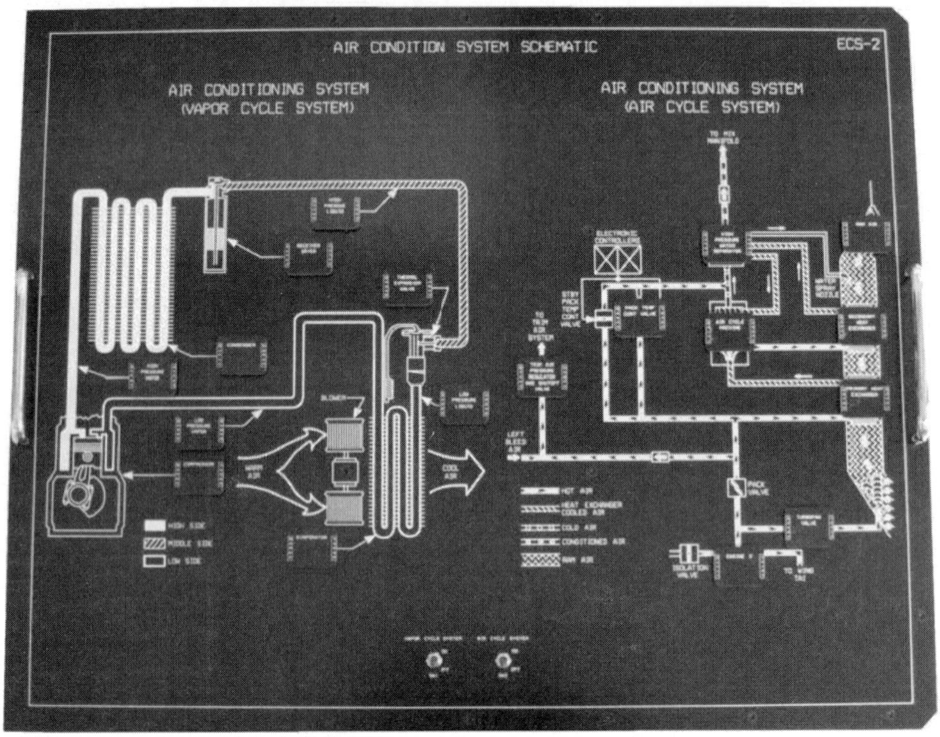

그림 3.17 ECS-2 SYSTEM MODULE

AIR CONDITIONING SYSTEM (VAPOR CYCLE SYSTEM SCHEMATIC)	AIR CONDITIONING SYSTEM (AIR CYCLE SYSTEM SCHEMATIC)
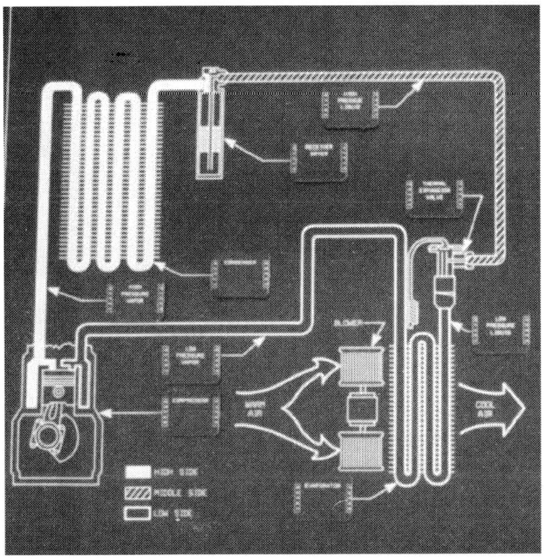	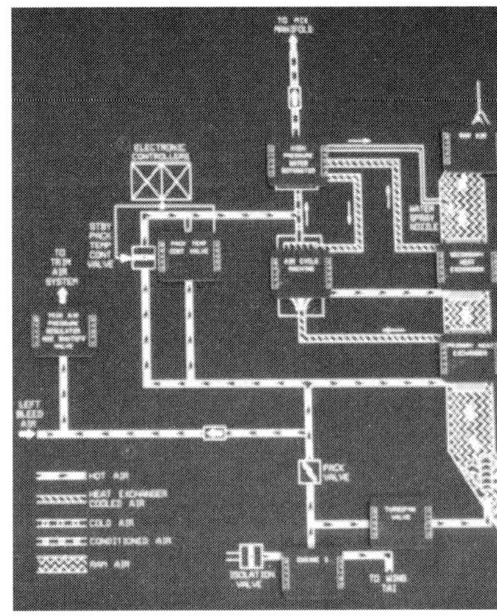

COMPONENT				
LOW PRESSURE VAPOR	COMPRESSOR	EVAPORATOR		
RECEIVER DRYER	THERMAL EXPANSION VALVE	CONDENSER	HIGH PRESSURE VAPOR	LOW PRESSURE LIQUID
TRIM AIR PRESSURE REGULATOR AND SHUTOFF VALVE	PRIMARY HEAT EXCHANGER	TURBOFAN VALVE	ENGINE 2	HIGH PRESSUE LIQUID
RAM AIR	HIGH PRESSURE WATER SEPARATOR	PACK TEMP CONT VALVE	SECONDARY HEAT EXCHANGER	AIR CYCLE MACHINE

SCENARIO SWITCH

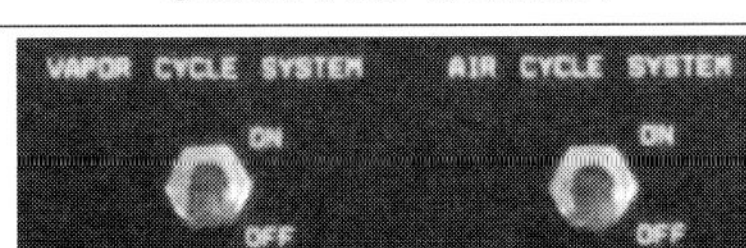

그림 3.18 ECS-2 SYSTEM MODULE 각 부의 명칭

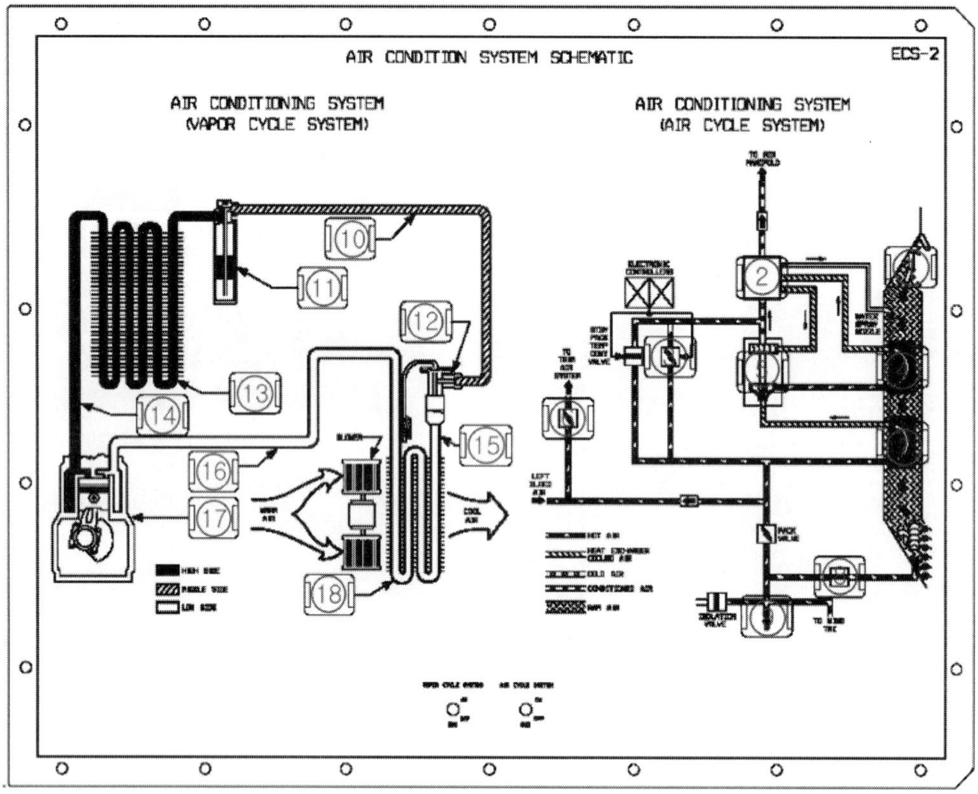

그림 3.19 AIR CONDITION SYSTEM SCHEMATIC ECS-2

번호	component 명칭
①	RAM AIR
②	HIGH PRESSURE WATER SEPARATOR
③	PACK TEMP CONT VALVE
④	SECONDARY HEAT EXCHANGER
⑤	AIR CYCLE MACHINE
⑥	TRIM AIR PRESSURE REGULATOR AND SHUTOFF VALVE
⑦	PRIMARY HEAT EXCHANGER
⑧	TURBOFAN VALVE
⑨	ENGINE 2
⑩	HIGH PRESSURE LIQUID

⑪	RECEIVER DRYER
⑫	THERMAL EXPANSION VALVE
⑬	CONDENSER
⑭	HIGH PRESSURE VAPOR
⑮	LOW PRESSURE LIQUID
⑯	LOW PRESSURE VAPOR
⑰	COMPRESSOR
⑱	EVAPORATOR

번호	scenario switch 명칭
SW1	VAPOR CYCLE SYSTEM
SW2	AIR CYCLE SYSTEM

표 3.2 환경제어계통 ECS-2 모듈 components 및 scenario switch

1) 베이스에 그림 3.12의 ECS-2모듈을 장착한 후 전원 스위치를 켠다.
2) 모듈 좌측 하단에 있는 SCENARIO SWITCH의 위치를 OFF에 놓는다.

   SCENARIO SWITCH NAME

   - Scenario SW1 : VAPOR CYCLE SYSTEM
   - Scenario SW2 : AIR CYCLE SYSTEM

3) 화면 좌측 상단에 있는 Component 항목을 클릭하여 실습에 필요한 component들이 있는지 확인한다.
4) 화면 좌측 상단에 있는 Panel INFO 항목을 클릭하면 실습을 진행하기 전에 모듈에 있는 각 스위치의 초기 위치를 확인할 수 있다.
5) Scenario SW1 : VAPOR CYCLE SYSTEM

- VAPOR CYCLE SYSTEM의 COMPONENT를 부착 후에 SW1을 ON한다. 정확한 위치에 component를 삽입하면 멜로디가 나오면 그렇지 않은 경우에는 ? 표시를 한다.
- SW1을 ON하고 화면 좌측 상단의 SCENARIO INFO 항목을 클릭하여 해당 scenario에서 확인해야 할 내용을 사전에 확인한다.

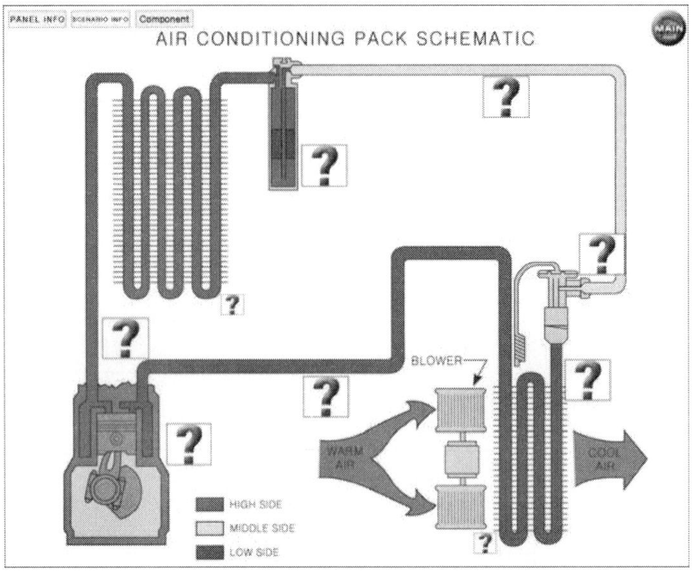

그림 3.20 VAPOR CYCLE SYSTEM 준비 화면

- 결과 화면

  모니터 화면에 VAPOR CYCLE SYSTEM의 공기의 흐름을 표시한다. 이 과정에 대해 조원들과 협의하여 작동방법 및 원리를 요약 정리한다.

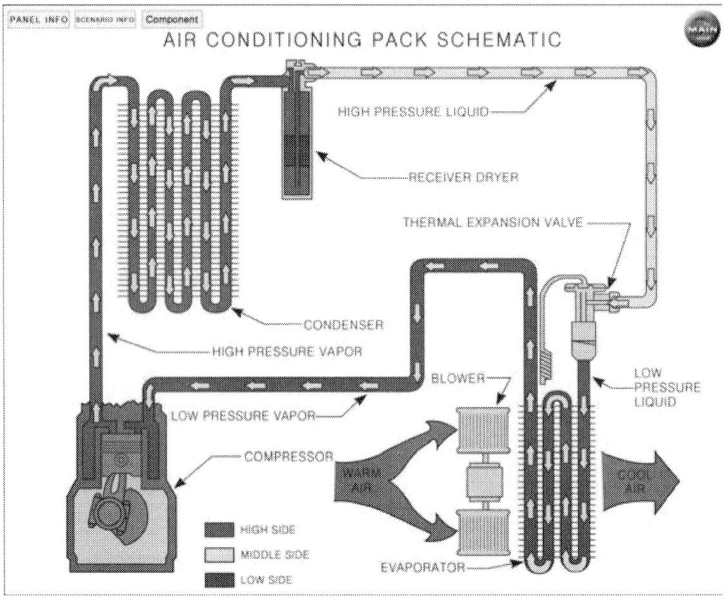

그림 3.21 VAPOR CYCLE SYSTEM 결과 화면

6) Scenario SW2 : AIR CYCLE SYSTEM

- AIR CYCLE SYSTEM의 COMPONENT를 부착 후에 SW1을 ON한다. 정확히 부착한 경우에는 멜로디가 나오고 그렇지 않은 경우에는 ? 표시를 한다.
- SW2를 ON하고 화면 좌측 상단의 SCENARIO INFO 항목을 클릭하여 해당 scenario에서 확인해야 할 내용을 사전에 확인한다.

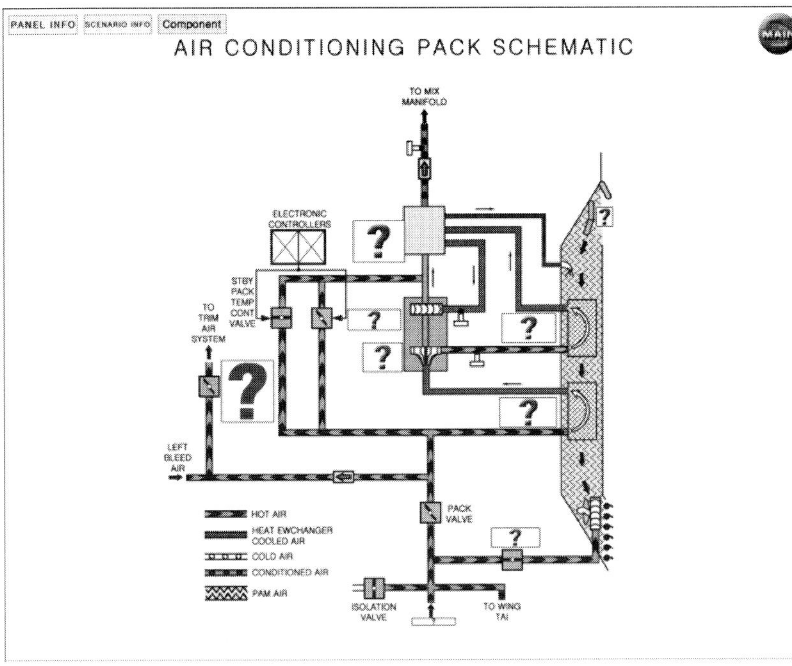

그림 3.22 AIR CYCLE SYSTEM 준비 화면

- 결과 화면

  모니터 화면에 AIR CYCLE SYSTEM의 공기의 흐름을 표시한다. 이 과정에 대해 조원들과 협의하여 작동방법 및 원리를 요약 정리한다.

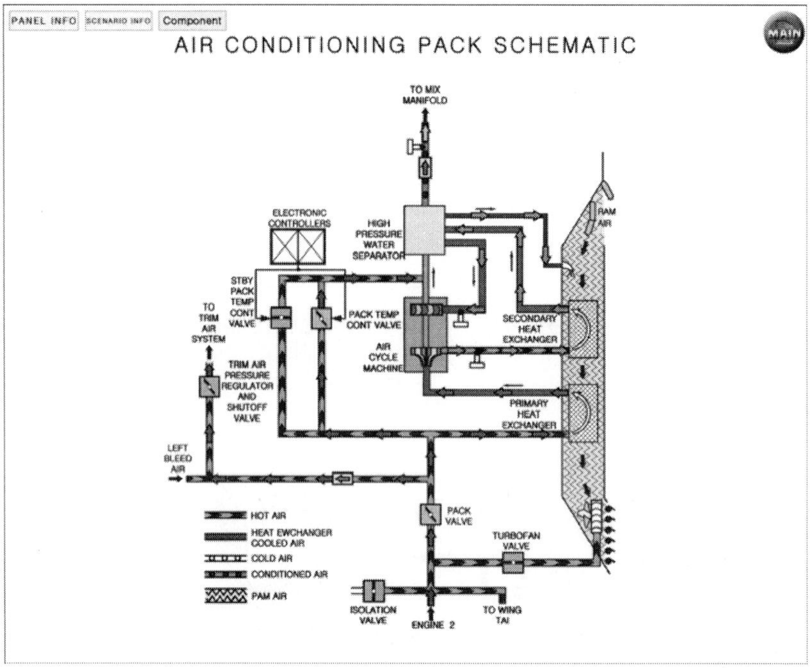

그림 3.23　AIR CYCLE SYSTEM 결과 화면

3.4 환경제어계통 Module ECS-3 실습

환경제어계통 ECS-3 모듈(module)의 구성은 아래의 그림과 같다. 모듈 3의 실습내용은 환경제어계통의 주요 기능중 하나인 여압(pressurization)과 관련 부품에 대한 실습으로 구성되어 있다.

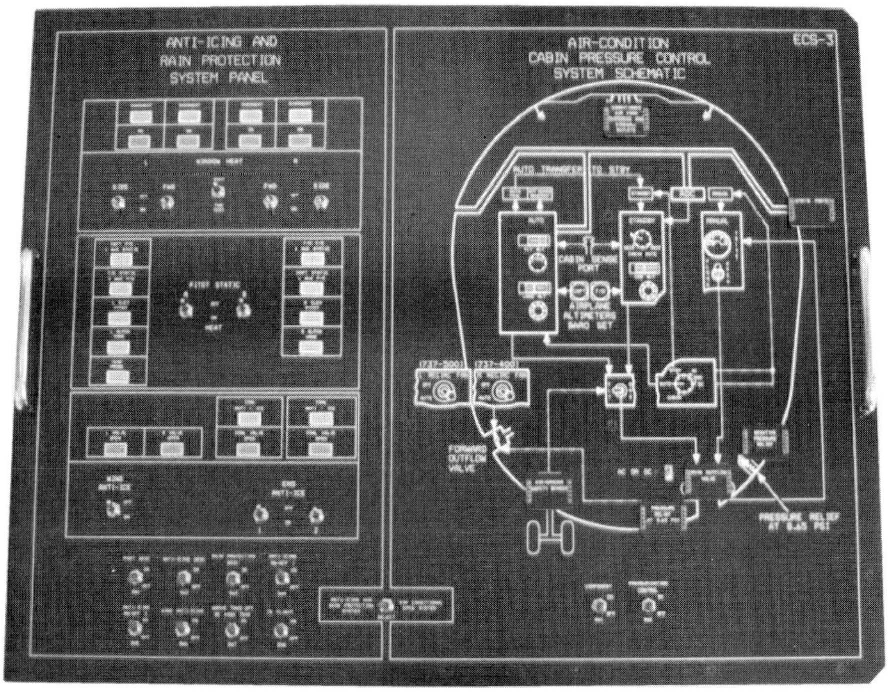

그림 3.24 ECS-3 SYSTEM MODULE

AIR CONDITIONING SYSTEM (CABIN PRESSURE CONTROL SYSTEM SCHEMATIC)	COMPONENT
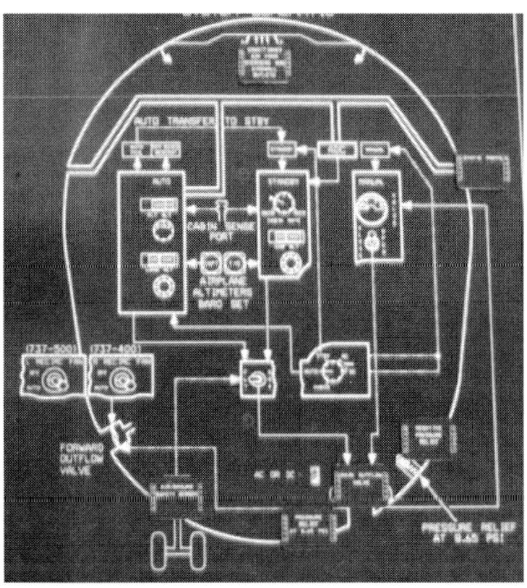	

COMPONENT

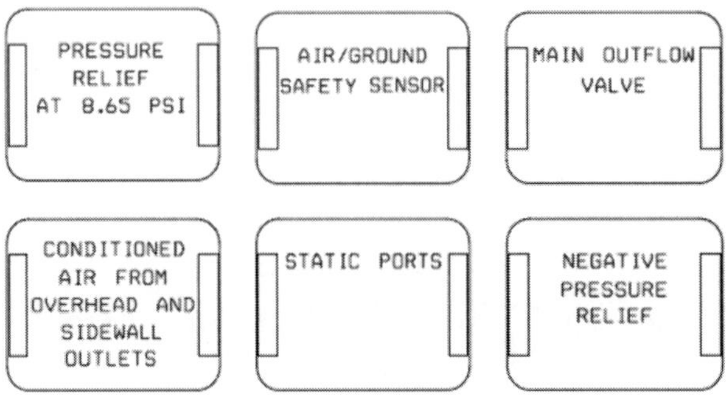

SCENARIO SWITCH

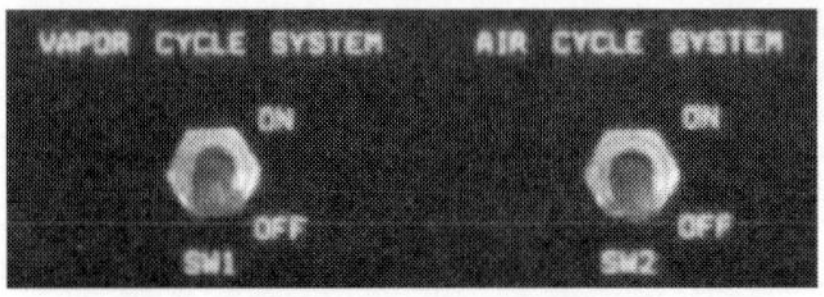

그림 3.25 ECS-3 SYSTEM MODULE 각 부의 명칭

번호	component 명칭
①	CONDITIONED AIR FROM OVERHEAD AND SIDEWALL OUTLETS
②	STATIC PORTS
③	NEGATIVE PRESSURE RELIEF
④	AIR/GROUND SAFETY SENSOR
⑤	MAIN OUTFLOW VALVE
⑥	PRESSURE RELIEF AT 8.65 PSI

번호	scenario switch 명칭
SW1	COMPONENT ON/OFF
SW2	PRESSURIZATION CONTROL

표 3.3 환경제어계통 ECS-3 모듈 components 및 scenario switch

1) 베이스에 그림 3.19의 ECS-3 모듈을 장착한 후 전원 스위치를 켠다.

2) 모듈 우측 하단에 있는 SCENARIO SWITCH의 위치를 OFF에 놓는다.

SCENARIO SWITCH NAME

- Scenario SW1 : COMPONENT ON/OFF
- Scenario SW2 : PRESSURIZATION CONTROL

3) 화면 좌측 상단에 있는 Component 항목을 클릭하여 실습에 필요한 component들이 있는지 확인한다.

4) 화면 좌측 상단에 있는 Panel INFO 항목을 클릭하면 실습을 진행하기 전에 모듈에 있는 각 스위치의 초기 위치를 확인할 수 있다.

5) Scenario SW1 : Component ON/OFF

- COMPONENT를 부착 후에 SW1을 ON한다. 정확한 위치에 삽입한 경우에는 멜로디가 나오며 그렇지 않은 경우에는 ? 표시를 한다.
- SW1을 ON하고 화면 좌측 상단의 SCENARIO INFO 항목을 클릭하여 해당 scenario에서 확인해야 할 내용을 사전에 확인한다.

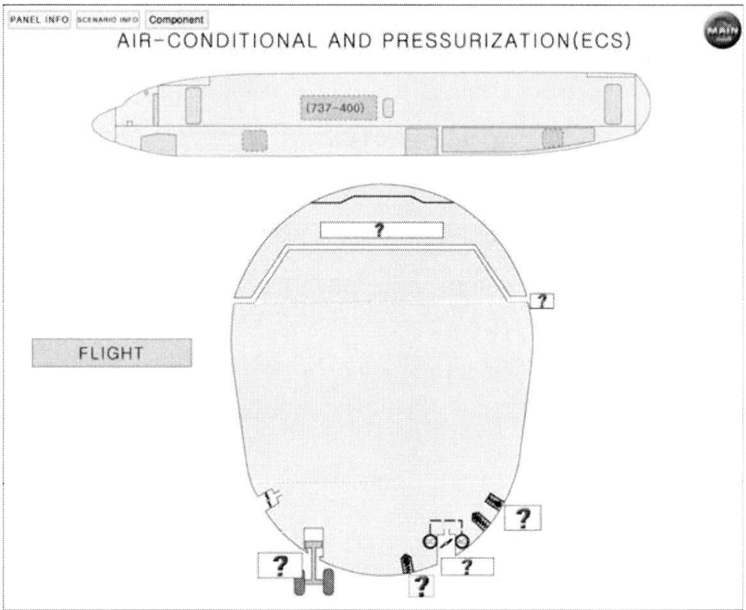

그림 3.26 환경제어계통 여압실습 준비 화면

- 결과 화면

  모니터 화면에 공기의 흐름을 표시한다. 이 과정에 대해 조원들과 협의하여 작동 방법 및 원리를 요약 정리한다.

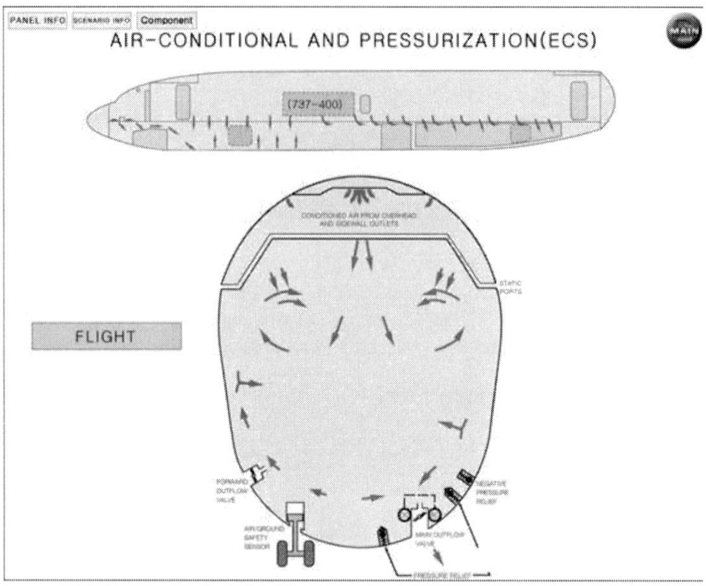

그림 3.27 환경제어계통 여압공기 공급 결과 화면

6) Scenario SW2 : PRESSURIZATION CONTROL

- SW2를 ON하고 화면 좌측 상단의 SCENARIO INFO 항목을 클릭하여 해당 scenario에서 확인해야 할 내용을 사전에 확인한다.
- 모니터 화면에 pressurization control schedule을 표시한다.
- 결과 화면

  모니터 화면에 비행경로별 여압과정을 보여준다. 이 과정에 대해 조원들과 협의하여 작동방법 및 원리를 요약 정리한다.

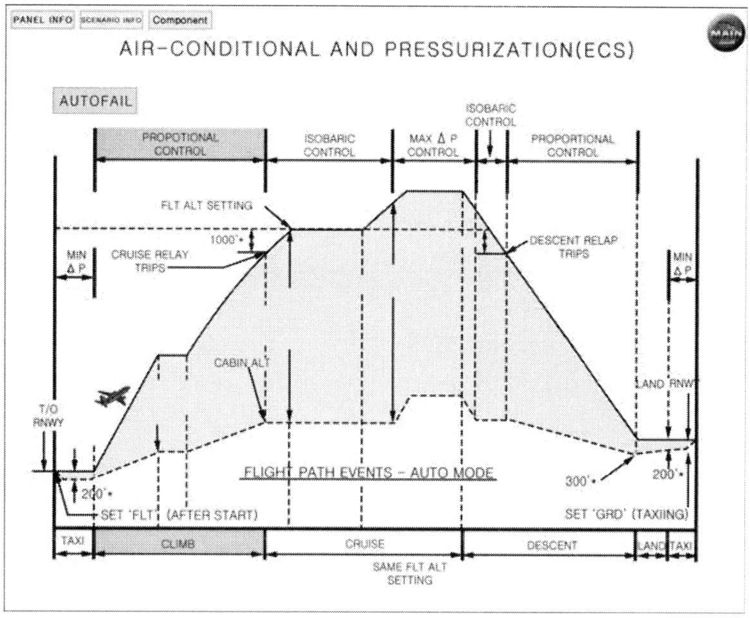

그림 3.28 pressurization control 결과 화면

CHAPTER 04

방/제빙 및 제우계통

Anti-Icing and Rain Protection System

4 1 방/제빙 및 제우계통 개요

항공기에 발생하는 결빙은 항공기의 안전에 심각한 문제를 야기할 수 있는 요인이다. 그러나 많은 노력에도 불구하고 여전히 항공기 조종성에 영향을 주는 결빙현상을 충분히 방지하지 못해 사고는 계속 발생하고 있는 실정이다. 결빙은 공기흐름의 정체점(stagnation point) 부근의 항공기 구조물에서 발생한다. 즉, 날개나 꼬리날개의 앞전(leading edge), 엔진 흡입구나 헬리콥터 로터블레이드의 앞전 부분에서 잘 발생한다.

그림 4.1 항공기에 발생한 결빙의 사례

▌결빙의 영향

항공기에 형성된 얼음의 영향은 다음과 같은 것들이 있다.

- 날개 표면의 공기 흐름이 매끄럽지 못해 양력이 감소하고 항력이 증가한다.
- 감소된 양력을 보완하기 위해 날개의 받음각(angle of attack)을 증가시키면 날개 아래쪽 표면에 얼음이 더욱 적층될 수 있다.
- 항공기 조종성에 중요한 역할을 하는 비행조종면(flight control surfaces) 표면의 불평형 현상이나 작동불능 혹은 오작동으로 인해 비행특성에 안 좋은 영향을 준다.
- 외부에 장착된 안테나의 손상을 유발하여 통신 장애를 일으킨다.
- 공기흡입구(inlet) 주위에 형성된 얼음은 엔진으로 유입되는 공기의 질을 나쁘게 하거나 막음으로써 엔진의 성능을 저하시킨다.
- 얼음으로 인해 항공기 구조물이 파손되거나, 파손된 구조물이 엔진으로 유입되어 엔진의 손상을 일으킬 수 있다.
- 진동이 심해지고 조종사의 계기 판독에 방해를 준다.

4.1.1 항공기 방/제빙 계통

항공기에서 사용하고 있는 방빙 및 제빙시스템은 여러 가지 방법이 있으며 목적에 따라 방빙(anti-icing) 시스템과 제빙(de-icng) 시스템으로 구분할 수 있다.

▌Thermal pneumatic(hot bleed air) system

주로 결빙이 쉬운 날개의 앞전(leading edge) 안쪽으로 고온의 엔진 블리드 공기를 공급하여 결빙을 방지하는 방법이다. 날개 앞전 안쪽에 스팬방향(spanwise)으로 고온 공기가 흘러가는 덕트(duct)를 설치하고 날개의 안쪽 표면(inner surface)에 공급하는 방식이다. 주로 제/방빙 영역이 큰 부위에 사용되며, 블리드 공기가 충분히 공급될 수 있는 대형 항공기에서 주로 사용된다.

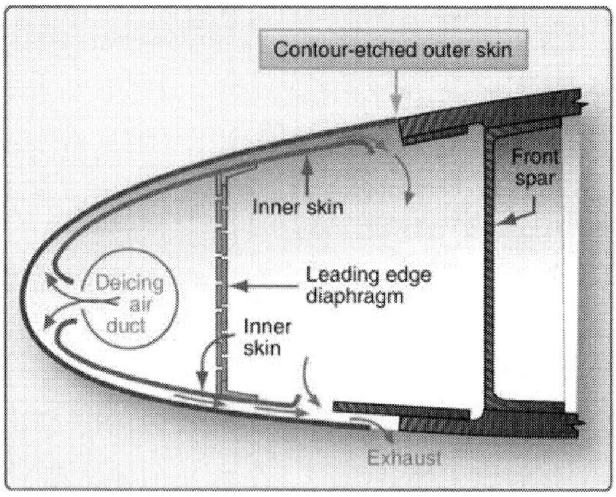

그림 4.1 Thermal pneumatic system

▌Electrothermal system

전기코일에 전기를 공급하면 전기열이 발생하는데 이 열을 이용하는 방법이다. 이 방법은 많은 전류를 사용하기 때문에 항공기중 TAT(total air temperature), AOA(angle of attck) probe와 같은 air data probe, ice detector, engine P2/T2 sensors 등 주로 작은 부품의 방/제빙에 사용한다. 또한 water line, waste water drain이나 터보프롭(turboprop) 항공기의 inlet cowl, 여객기나 고성능 항공기의 윈드쉴드(windshield)에 사용하기도 한다. 또한 헬리콥터의 경우 주로 주로터(main rotor)/꼬리로터(tail rotor) 블레이드(blade), 윈드쉴드 등에 사용된다.

▌Chemical anti-icing system

프로펠러 앞전이나 weeping wing이라고 하여 날개 표면에 설치한 미세한 구멍들을 통해 에틸렌 글리콜(ethylene glycol) 같은 화학약품을 분사시켜 빙점을 낮추는 방법이다. 보통 AL-5라는 화학약품을 많이 사용하는데 화학적 구성은 ethylene glycol 85%, isopropyl alcohol 5%, de-ionized water 10%로 되어 있다. 비행 중 이 용액이 구름속의 과냉각된 물방울 입자(supercooled liquid water droplets)와 혼합되어 빙점을 낮추는 방식이다.

Weeping wing의 경우 1 square inch당 0.0025 inch diameter의 구멍이 약 800개 정도 뚫려있으며 레이저를 이용하여 구멍을 뚫고 티타늄 패널로 제작한다.

그림 4.2 Weeping wing

▌Pneumatic de-icing boots

결빙이 쉬운 날개나 안정판(stabilizer)에 강화합성고무 부츠(boots)를 설치하고 고압의 공기를 이용하여 주기적으로 수축, 팽창시켜 얼음을 제거하는 방법으로서 보통 프로펠러 항공기의 날개에 많이 사용한다.

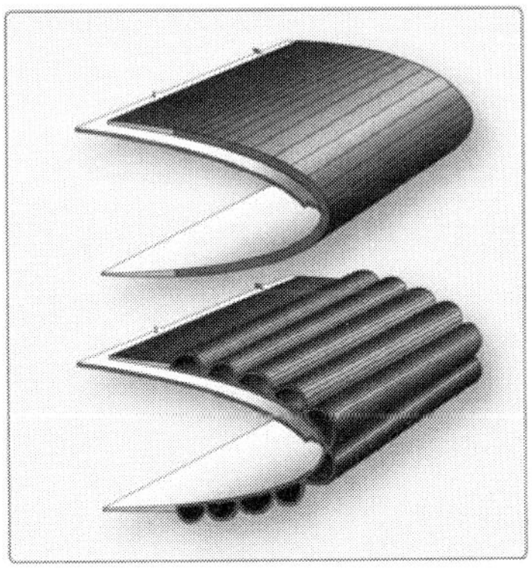

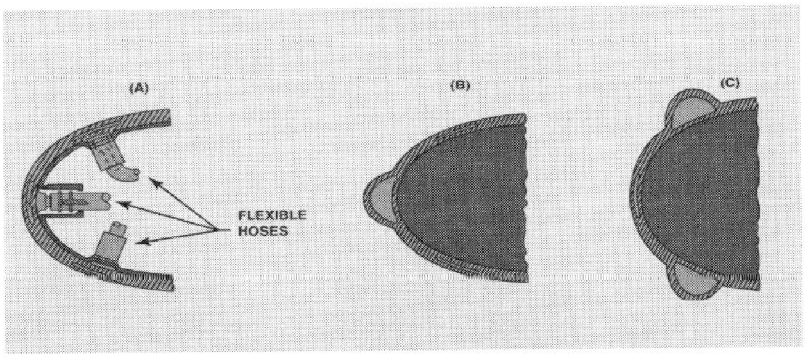

그림 4.3 Pneumatic de-icing boots

Electro-magnetic impulse system

날개의 앞전 구조물에 코일를 직접 설치하면 날개 금속 표면에 와전류(eddy currents)가 발생되고 이로 인해 날개표면의 미세한 진동을 발생시킴으로써 얼음을 제거하는 방법이다. 이 방식의 단점은 전자기 간섭현상이 발생하고 구조물의 피로(fatigue)가 쌓이며 승객들이 진동을 느낄 수 있다는 점이다.

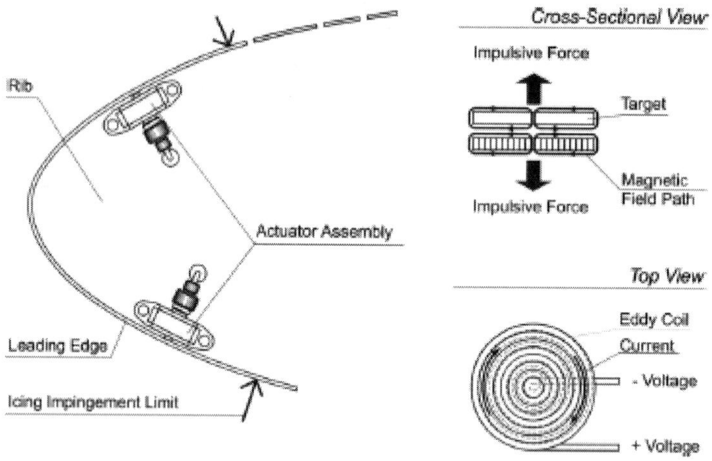

그림 4.4 Electro-magnetic impulse system

4.1.2 윈드쉴드 성에, 제빙시스템(Windshield frost, fog, ice control systems)

윈드쉴드(windshield)의 성에(frost), 김(fog), 얼음의 제거는 전기, 공압 혹은 화학적인 방법으로 한다. 전기식 장치의 경우 유리(glass), polycarbonate의 적층구조로 되어 있으며 성능 향상을 위해 투명한 비닐을 포함시킨다. 광범위한 온도와 압력조건에 노출되고 새와의 충돌 가능성이 있는 윈드쉴드는 적층구조로 함으로써 강도나 충격에 대한 성능을 향상시킬 수 있다. 이런 적층구조는 내부에 저항선(resistance wire)이나 투명한 전도체 물질 설치가 용이하여 전기를 가하면 발생되는 열로 인해 성에, 김, 얼음을 제거할 수 있다. 공압식(pneumatic) 장치는 적층구조 내부에 간격이 있어 그 사이로 따뜻한 공기를 공급하는 방법이나 자동차의 경우처럼 안쪽에서 따뜻한 공기를 윈드쉴드에 공급하는 방법을 사용하고 있다. 화학적 방법은 앞에서 설명한 방/제빙 시스템중 화학약품을 이용한 방법을 윈드쉴드에도 적용하고 있다. 윈드쉴드의 바깥쪽에 노즐을 통해 화학약품을 분사시키게 된다.

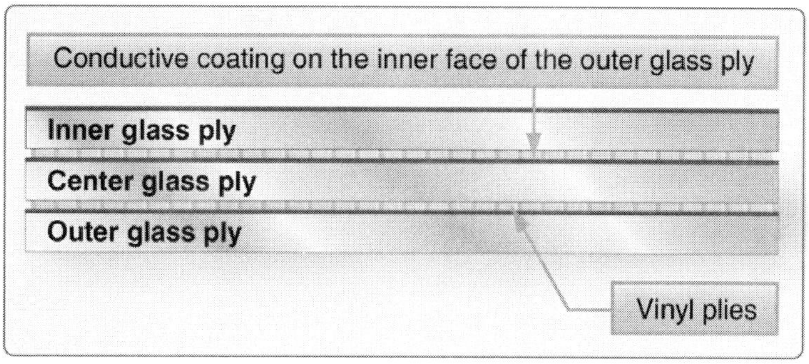

그림 4.5 적층식 윈드쉴드의 내부 단면

4.1.3 결빙감지센서(Ice detection sensor)

현재 항공기에서 사용하고 있는 결빙감지기에는 몇 가지가 있다. 결빙감지기는 결빙으로 인한 위험성을 사전에 감지해서 조종사에게 알려줘야 하는 중요한 목적이 있다. 이는 조종사가 해당 항공기의 제빙에 관련된 조작을 통해 결빙이 되지 않도록 조치를 해야 하기 때문이다, 결빙감지기의 설치는 아주 중요한데 위치 선정에 따라 잘못된 경고나 아니면 이미 결빙된 이후에 뒤 늦은 경고를 줄 수 있기 때문이다.

▌hot rod ice detector

결빙감지기는 우선 시각적으로 판단할 수 있게 하는 hot rod ice detector가 있다.조그만 에어포일 형태로 되어 있고 조종사가 창문을 통해 볼 수 있어야 하며 야간에도 확인할 수 있도록 조명장치가 있어야 한다. 내부에 열선이 설치되어 있어 제빙이후에도 결빙이 되는지 확인할 수 있다. 이 방식은 hot rod ice detector의 결빙 유무가 곧 날개의 결빙 유무를 나타낼 수 있어야 한다. 즉 조종사는 시각적으로 이 감지기에 결빙이 없다면 날개에도 결빙이 없다는 것으로 간주해야한다는 의미이다.

▌serrated rotor ice detector

이 결빙감지기는 그림 4.6에서 보듯이 톱니형태의 로터(rotor)와 cutter로 구성되어 있고 약 0.05mm 정도의 간격을 가지고 있다. 로터는 전기모터에 의해 계속 회전하고 정상상태일 때는 로터를 회전시키는데 필요한 토크가 크지 않다. 그러나 비행중 이 간격 사이에 얼음이 형성된다면 로터를 회전시키는데 필요한 토크(torquc)기 증기히게 되는데 이 값을 감지하여 경고장치를 작동시키게 된다.

그림 4.6 serrated rotor ice detector

4.1.4 pressure operated ice detector

그림 4.7에서 보듯이 이 결빙감지기는 프루브(probe) 앞전(leading edge)에 4개의 구멍, 뒤쪽에 2개의 구멍이 뚫려있다. 프루브 내부에는 열선이 설치되어 있고 내부에 작용하는 압력에 반응하는 압력 캡슐(pressure capsule)과 압력캡슐에 의해 작동하는 릴레이 스위치가 설치되어 있다. 항공기가 비행하게 되면 앞전 4개의 구멍을 통해 공기가 유입되며 뒤쪽 2개의 구멍을 통해 빠져나가도록 되어있다. 그러나 공기가 유입되는 구멍이 더 많기 때문에 프루브 내부의 압력은 올라가고 이 압력은 압력캡슐을 팽창시키게 된다. 만일 얼음이 형성되어 앞전 4개의 구멍이 막히게 되면 프루브 내부의 압력이 감소되고 압력캡슐은 수축된다. 이때 압력캡슐의 수축은 경고장치를 작동시키는 릴레이 스위치를 동작시키게 되고 동시에 열선을 가동시켜 프루브에 형성된 얼음을 제거하게 된다.

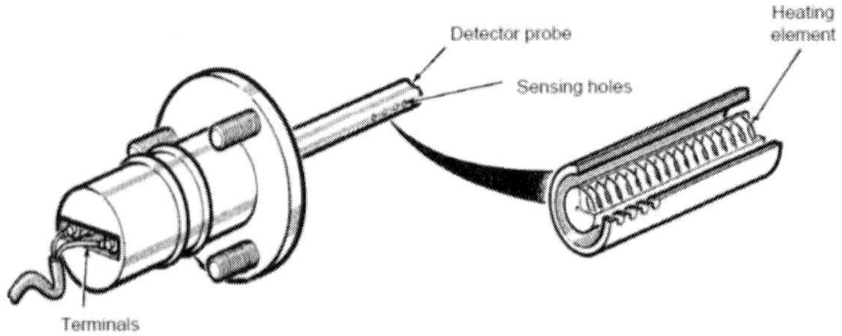

그림 4.7 4pressure operated ice detector

ultrasonic vibrator ice detector

이 방식은 프루브가 약 40 kHz의 주파수로 진동하도록 되어 있다 비행 중에 프루브에 얼음이 형성되면 프루브의 질량이 커져 진동수가 떨어진다. 미리 설정된 진동수 이하로 내려가면 경고장치를 작동시키며 동시에 내부에 설치된 열선을 작동시켜 얼음을 제거하게 된다. 얼음을 감지하면 30초 정도 경고장치를 작동시키고 이 시간 안에 계속 얼음이 형성된다면 연속적으로 앞의 과정을 반복하게 된다. 보통 얼음을 더 확실하게 제거하기 위해 열선의 작동은 30초보다 더 긴 시간 동안 작동시키게 된다.

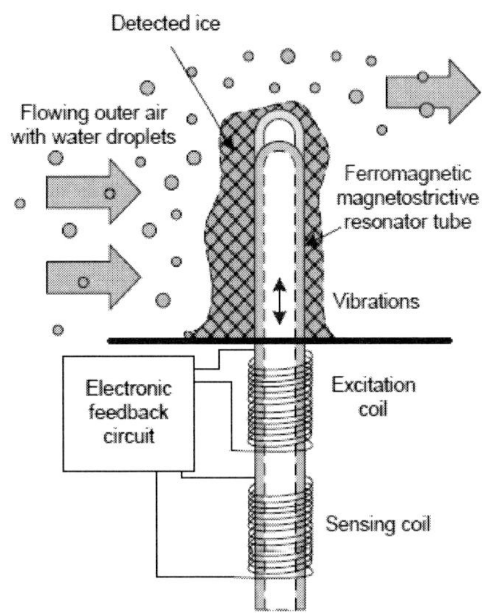

그림 4.8 ultrasonic vibrator ice detector

4.1.5 B737 방/제빙 및 제우계통

블리드 공기를 제공하는 가장 중요한 공급원은 엔진이며, 엔진의 블리드 공기 공급 기능을 보여주는 것이 아래의 그림이다.

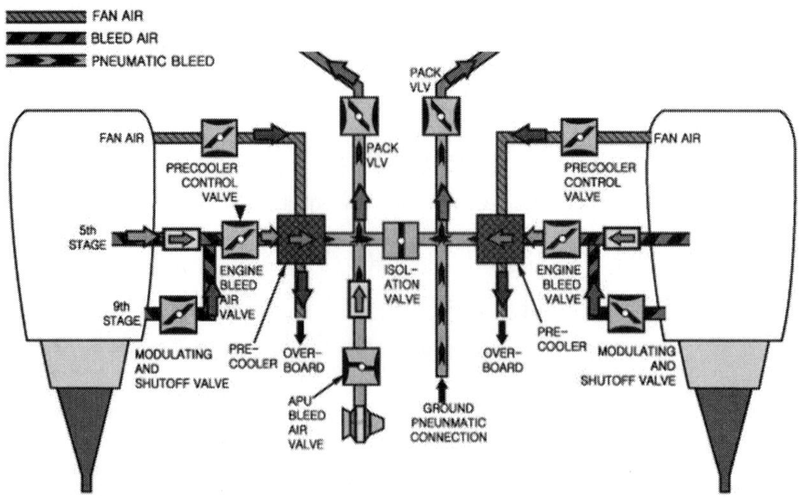

그림 4.9 B737 엔진 블리드 공기의 공급방법

그림 4.9를 간단히 설명하면 엔진의 블리드 공기는 PRSOV 밸브(pressure regulating and shut off valve)를 통과해서 나온다. 이 밸브는 압력을 줄여 조절하고 필요한 경우 블리드 공기의 공급을 차단시키는 역할을 한다. PRSOV 밸브 이후에는 다양한 방법으로 사용이 가능하며 기종마다 차이가 날 수 있다. 위 그림의 경우, 2개의 엔진을 장착한 항공기의 사례로서 엔진의 블리드 공기와 APU 블리드 공기를 사용할 수 있는 시스템 구성으로 되어 있다. 이 시스템의 블리드 공기는 ECS, 엔진 anti-icing, pressurization 시스템에 공급되고 있다. 블리드 공기는 SOV(Shut-Off Valve)를 통해 공급 혹은 차단될 수 있도록 되어 있으며, 2개의 엔진 사이에 isolation valve를 설치하여 어떤 이유에서든 한쪽 엔진이 블리드 공기를 공급하지 못하는 상황이 되면 다른 엔진의 블리드 공기가 공급될 수 있도록 밸브를 열게 된다. 블리드 공기는 엔진의 추력상태에 따라 압축기의 중간(intermediate stage, 5th stage) 혹은 고압단(high pressure stage, 9th stage)에서 추출한다. 보통 충분한 블리드 공기 압력을 사용하기 위해 낮은 추력조건에서는 압축기 고압단에서 고추력 조건에서는 중간단에서 뽑아낸다. 이 엔진의 경우 막 나온 블리드 공기는 HP SOV(High pressure Shut-Off Valve)를 거치면서 100 psi정도의 압력으로 조절하고 공기량도 함께 조절해서 내 보낸다. 이 조절된 공기는 PRSOV를 거치면서 다시 40 psi정도로 압력이 조절되고 나서 pre-cooler로 보내져 온도가 조절된다. 이때 pre-cooler의 cooling air는 저압 팬(LP fan)에서 나온 공기를 이용한다. 또한 적절한 위치에 온도와 압력센서를 설치하여 감시하며 감지된 값을 이용하여 원하는 수치로 조절되도록 사용된다.

4.2 방/제빙계통 실습

방/제빙 계통 실습 모듈은 환경제어계통 ECS-3 모듈(module)의 좌측에 구성되어 있다.

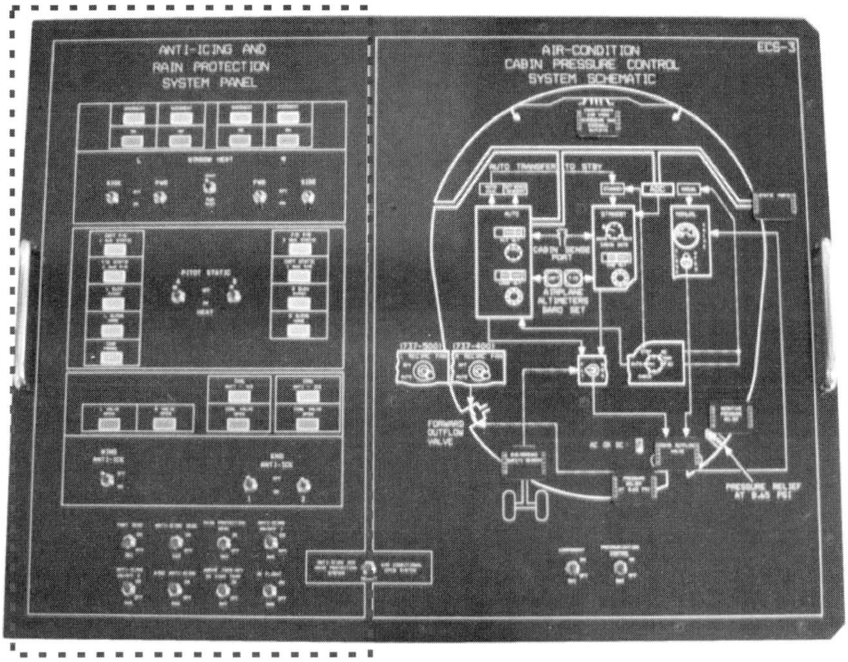

그림 4.10 ANTI-ICING SYSTEM MODULE

FORWARD OVERHEAD PANEL	
WINDOW HEAT CONTROLS	PITOT STATIC HEAT
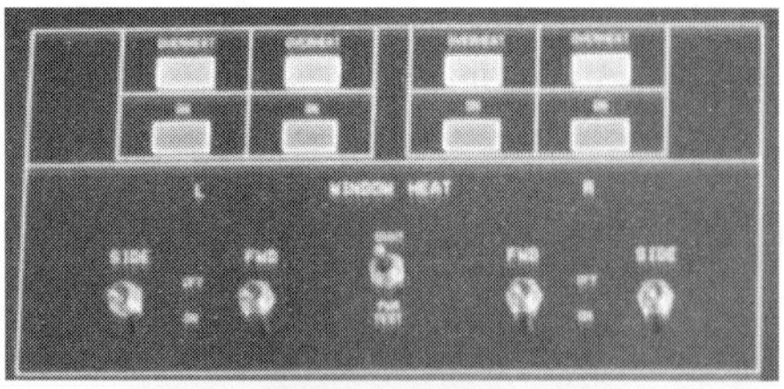	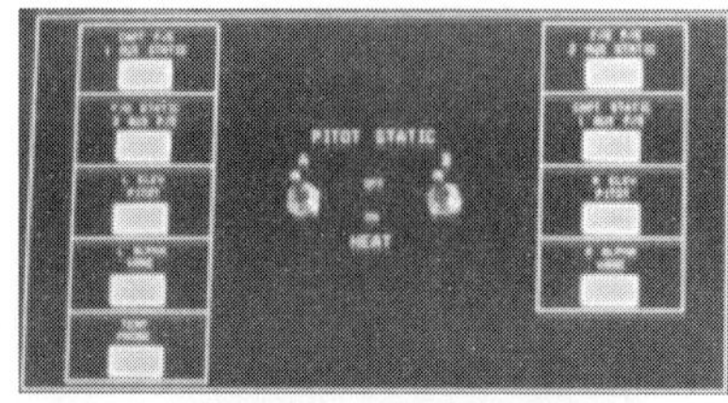
WING ANTI-ICE	ENGINE ANTI-ICE
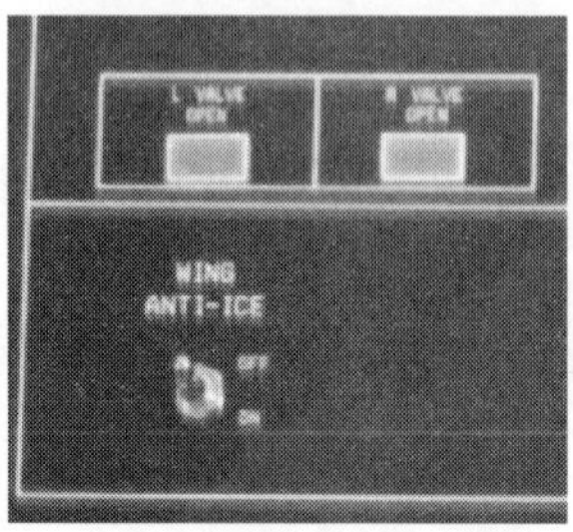	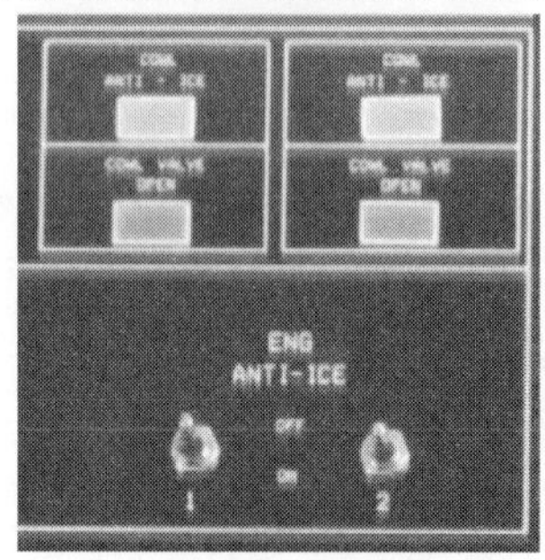

ANTI-ICING SYSTEM SCHEMATIC	COMPONENT
해당 없음	해당 없음
SCENARIO SWITCH	
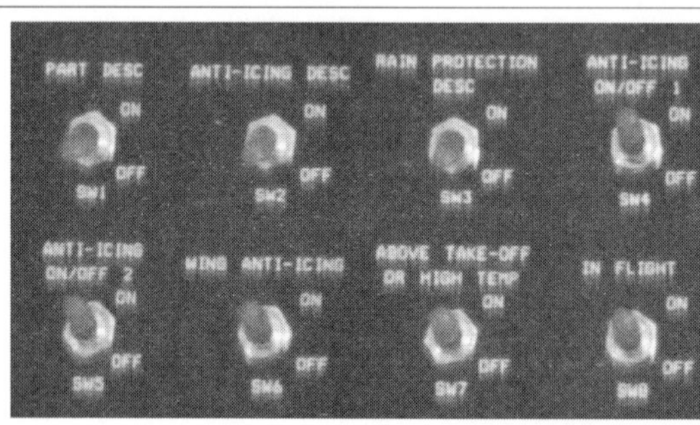	

그림 4.11 ANTI-ICING SYSTEM MODULE 각 부의 명칭

component 없음

번호	scenario switch 명칭
SW1	PART DESC
SW2	ANTI-ICING DESC
SW3	RAIN PROTECTION DESC
SW4	ANTI-ICING ON/OFF 1
SW5	ANTI-ICING ON/OFF 2
SW6	WING ANTI-ICING
SW7	ABOVE TAKE-OFF OR HIGH TEMP
SW8	IN FLIGHT

표 4.1 ANTI–ICING SYSTEM Scenario switch

1) 베이스에 그림 4.10의 ECS 모듈 3을 장착한 후 전원 스위치를 켠다.
2) 모듈 우측 하단에 있는 SCENARIO SWITCH의 위치를 OFF에 놓는다.

SCENARIO SWITCH NAME

- Scenario SW1 : PART DESC
- Scenario SW2 : ANTI-ICING DESC
- Scenario SW3 : RAIN PROTECTION DESC
- Scenario SW4 : ANTI-ICING ON/OFF 1
- Scenario SW5 : ANTI-ICING ON/OFF 2
- Scenario SW6 : WING ANTI-ICING
- Scenario SW7 : ABOVE TAKE-OFF OR HIGH TEMP
- Scenario SW8 : IN FLIGHT

3) 화면 좌측 상단에 있는 Panel INFO 항목을 클릭하면 실습을 진행하기 전에 모듈에 있는 각 스위치의 초기 위치를 확인할 수 있다.
4) Scenario SW1 : PART DESC ON

Anti-Icing & Rain Protection에 관련된 항공기 장치에 대한 명칭을 표시한다. 조원들과 협의하여 내용을 정리한다.

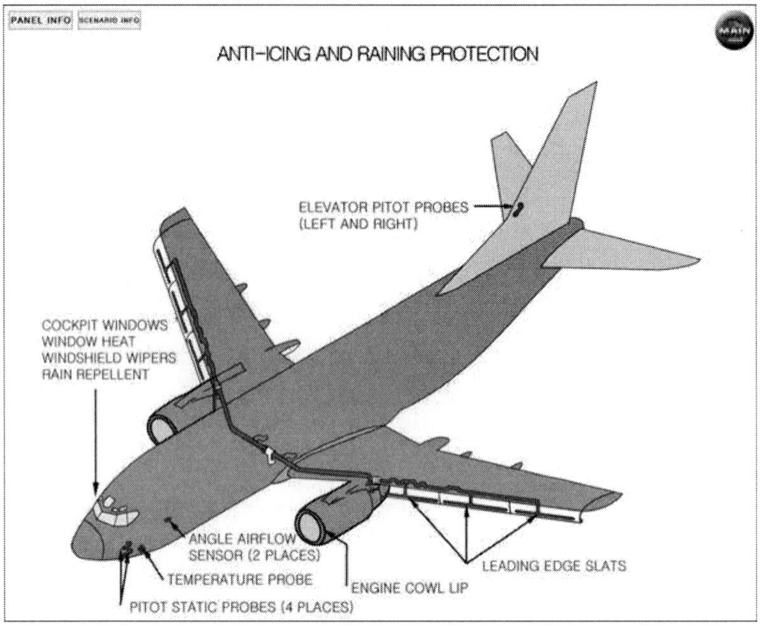

그림 4.12 방/제빙 계통 적용된 항공기 장치

5) Scenario SW2 : ANTI-ICING DESC ON

• Anti-Icing System에 대한 설명 초기 화면을 표시한다.

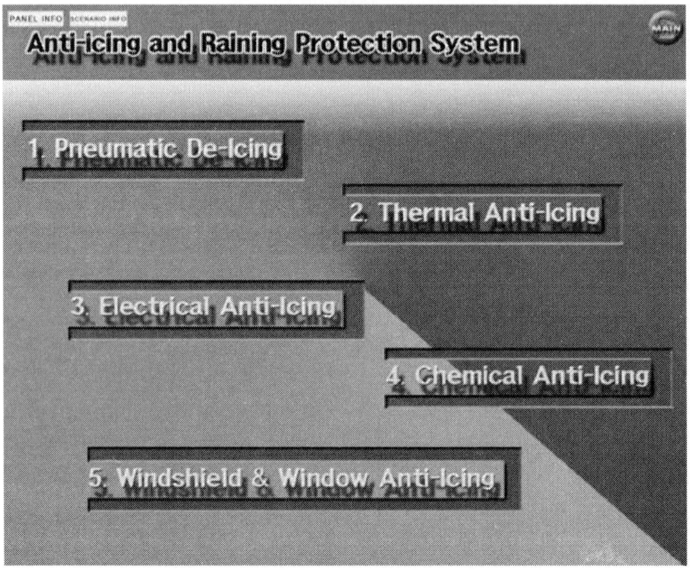

그림 4.13 방/제빙 계통 표지 화면

- 각 항목들을 클릭하여 아래의 내용을 확인하고 결과 정리를 한다.

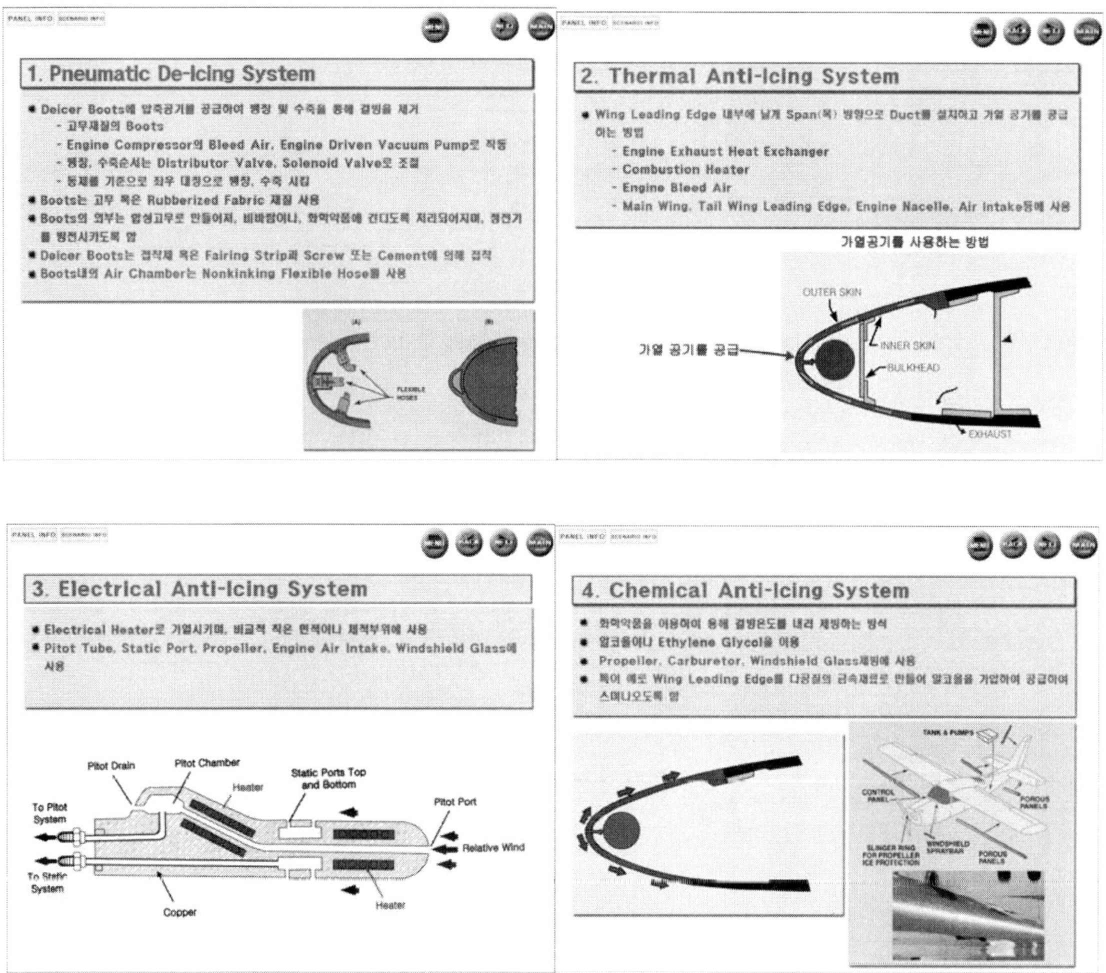

그림 4.14 종류별 방/제빙 계통 설명 결과

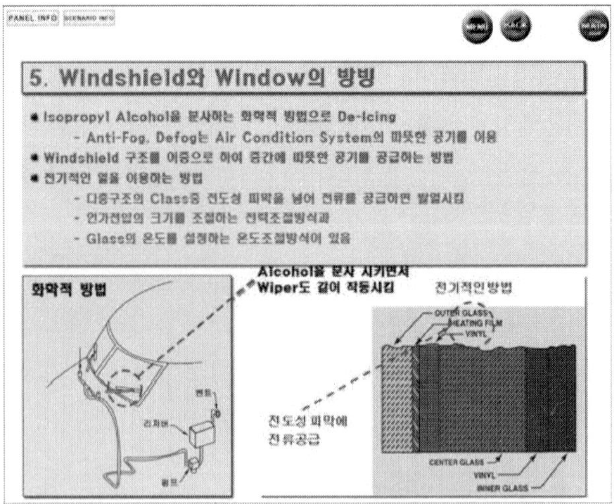

그림 4.15 윈도우와 윈도쉴드의 방/제빙

- WINDOW HEAT CONTROLS 패널을 조작한다.

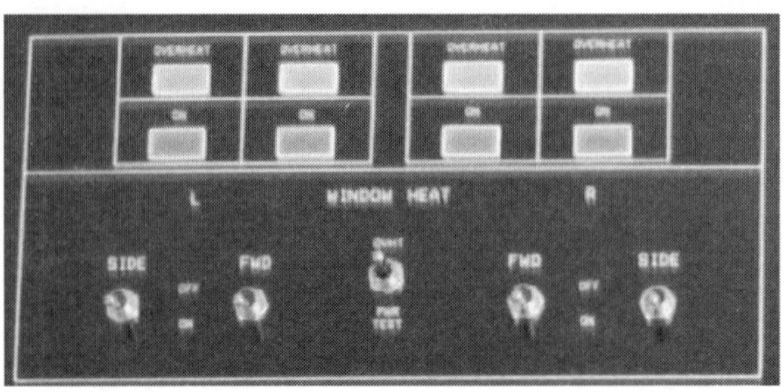

그림 4.16 WINDOW HEAT CONTROLS 패널

- 조작에 따른 COCKPIT WINDOW HEAT과정을 화면에 표시한다. 결과 내용을 검토하고 조원들과 협의하여 요약정리를 한다.

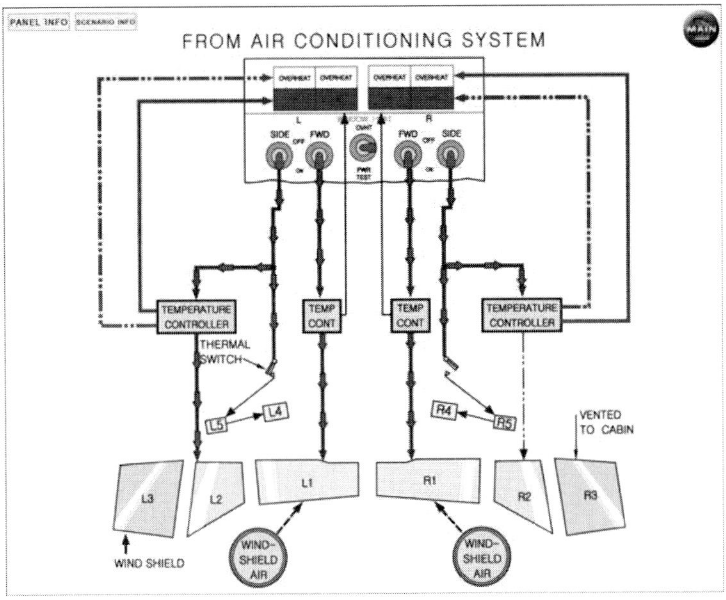

그림 4.17 WINDOW HEAT CONTROLS 결과

- PITOT STATIC HEAT 패널을 조작한다.

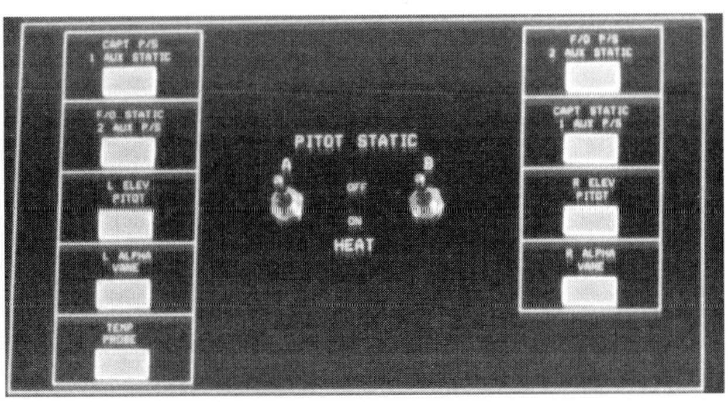

그리 4.18 PITOT STATIC HEAT 패널

- 조작에 따른 ANGLE-AIRFLOW SENSORS와 PROBE AND STATIC PORT의 위치를 화면에 표시한다. 결과 내용을 검토하고 조원들과 협의하여 요약정리한다.

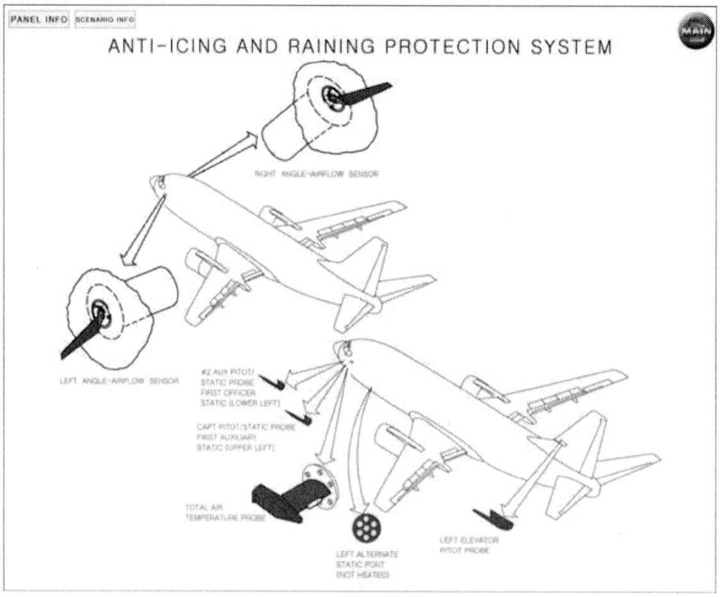

그림 4.19 PITOT STATIC HEAT 결과

6) Scenario SW3 : RAIN PROTECTION DESC ON

- RAIN PROTECTION 설명 초기 화면을 표시한다.

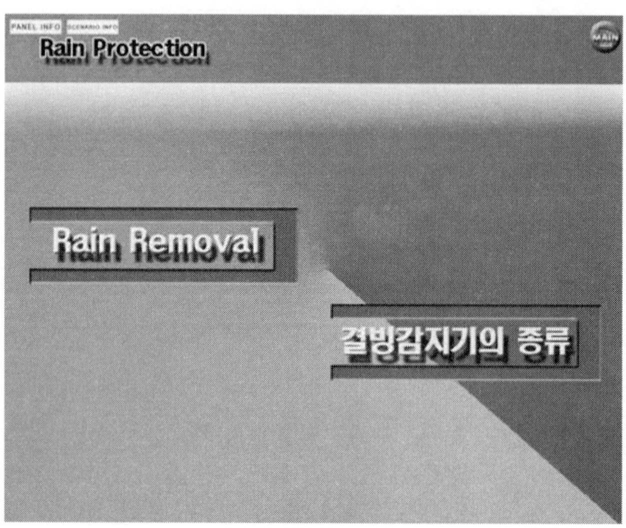

그림 4.20 RAIN PROTECTION 초기 화면

- 각 항목들을 클릭하여 아래의 내용을 확인하고 결과 정리를 한다.

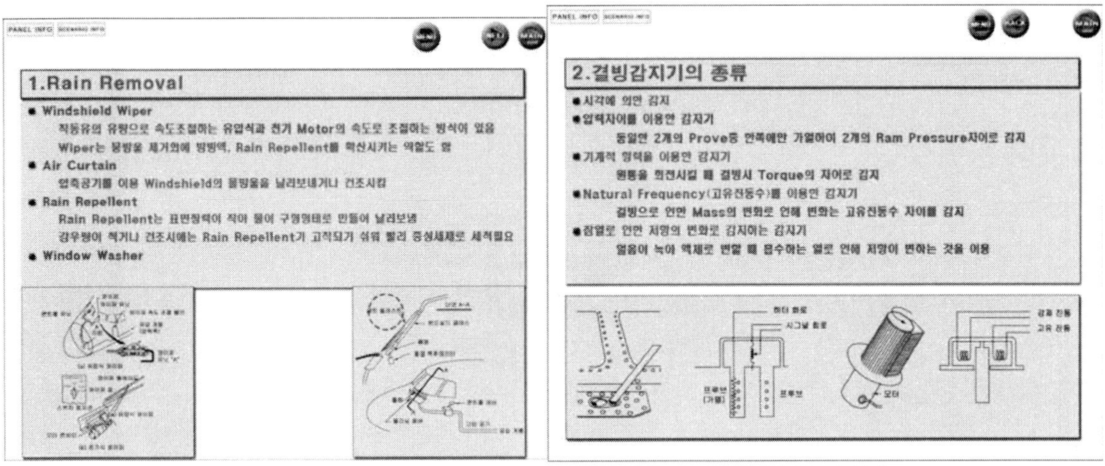

그림 4.21 RAIN PROTECTION 결과 화면

7) Scenario SW4 : ANTI-ICING ON/OFF 1 ON

- Anti-Ice Switch 1번과 Valve의 Position이 일치하지 않는 경우에 COWL VALVE OPEN 램프가 Blight Blue 색으로 점등된다. 결과 내용을 검토하고 조원들과 협의하여 요약 정리한다.

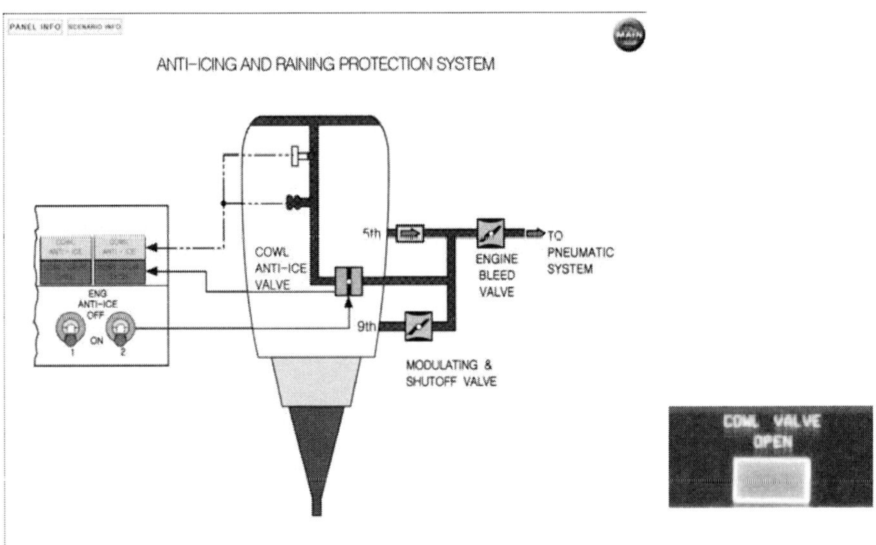

그림 4.22 ANTI-ICING ON/OFF 1 결과 화면

8) Scenario SW5 : ANTI-ICING ON/OFF 2

- Excessive Temperature가 Pressure인 경우에 COWL VALVE OPEN 램프가 Amber색으로 점등된다. 결과 내용을 검토하고 조원들과 협의하여 요약 정리한다.

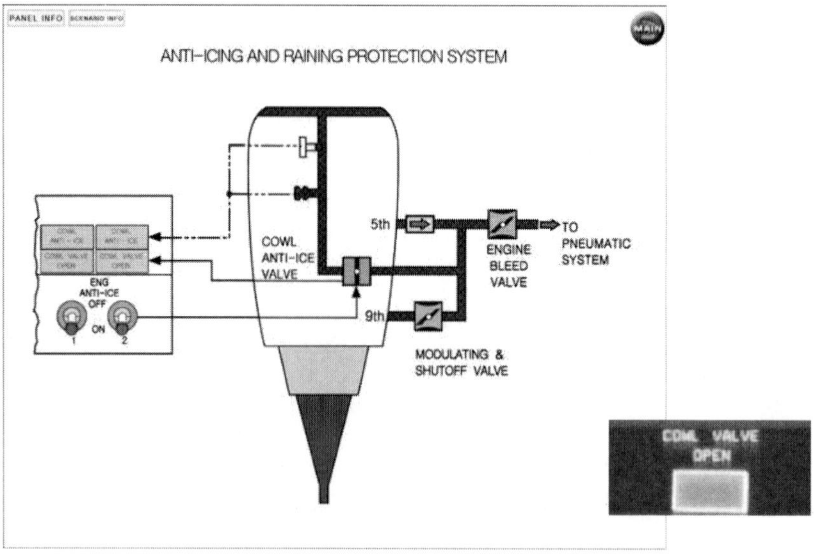

그림 4.23 ANTI-ICING ON/OFF 2 결과 화면

9) Scenario SW6 : WING ANTI-ICING ON

- Wing Anti-Icing Switch가 ON된 경우이다.

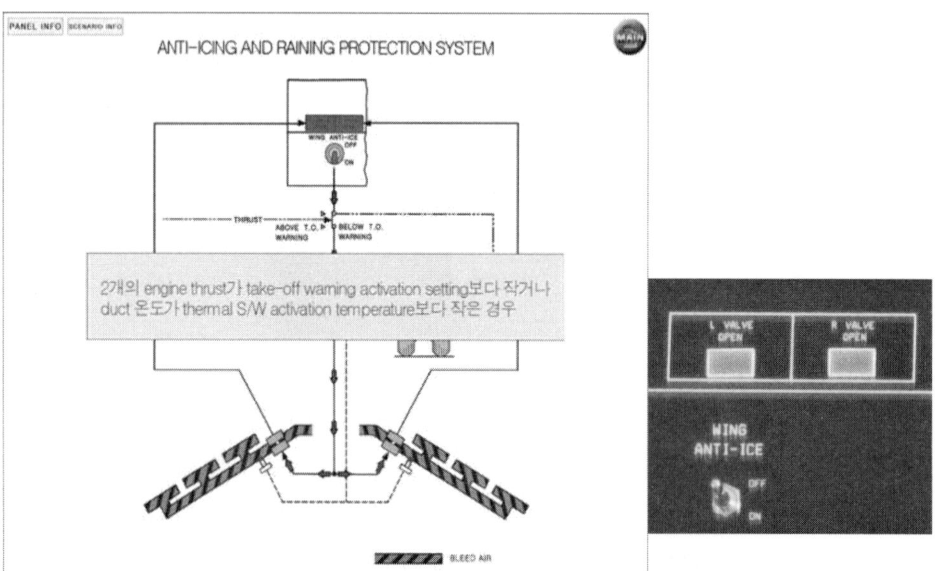

그림 4.24 WING ANTI-ICING 결과 화면

10) Scenario SW7 : ABOVE TAKE-OFF OR HIGH TEMP ON

- Above Take-Off Warning 또는 High Temperature인 경우다.

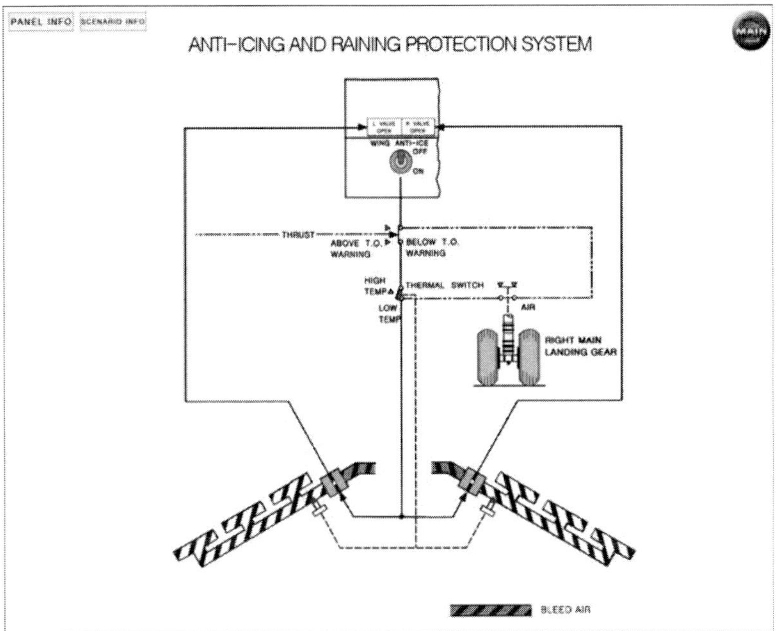

그림 4.25 ABOVE TAKE-OFF OR HIGH TEMP 결과 화면

11) Scenario SW8 : IN FLIGHT ON

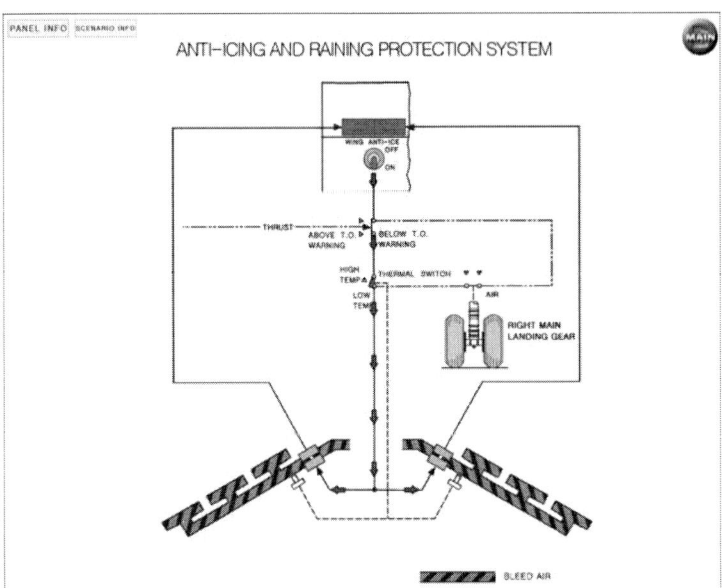

그림 4.26 IN FLIGHT시 결과 화면

CHAPTER 05

연료계통
Fuel System

5 1 연료계통 개요

항공기 연료시스템은 지상에서부터 허용가능한 모든 비행조건에서 적절한 유량과 압력을 가진 연료를 엔진이나 APU(Auxiliary Power Unit)로 공급해야 하며 연료는 오염이 되지 않도록 해야 한다.

연료시스템의 구성은 크게 공급 및 이송시스템(Feed/Transfer system), 급유 및 배출시스템(Refuel/defuel system), 벤트/가압조절시스템(Vent/Pressurization system), 연료량 측정 및 표시시스템 (Fuel quantity measuring /Indicating system)등으로 구성된다. 엔진으로 연료공급뿐만 아니라 연료의 자동이송 및 연료량 불균형 조절기능, 고온/저압/저연료 경고기능, 배면비행 시 연료공급기능 등이 구비되어져야 한다. 또한 연료는 각종오일 및 윤활유의 온도를 냉각시켜주는 역할도 한다. 연료의 적재중량은 항공기 중량 대비 비율이 크기 때문에 비행하면서 소모되는 연료의 중량 변화와 연료이송은 반드시 항공기의 조종 안정성에 부정적 영향을 주지 않도록 설계해야 한다.

5.1.1 연료계통의 주요기능

연료시스템의 목적은 엔진으로 연료를 신뢰성 있게 공급하는 것이다. 현대 항공기가 사용하는 연료는 자동차 연료와 유사한 탄화수소(hydrocarbon) 계열의 연료이다. 피스톤 엔진의 경우는 AVGAS라고 불리는 고 옥탄가의 연료를 사용하며, 제트엔진의 경우는 AVTAG, AVTUR라고 불리며 다양한 화학물질(wider distillation cut)을 포함하고 인화점이 낮은 연료를 사용하며 연료의 비중은 대략 0.8 정도이다. 현대 민간 및 군용 항공기의 연료시스템은 다음과 같은 기능들을 가지고 있다.

- Fuel pressurization
- Engine feed
- Fuel transfer
- Refuel/Defuel
- Fuel tank vent systems
- Use of fuel as heat sink
- Fuel jettison
- In-flight refueling
- External fuel tank

모든 비행기의 연료시스템이 위의 기능들을 모두 해야 하는 것은 아니며 비행기에 따라서 기능의 차이나 설치여부는 달라질 수 있다. 일부 비행기의 경우는 전후방 trim tank를 설치하여 연료를 이송시킴으로써 항공기의 무게중심을 조절하여 trim drag를 줄여주는 효과도 있다. 주요 기능 몇 가지에 대해 간략히 설명하면 다음과 같다.

▌연료의 가압(Fuel pressurization)

연료를 가압하는 이유에는 크게 2가지가 있다.

1) 고고도나 고온에서 연료의 수증기압 이상으로 유지시켜 연료의 비등이나 기화를 방지하여 사고의 위험을 방지
2) 엔진으로의 연료공급을 원활하게 하는데 필요하다.

항공기 연료는 기화가 일어나는 증기압(vapor pressure)이 다르기 때문에 항공기가 고고도로 올라가는 경우 탱크내부의 압력이 연료의 증기압 이하로 내려갈 수도 있다. 이런 경우 연료의 기화나 비등이 발생하여 탱크 내부에 폭발성이 강한 연료 증기로 채워지게 되고 정전기나 기타 화염원으로 인해 화재나 폭발의 위험성이 생기게 된다. 연료의 가압은 상대적으로 낮은 압력상태에 있는 연료를 다른 탱크로 이송시키기 위해 필요한 경우도 있다. 항공기에 따라서는 가압을 하지 않고 중력에 의하거나 이송펌프에 의해서 공급되는 항공기도 있을 수 있다. 연료를 가압하는 방법에는 램 공기(ram air) 압력을 이용하거나 엔진 블리드 공기(bleed air)의 압력을 이용하는 방법들이 있다.

연료공급(Fuel feed)

연료탱크의 연료는 엔진과 APU로 공급하는데 연료의 공급방식에 따라 중력식(gravity feed)과 동력식(power feed) 공급으로 나눌 수 있다. 하도록 한다.

1) 중력식은 연료탱크와 엔진간의 높이 차이에 의한 중력으로 공급하는 방식으로서 연료펌프가 없는 방식이다. 주로 high wing의 소형단발 왕복기관에 주로 적용한다. 구조가 간단하여 중량이 작고 저비용으로 구성할 수 있는 장점이 있다. 연료탱크의 형상도 상대적으로 간단하고 연료량 지시계도 간단한 플로트 방식(floating) 지시계를 사용한다. 반면에 연료가 기화할 수 있는 조건에서 생길 수 있는 vapor lock으로 인해 엔진으로 연료공급이 원활하지 않는 문제가 발생할 수 있다. 이 현상은 주로 연료 온도가 높거나 대기압이 낮지만 온도가 낮은 고고도에서도 일어날 수 있다. 혹은 두 가지가 복합돼서 일어날 수도 있다. 기온이 아주 높은 hot day에서 엔진 주변의 연료 라인에서 발생할 확률이 높다. 이 문제를 해결하기 위해서는 연료 펌프를 설치하는 방법이 최선이라고 볼 수 있다.
2) 동력식 공급방법은 연료펌프를 이용하여 엔진으로 공급하는 방식으로서 저익(low wing) 항공기나 고성능 소형/대형 항공기에 사용하고 있다. 펌프구동은 엔진이나 전기에 의해서 구동되며, 주 펌프의 고장에 대비하여 보통 대체용 펌프를 설치한다. 연료탱크와 시스템 구성은 복잡하고, 연료탱크를 가압하고, 보다 정확한 연료량 지시계가 필요하다.

연료이송(Fuel transfer)

연료이송은 날개나 동체 탱크로부터 연료를 이송시키는 기능을 말한다. 연료이송 시스템은 여러 개의 탱크 중에서 미리 정해진 순서에 따라 연료를 사용하는데 필요한 시스템으로서 아래의 기능을 가져야 한다.

1) Tank to tank transfer
2) Tank to engine transfer

민간 항공기의 연료이송 순서는 여러 가지 운용조건들을 고려해서 설계해야 하는데 첫째, 연료 사용에 따른 항공기 무게중심(center of gravity)의 변화 둘째, 날개의 하중(wing loading) 경감을 고려해야 한다. 연료 이송시스템의 제어는 보통 조종사가 직접 제어하거나 연료관리시스템(Fuel Management System)에 의해 하도록 한다. 여러 개의 연료탱크로부터 연료의 이송 순서를 정하는 것은 항공기의 무게 중심에 많은 영향을 줄 수 있기 때문이다. 따라서 가급적 무게중심의 변화가 적도록 순서를 정해야 하며, 취약성(vulnerability)를 같이 고려하여 결정한다.

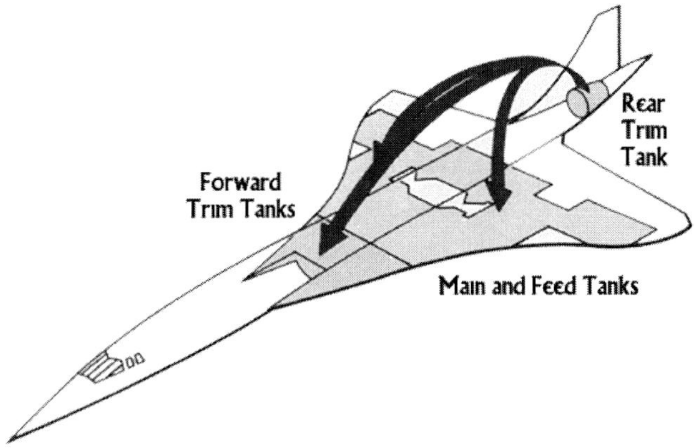

그림 5.1 Concorde 비행기의 fuel transfer

비교적 단순한 연료시스템인 두 개의 연료탱크만을 가진 쌍발 엔진 항공기의 사례를 보면 연료 이송시스템의 기능은 단순히 한쪽 엔진 고장이 발생할 경우 고장 난 엔진에 연료를 공급하던 연료탱크의 연료를 cross feed 장치에 의해 다른 쪽 엔진으로 공급하도록 하는 것이다. 이 기능은 불용 연료(unusable fuel)를 없애고, 항공기의 lateral balance를 맞추는 데도 기여하게 된다. 따라서 보통 cross feed 기능은 모든 민간 항공기에서 엔진 고장에 대처할 수 있는 기본 기능이라고 볼 수 있다.

여러 개의 연료탱크와 여러 개의 엔진을 장착한 항공기의 경우에는 엔진 별로 독립된 연료 이송시스템을 갖춰야 하며 한쪽의 이송장치의 고장에도 크로스 피드(cross feed)를 통해 다른 이송시스템으로 부터 연료를 공급받을 수 있도록 해야 한다. 또한 다른 엔진에 영향을 주지 않고 임의의 엔진에 연료 공급을 중단시킬 수도 있도록 하여 단일 고장으로 인한 다른 정상 엔진의 손실을 유발해서는 안 된다. 따라서 엔진뿐 아니라 모든 고장 상황에 대처할 수 있도록 설계해야 한다.

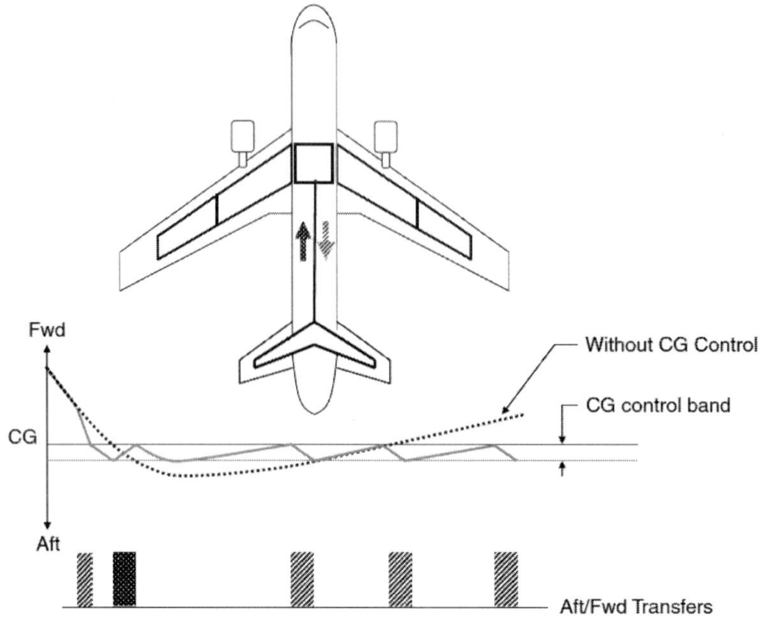

그림 5.2 항공기 무게중심 제어 사례

전통적인 알루미늄 재질의 날개 구조물인 경우, pressurization cycle로 정의되는 항공기 operational life 혹은 full payload 상태로 이륙할 때 마다 날개 구조물에 걸리는 stress cycle를 제어하거나 모니터함으로써 항공기의 피로수명(fatigue life)을 조절할 수 있다. 보통 후자의 stress cycle의 경우는 대형 장거리 항공기에서 일반적으로 사용하는 방법이다. 즉, 비행의 대부분 시간이 날개의 outboard tank에 연료를 채움으로써 연료 중량과 양력을 상쇄시켜 날개에 걸리는 굽힘응력(bending stress)을 감소시킴으로써 stress cycle의 크기를 감소시키는 방안이다. 일반적으로 outboard tank의 연료는 하강하는 동안이나 혹은 미리 정해진 최소 연료량에 도달하는 경우에 연료 공급탱크인 feed tank로 이송시키게 된다.

최신 항공기인 A380의 경우 지상에 있는 경우에는 structural stress를 최소화하기 위해 연료를 inborad쪽에 저장하고 있다가 이륙 후에 바로 굽힘 응력을 최소화하기 위해 outboard쪽으로 연료를 즉시 이송시킨다.

▌연료탱크 벤트시스템(vent systems)

연료탱크의 벤트는 탱크 내의 과도한 압력으로 인해 탱크의 파손, 변형이나 불필요한 응력발생을 방지하기 위한 것이다. 또한 복수의 연료탱크의 연료 수준 높이를 유지하게 하는 목적도 있다. 벤트 방식에는 2가지가 있다.

1) 연료탱크내의 압력이 대기압과 같도록 유지하는 개회로방식(open vent system)
2) 대기압과 탱크내의 압력이 밸브로 차단되어 탱크 내외부의 압력이 다른 폐회로방식(closed vent system)

벤트를 통해 배출되는 연료의 허용량은 설계규격에 정해져 있으며 배출된 연료가 다시 항공기로 유입되는 것을 방지해야 하며, 특히 엔진으로의 유입은 주의해야 한다. 외부물질에 의해 벤트가 막히거나 벤트에 모인 수분이 자연 배출되게 하고 결빙에 의한 막힘을 막도록 해야 한다. 또한 번개에 노출될 수 있는 위치는 피해야 한다. 따라서 벤트의 위치는 설계 시 중요하게 검토해야 할 사항이다.

벤트 압력은 탱크의 종류에 따라 차이가 있으며 유연한 비금속제나 얇은 금속제 탱크는 탱크의 압력이 대기압보다 낮아서는 안 되며 블래더 탱크의 경우에는 탱크구조물과 블래더 탱크 사이의 압력이 탱크내부의 압력보다 높아서는 안 된다.

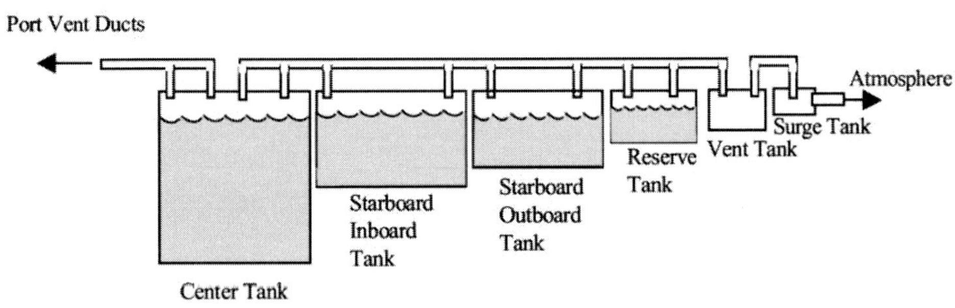

그림 5.3 민간 항공기의 open vent system

▌비상 연료배출(Fuel jettison)

연료의 중량은 이륙이나 비행 초기단계에서는 전체 항공기 중량에 많은 부분을 차지한다. 만일 항공기가 이륙 직후에 비상사태나 고장이 발생하여 착륙해야 할 상황이 발생한다면 항공기 무게를 신속히 줄이기 위한 연료 배출장치(jettison)가 있어야 한다. 연료의 배출시간과 배출량은 보통 설계 규격서에 정해져 있으나 항공기 별로 내용이 상이하다.

민간 항공기에서 비상 연료배출(fuel jettison) 요구조건은 MTOW(Maximum Take-Off Weight)와 MLW(Maximum Landing Weight)의 차이에 의해서 결정된다. 보통 항공기의 착륙 가능한 최대중량(MLW)은 최대 이륙중량(MTOW)에 비해 작기 때문에, 연료를 배출하지 않고 착륙하는 경우 구조물 파손이 발생하는 사고가 생길 수 있고, 연료로 인한 위험성을 제거하기 위한 필요성도 있다. 또한 배출된 연료는 항공기의 정상 비행자세나 하강자세에서 항공기로 다시 유입되지 않도록 해야 한다.

5.1.2 연료계통 주요 부품

▌연료탱크(Fuel tank)

연료탱크는 연료와 화학반응을 일으키지 않는 알루미늄합금, 스테인레스 스틸(stainless steel) 혹은 합성고무재질로 제작한다. 침전된 수분이나 연료를 외부로 방출시키기 위한 sump, drain을 설치하고, 대기로 벤트 시키기 위한 장치가 있어야 한다. 연료탱크의 형태는 소형 비행기에서 쓰는 간단한 rigid removable tank에서부터 기체통합 탱크(integral tank), 블래더 탱크(bladder tank)로 구분하고 기능적인 측면에서 피탄 시 스스로 연료누출을 방지하는 자체 방루탱크(self-sealing tank), 충격저항탱크(crash-resistant tank) 등의 형태가 있다. 기체통합탱크는 기체구조물로 둘러싸여 있어 체적이용률이 가장 좋으나 연료의 누설이나 부식에 대한 처리를 해야 한다. 블래더 탱크나 자체방루탱크는 주로 군용기에서 사용하며 충격저항탱크는 민간 여객기에서 주로 사용한다. 그 외 곡예용 비행기나 기동을 심하게 하는 비행기의 경우 여러 탱크의 연료가 레저버 탱크(reservoir tank)로 이송되어 엔진으로 바로 연료공급이 가능하도록 하며 주로 항공기 무게중심 부근에 설치하게 된다. 항공기에서 연료탱크의 배치는 항공기의 무게중심에 많은 영향을 줄 수 있다. 잘못된 연료탱크의 배치는 항공기의 비행조종 안정성에 좋지 않으며, 적절한 배치를 위해서는 무게중심, 내구성, 정비성, 용적이용률, 항공기 기동에 의한 관성 등을 같이 고려해야 한다.

그림 5.4의 A330 항공기는 수평안정판의 연료탱크(trim tank) 연료를 전방의 날개나 동체 연료탱크로 이송시켜 항공기의 최적의 무게중심 제어(center of gravity control)를 하도록 설계되어 있다. A330의 사례를 보면 각 날개에 inner tanks와 outer tank가 있고 동체에 가장 연료를 많이 적재하는 center tank와 후방의 stabilizer tank(trim tank)로 구성되어 있다. 여기서 stabilizer tank의 연료는 연료를 이송시켜 비행 중에 항공기의 무게중심을 제어하고 trim drag를 최적화시키는데 사용하고 있다.

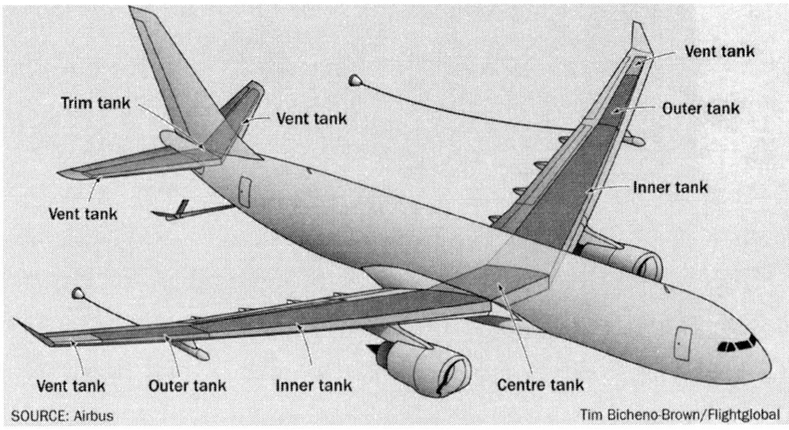

그림 5.4 A330 fuel tanks

▌연료펌프(Fuel pumps)

중력식 연료공급을 하는 항공기를 제외하고 모든 항공기에는 한 개 이상의 연료펌프를 가지고 있다. 보통 엔진구동펌프(engine driven pump)와 전기구동 펌프(electric pump)가 주 연료펌프로 사용되고, 기타 몇 가지의 기능을 가지는 펌프들을 사용하고 있다. 펌프의 구동원에 따른 분류로는 수동으로 작동되는 수동펌프, 동력을 이용하는 동력펌프로서 전기구동 펌프, 엔진구동펌프가 있다. 기능상으로 분류할 경우에는 승압펌프(boost pump), 이젝터 펌프(ejector pump), 스케벤지 펌프(scavenge pump), 이송펌프(transfer pump) 등으로 구분할 수 있다. 승압펌프(boost 혹은 booster pump)는 연료에 압력을 가해 엔진구동펌프로 보내고 엔진의 회전수가 충분하지 않은 엔진시동 과정에서 연료를 공급하는 기능을 하게 된다. 때로는 항공기 이륙과정에서 대체기능을 하거나 고고도(high altitude)에서 증기폐색을 방지하기 위해 작동하기도 한다. 대부분의 대형 항공기에서 승압펌프는 탱크와 탱크간의 연료 이송(fuel transfer)을 하는데 사용되기도 한다. 보조펌프에는 여러 가지 종류가 있는데 대부분 전기에 의해 구동되지만 오래된 구형 항공기는 수동펌프(hand operated fuel pump)를 사용하기도 하였다. 때로는 전기구동 boost pump가 주 연료펌프로 사용하고 엔진구동펌프(engine driven pump)가 보조/내체 펌프로 사용하는 경우도 있다.

▌연료량 측정 장치(Fuel quantity measurement system)

항공기에서 정확한 연료량의 측정과 표시는 매우 중요하다. 전체 연료량 및 각각의 탱크에 남아있는 연료량을 동시에 측정하고 표시해야 한다. 항공기 연료탱크는 자동차 연료탱크와 달리 모양이 매우 복잡하고 여러 개의 탱크를 가지며, 항공기가 기동할 때는 탱크내부의 연료가 동요하기 때문에 측정이 매우 어렵다. 항공기는 특정 연료량이 남아있을 때 조종사에게 알려주는 저 연료 경보장치가 반드시 설치되어 있다.

항공기에 탑재된 연료량을 정확하게 측정하는 데는 여러 가지 어려움이 있다. 그 근본적인 이유는 항공기가 제자리에 있거나 일정한 자세를 유지하지 않고 계속해서 민첩하게 기동하기 때문이다. 마치 양동이에 물을 채우고 달리는 동안 물의 량을 측정하는 것과 유사하다고 볼 수 있다. 연료량의 측정에 어려움을 주는 요인은 다음과 같다.

1) 움직이는 항공기에서 연료수준(fuel level)을 측정하는데 어려움이 있다.
2) 항공기의 연료탱크 형상은 정형화된 형태가 아니며 여러 개의 탱크로 구성된다.
3) 연료는 다양한 성질을 가지며 채굴된 지역에 따라 다른 성분을 가지고 있다.

연료탱크 내부에서 연료의 출렁거림은 항공기 동체프레임, 날개 리브(wing ribs)와 같은 돌출구조물이나 배플(baffles)을 설치하면 어느 정도 개선될 수 있다.

연료량을 나타내는 단위에는 kilograms, pounds(lb), Imperial gallons, US gallons 등이 있으며, 연료의 비중은 약 0.8 정도이다. 따라서 탱크내부의 연료부피를 정확히 측정할 수 있다면 연료량(질량)을 계산할 수 있다.

대표적인 연료량 측정 센서에는 연료 수준 측정 센서(Level sensors), 초음파 센서(Ultrasonic probes), 정전용량식 센서(Capacitance sensors) 등이 있는데 이중에서 정전용량식이 현재 많이 사용되고 있다. 정전용량식 센서(Capacitance sensors)는 탱크의 기하학적 모양이나 항공기 자세에 관계없이 정확하게 측정 가능한 연료측정 센서이다. 고성능 대형 항공기에서 일반적으로 사용하는 방식으로 설치비용이 많이 드는 단점이 있지만 정확도가 높아 아주 오래전부터 사용해온 방식이다. 이 원리는 공기와 연료의 유전율(dielectric constant)의 차이를 이용하여 공기와 연료가 접촉하고 있는 수준(level)의 차이로 인해 발생하는 정전용량(capacitance) 변화를 이용하여 측정하는 방식을 말한다. 보통 capacitor는 전기를 저장하는 장치로서 전도체 재질로 만든 두 개의 판(plate)과 판 사이에 채워지는 비전도체(non-conducting) 물질로 구성된다. 저장할 수 있는 전기의 양은 판의 면적, 판 사이의 간격과 판 사이에 채워진 물질의 유전율(dielectric constant)에 따라 달라진다. 연료 측정 probe는 1인치 정도의 직경을 갖는 동심의 실린더 튜브(concentric cylinder tubes) 형태의 판으로 구성되어 있다. 판의 재질은 유리섬유(glass-fiber) probe를 사용하기도 하지만 금속으로 만들어진 probe가 더욱 신뢰성이 높고 무게가 가볍다. 두 개의 판 사이의 간격과 면적은 고정되어 있기 때문에 capacitance 값은 두 개의 판 사이에 채워진 물질의 유전율에 따라 달라진다. 연료 탱크에 설치된 probe의 두 개의 판 사이에 물질이 채워지는 경우는 연료(full tank), 공기(empty tank) 혹은 연료가 남아있는 만큼의 연료와 공기의 비율로 채워질 수 있다. 공기와 연료는 다른 유전율을 가지며 연료수준에 따라 달라지는 capacitance를 측정한다. 탱크내부에 여러 군데 설치된 probe로 부터 연료량에 따라 변하는 정전용량을 측정함으로써 연료량을 산정한다.

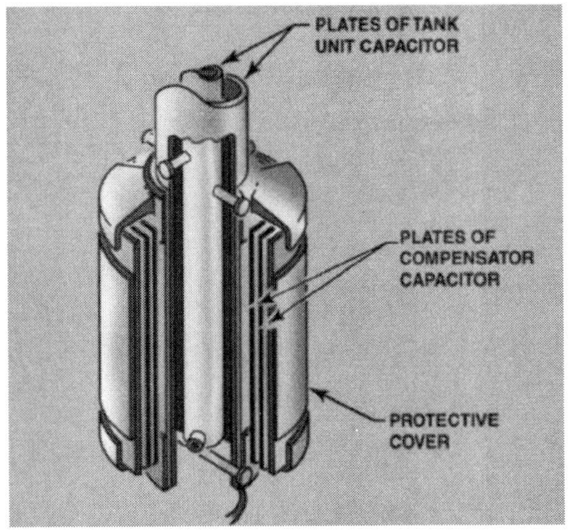

그림 5.5 Capacitance type의 연료량 측정 probe의 구조

5.1.3 B737 연료계통

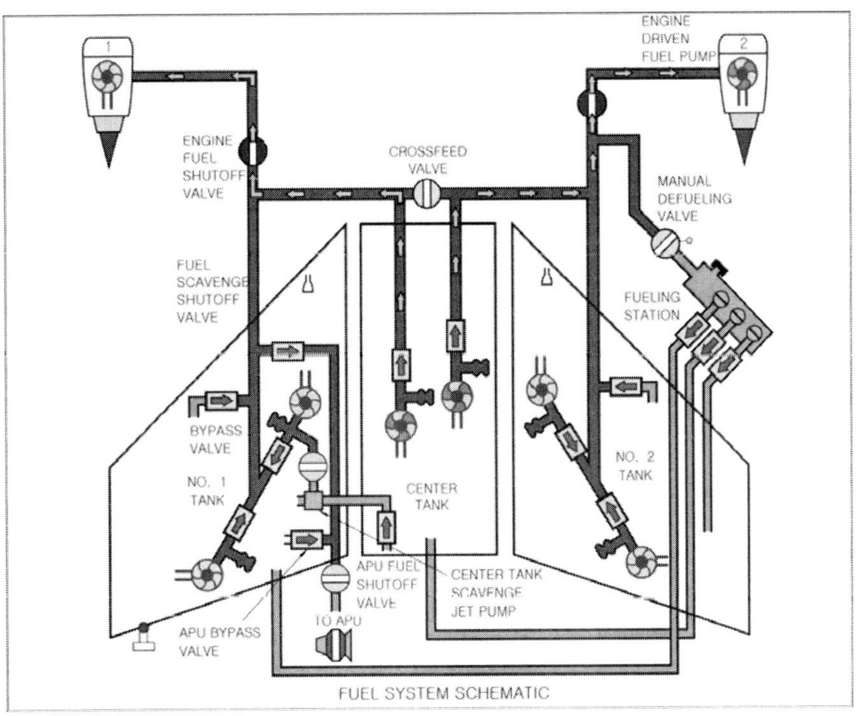

그림 5.6 B737 Fuel system

B737의 연료시스템은 중앙의 동체탱크(center tank), 양 날개의 날개탱크(wing tank 1,2)로 연료탱크가 구성되어 있고, 각 탱크에는 2개의 연료펌프가 있다. 좌우 양쪽의 날개 탱크의

연료는 좌우의 엔진에 각각 연료를 공급하게 되고 중앙 동체 탱크의 연료는 좌우 양쪽 엔진에 모두 연료를 공급한다. 정상 작동인 경우 cross feed valve는 닫혀 있다. 중앙 동체탱크의 연료를 우선 사용하고 연료량이 1,000lb이하로 남겨지면 날개 탱크의 연료를 공급하기 시작한다.

중앙 동체 탱크 내부에 있는 scavenge jet pump는 동체 탱크의 연료 펌프가 고장났을 경우 이 펌프를 통해 왼쪽 날개탱크로 연료를 이송시킨다. 그리고 만일 날개 탱크의 연료 펌프 2개가 모두 고장나는 경우에는 엔진구동 펌프(engine driven pump)가 작동하면서 bypass valve를 통해 연료를 탱크로부터 흡입하여 엔진으로 공급한다.

5.2 연료계통 실습

아래 그림은 연료계통 실습을 위한 연료계통 모듈이다. 이 실습은 항공기의 연료공급, 연료 이송, 부품들의 기능, 급유, 비상시 연료공급 방법들에 대한 내용으로 구성되어 있다.

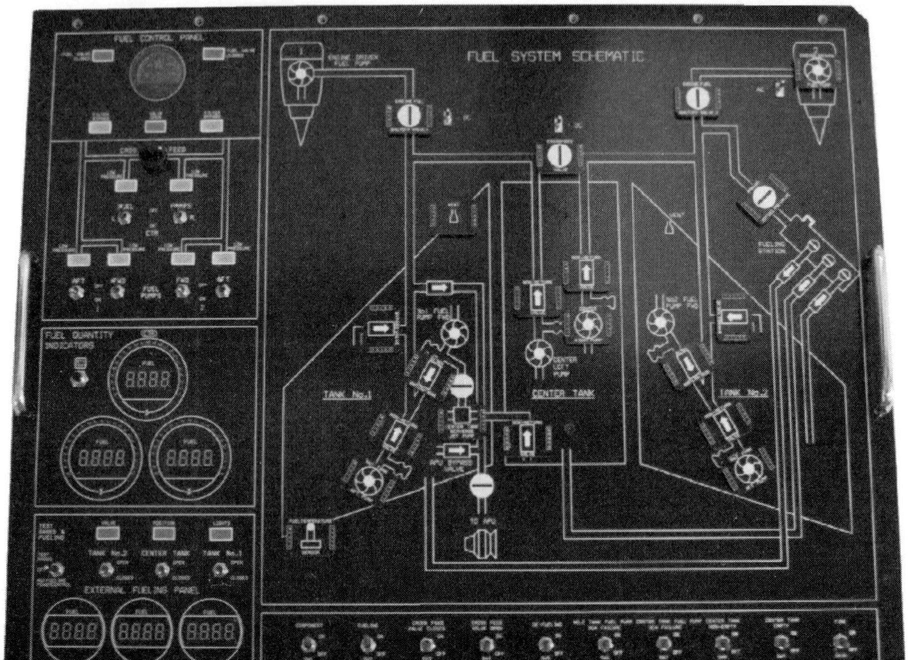

그림 5.7 FUEL SYSTEM MODULE

FUEL CONTROL PANEL	FUEL QUANTITY INDICATORS	EXTERNAL FUELING PANEL
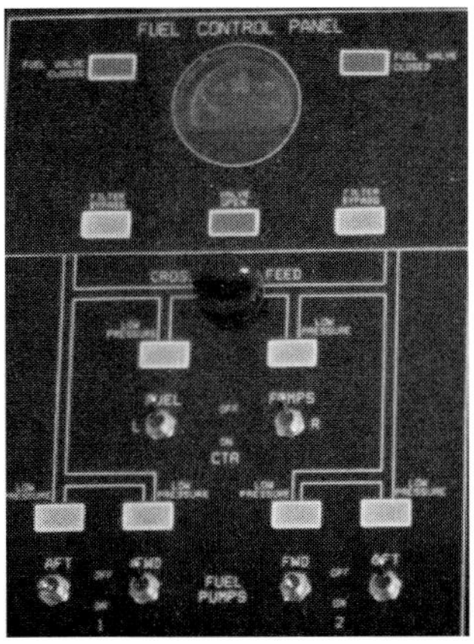	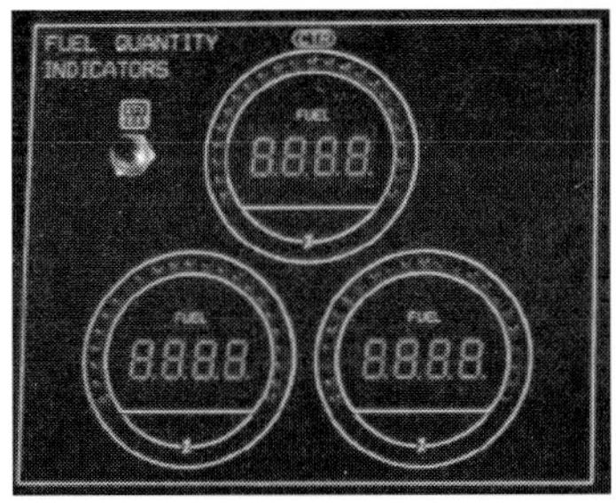	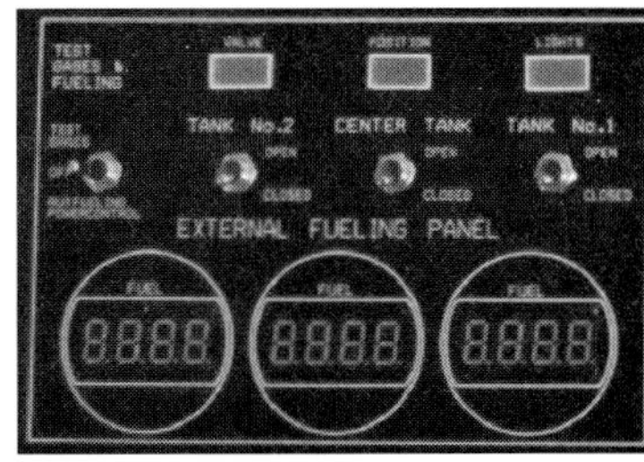

FUEL SYSTEM SCHEMATIC	COMPONENT
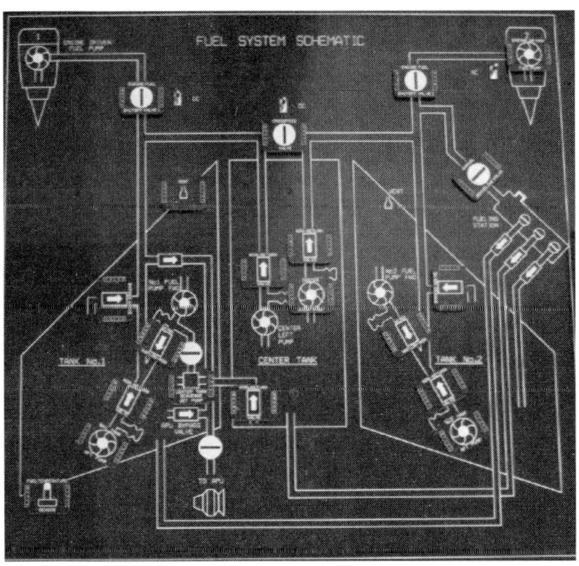	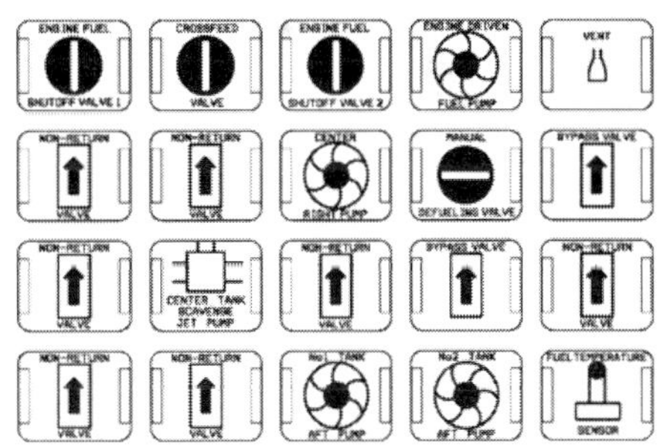
SCENARIO SWITCH	
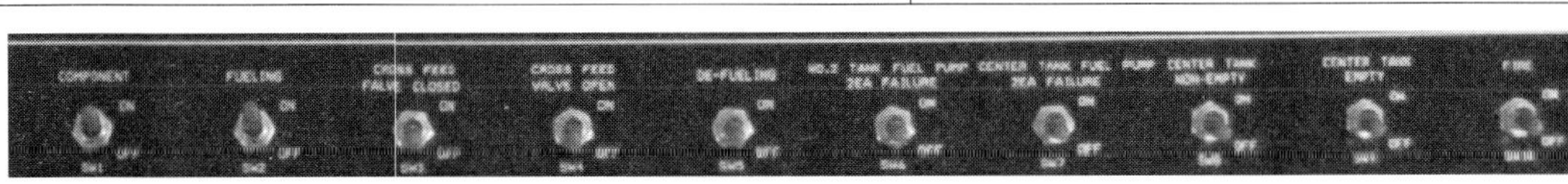	

그림 5.8 FUEL SYSTEM MODULE 각 부의 명칭

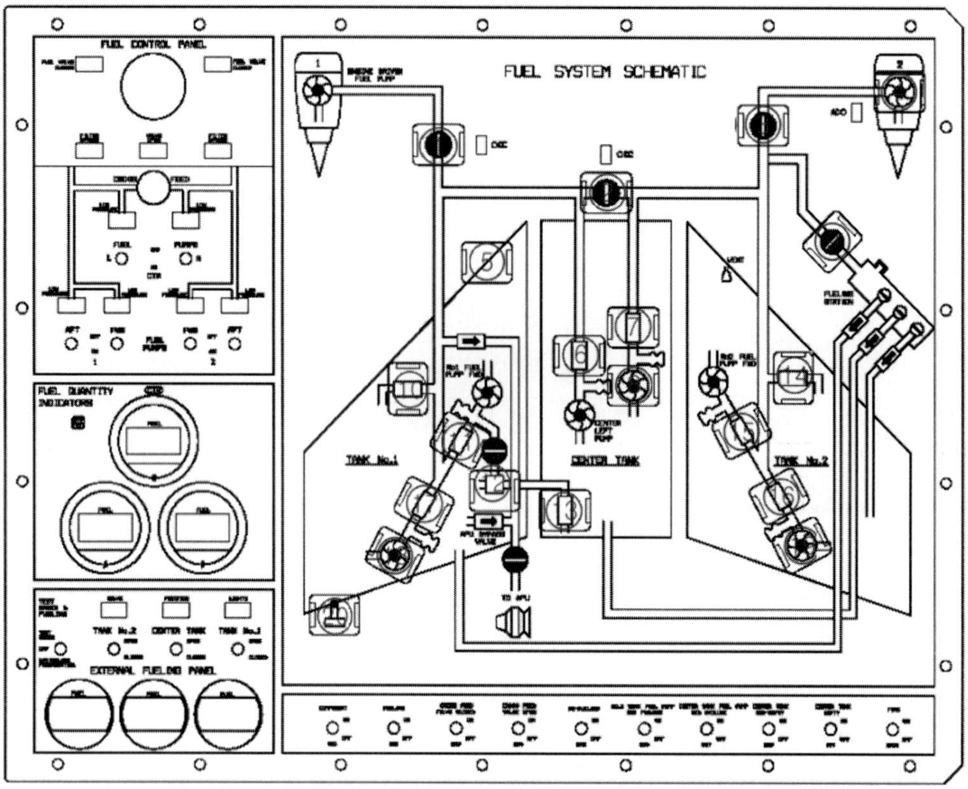

그림 5.9 FUEL SYSTEM SCHEMATIC

번호	component 명칭
①	ENGINE FUEL SHUTOFF VALVE1
②	CORSSFEED VALVE
③	ENGINE FUEL SHUTOFF VALVE2
④	ENGINE DRIVEN FUEL PUMP
⑤	VENT
⑥	NON-RETURN VALVE
⑦	NON-RETURN VALVE
⑧	CENTER RIGHT PUMP
⑨	MANUAL DEFUELING VALVE

⑩	BYPASS VALVE
⑪	NON-RETURN VALVE
⑫	CENTER TANK SCAVENGE JET PUMP
⑬	NON-RETURN VALVE
⑭	BYPASS VALVE
⑮	NON-RETURN VALVE
⑯	NON-RETURN VALVE
⑰	NON-RETURN VALVE
⑱	No1 AFT PUMP
⑲	No2 AFT PUMP
⑳	FUEL TEMPERATURE SENSOR

번호	scenario switch 명칭
SW1	COMPONENT ON/OFF
SW2	FUELING
SW3	CROSS FEED FALVE CLOSED
SW4	CROSS FEED VALVE OPEN
SW5	DE-FUELING
SW6	NO.2 TANK FUEL PUMP 2EA FAILURE
SW7	CENTER TANK FUEL PUMP 2EA FAILURE
SW8	CENTER TANK NON-EMPTY
SW9	CENTER TANK EMPTY
SW10	FIRE

표 5.1 FUEL SYSTEM MODULE component 및 scenario switch

1) 베이스에 그림 5.7의 FUEL SYSTEM MODULE을 장착한 후 전원 스위치를 켠다.
2) 모듈 우측 하단에 있는 SCENARIO SWITCH의 위치를 OFF에 놓는다.

SCENARIO SWITCH NAME

- Scenario SW1 : COMPONENT ON/OFF
- Scenario SW2 : FUELING
- Scenario SW3 : CROSSFEED VALVE CLOSED

- Scenario SW4 : CROSSFEED VALVE OPEN
- Scenario SW5 : DEFUELING
- Scenario SW6 : No.2 TANK FUEL PUMP 2EA FAILURE
- Scenario SW7 : CENTER TANK FUEL PUMP 2EA FAILURE
- Scenario SW8 : CENTER TANK NON-EMPTY
- Scenario SW9 : CENTER TANK EMPTY
- Scenario SW10: FIRE

3) 화면 좌측 상단에 있는 Component 항목을 클릭하여 실습에 필요한 component들이 있는지 확인한다.

4) 화면 좌측 상단에 있는 Panel INFO 항목을 클릭하면 실습을 진행하기 전에 모듈에 있는 각 스위치의 초기 위치를 확인할 수 있다.

5) FUEL SYSTEM MODULE을 이용하여 실습할 때, 각종 PANEL의 스위치와 scenario switch의 초기 설정 위치를 표시하는 화면이다. FUEL SYSTEM 모듈의 scenario switch는 실습전에 OFF되어 있어야 하며, PANEL 내의 스위치는 각각의 정해진 위치로 설정되어야 한다.

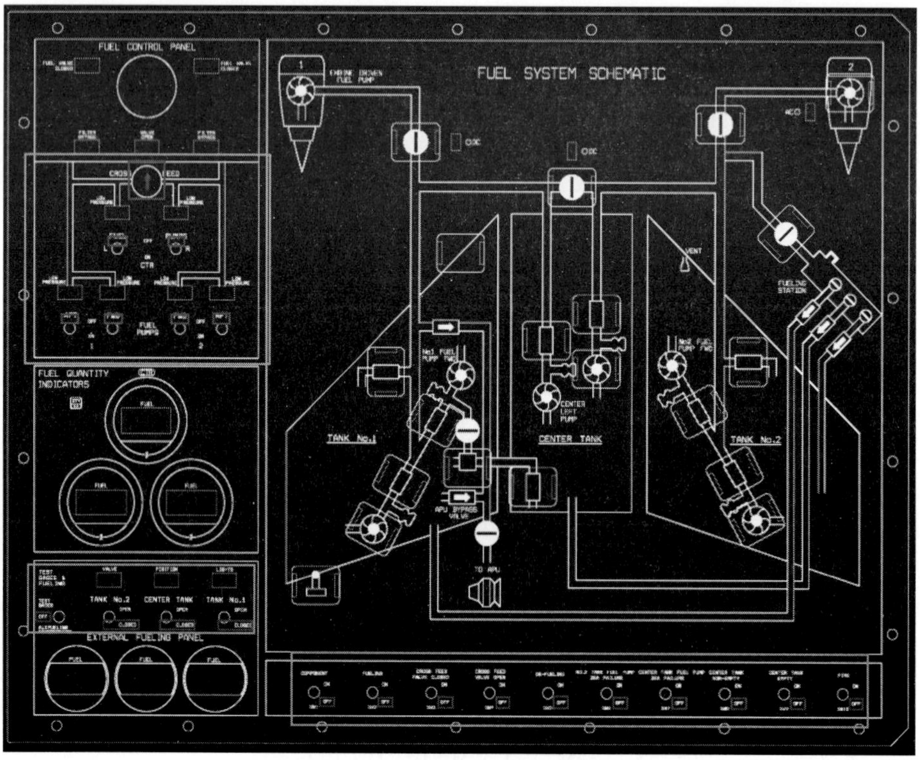

그림 5.10 연료계통 초기 스위치 위치

6) Scenario SW1 : COMPONENT ON/OFF

• SW1이 OFF된 상태에서 20개의 COMPONENT를 정확한 위치에 삽입한 후에 SW1을 ON한다. COMPONENT는 제자리에 부착된 경우(위치 및 방향이 일치해야 함)는 멜로디가 나오며, 실패한 경우에는 화면에 ? 표시가 나온다.

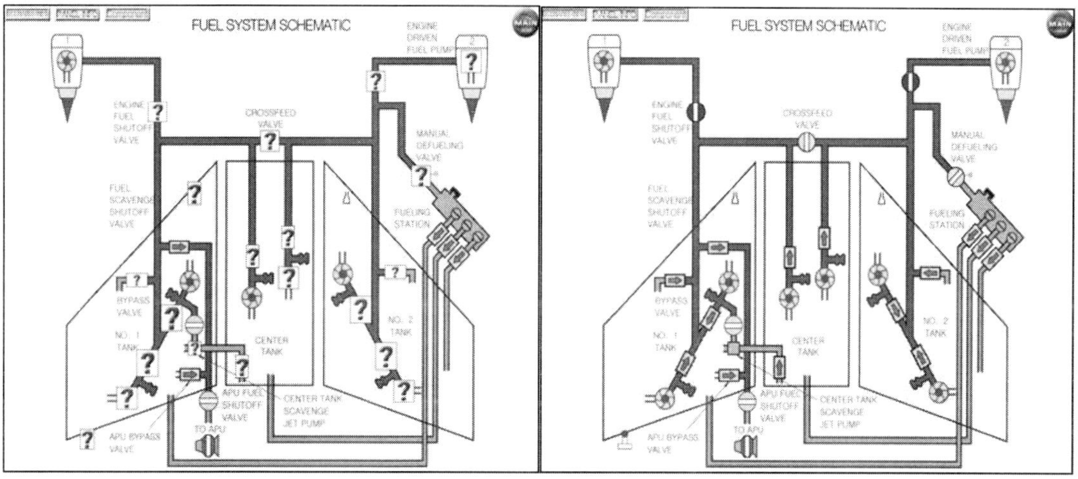

그림 5.11 연료계통 components 장착 전/ 장착 후 결과 화면

7) Scenario SW2 : FUELING

• SW2 FUELING 스위치 ON

• EXTERNAL FUELING PANEL의 TANK No.2, CENTER TANK, TANK No.1 SWITCH를 OPEN 한다.

• 화면에서 FUELING STATION으로부터 No. 1, No. 2, CENTER TANK로 급유되는 과정이 화면에 표시된다.

• FUEL QUANTITY INDICATORS의 CENTER, No. 1, No. 2 TANK INDICATOR에 급유량이 증가된다.

단, CENTER TANK MAX : 15,600 lb(7,000 kg)

TANK No. 1, TANK No. 2 MAX : 10,100 lb (4500 kg)

• 각 TANK가 MAX량까지 FUELING 되면 자동적으로 중단되며, 화면에 "2~3% TANK SPACE를 남기고 FUELING 한다"는 메시지 출력한다.

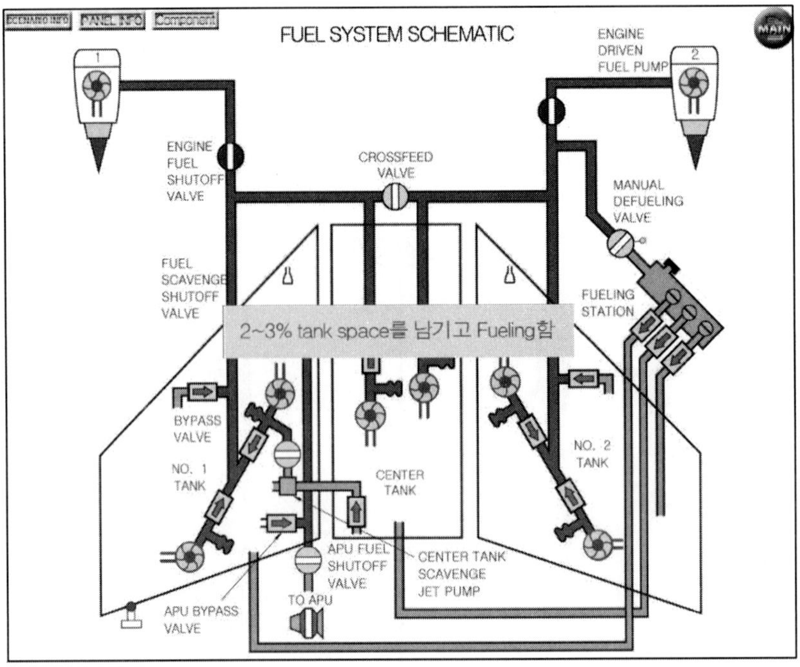

그림 5.12 연료 급유(fueling) 결과 화면

그림 5.13 탱크별 연료계기 급유상황

8) Scenario SW3 : CROSSFEED VALVE CLOSED

- CENTER TANK의 연료를 우선적으로 사용되면, FUEL QUANTITY INDICATORS의 CENTER TANK가 소진되는 것을 표시한다.

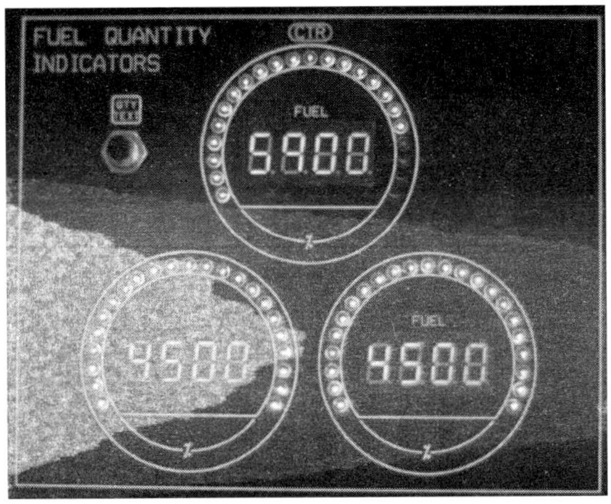

그림 5.14 탱크별 연료계기 급유상황

- 3번 CROSSFEED VALVE CLOSED스위치 ON
- FUEL CONTROL PANEL의 CENTER FUEL PUMPS 스위치 2개 ON
- CENTER TANK의 연료량이 1,000lb(400kg)까지는 No. 1, No. 2 TANK는 FULL인 상태를 유지한다.
- CENTER TANK 2개의 PUMP가 작동되지 않는 경우에, CENTER TANK SCAVENGE SHUT OFF VALVE가 OPEN되고, CENTER TANK SCAVENGE JET PUMP가 가동된다.

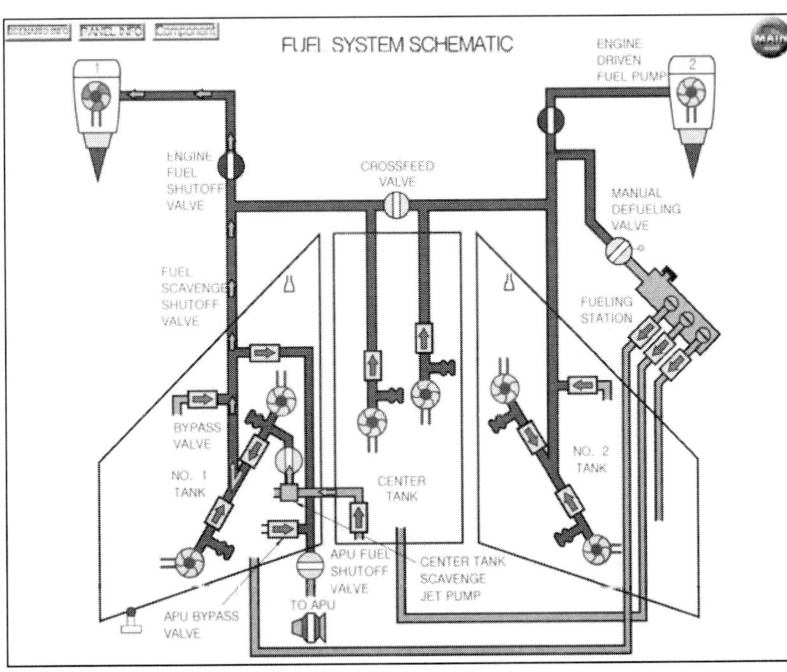

그림 5.15 SCAVENGE VALVE를 통한 연료 공급

9) Scenario SW4 : CROSSFEED VALVE OPEN

- 4번 CROSSFEED VALVE OPEN을 ON
- FUEL CONTROL PANEL의 CROSS FEED VALVE를 OPEN한다.
- FUEL CONTROL PANEL의 NO.1, NO.2 TANK의 스위치 ON
- No. 1 TANK 연료가 No. 1, No. 2 ENGINE으로 연료를 이송하고, No. 2 TANK가 No. 1, No. 2 ENGINE으로 연료를 이송한다.

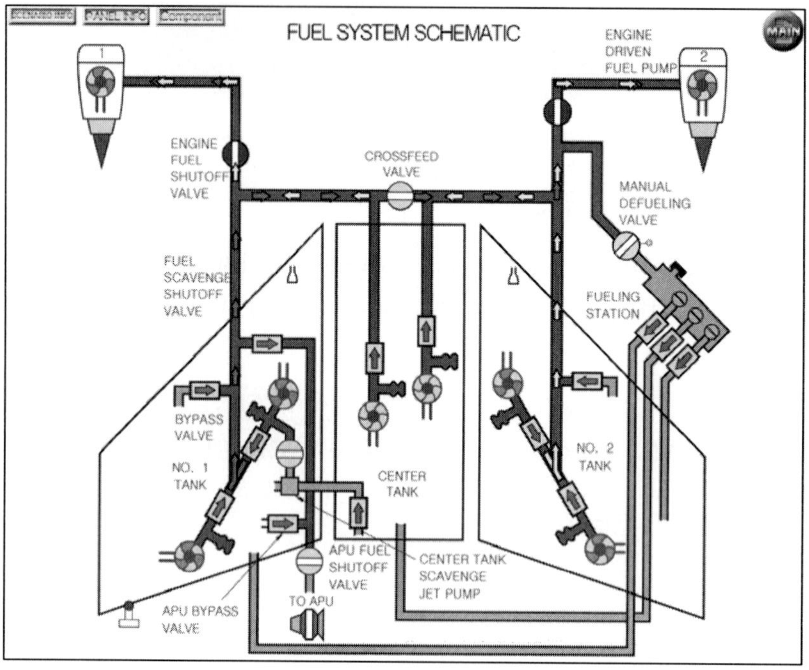

그림 5.16 CROSSFEED VALVE OPEN 화면

10) Scenario SW5 : DEFUELING

- 5번 DEFUELING ON
- 화면의 MANUAL DEFUELING VALVE가 OPEN되고, FUELING STATION의 출구로 연료가 DEFUELING된다.

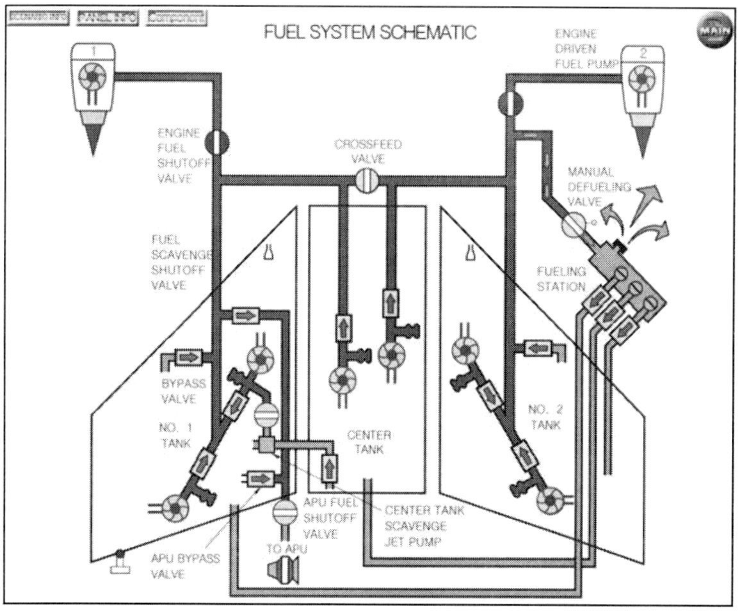

그림 5.17 DEFUELING

11) Scenario SW6 : No.2 TANK FUEL PUMP 2 EA FAILURE

- No. 2 TANK의 FUEL PUMP 2개가 고장인 경우이다.
- 6번 No.2 TANK FUEL PUMP 2 EA FAILURE ON
- FUEL CONTROL PANEL의 1번 FUEL PUMPS스위치 2개다 ON
- No. 2 ENGINE의 ENGINE DRIVEN FUEL PUMP가 작동되어 No. 2 TANK의 BYPASS VALVE를 통해 SUCTION된 연료가 No. 2 ENGINE으로 이송된다.
- No. 1 ENGINE은 정상작동된다.

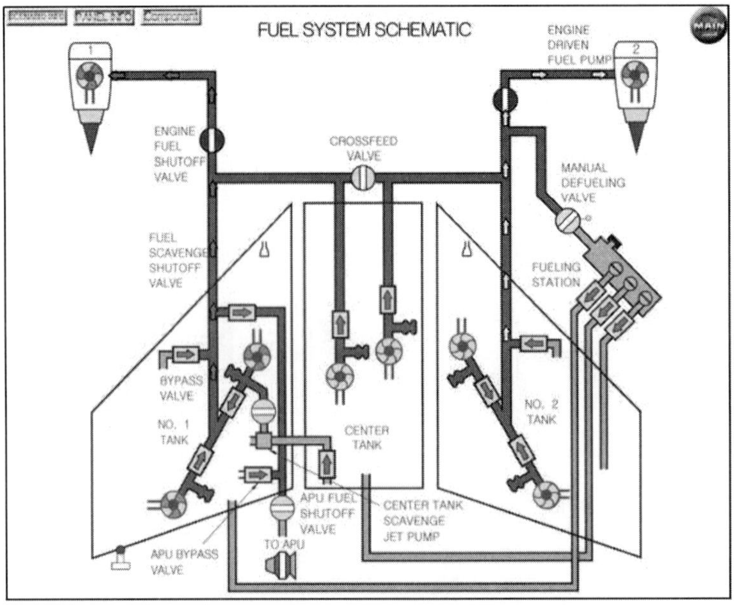

그림 5.18 No.2 TANK Pump FAILURE

그림 5.19 FUEL CONTROL PANEL – FILTER BYPASS

12) Scenario SW7 : CENTER TANK FUEL PUMP 2EA FAILURE

- CENTER TANK의 FUEL PUMP 2개가 고장난 경우이다.
- 7번 CENTER TANK FUEL PUMP 2EA FAILURE ON
- FUEL CONTROL PANEL의 CENTER FUEL PUMPS 스위치2개 ON (센터탱크가 고장이라 연료가 소비되지 않는다.)
- 잠시후 다시 FUEL CONTROL PANEL의 CENTER FUEL PUMPS 스위치2개 OFF
- CENTER TANK SCAVENGE SHUT OFF VALVE가 OPEN되고, CENTER TANK SCAVENGE JET PUMP가 가동된다.

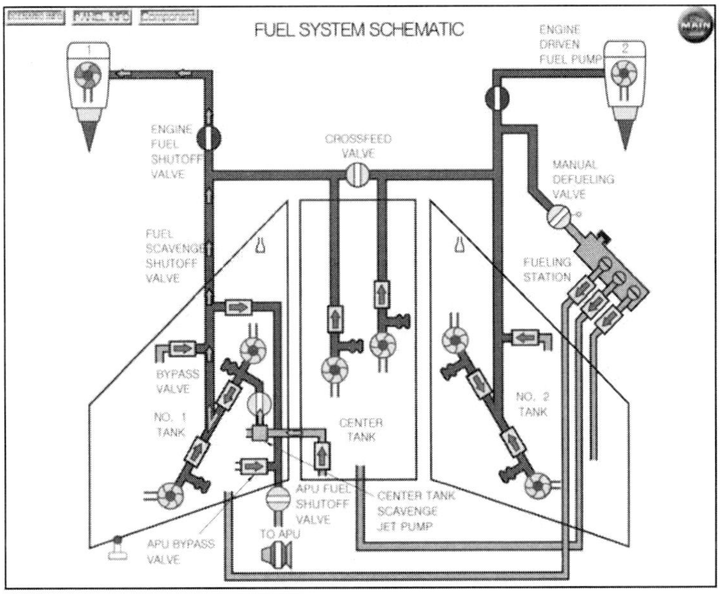

그림 5.20 SCAVENGE VALVE를 통한 연료 공급

13) Scenario SW8 : CENTER TANK NON-EMPTY

- FUEL BALANCING을 설명하기 위한 예로 CENTER TANK가 EMPTY가 아닌 상황
- 8번 CENTER TANK NON-EMPTY스위치 ON
- FUEL CONTROL PANEL에서 CENTER TANK FUEL PUMP SWITCH 2개를 ON.
- FUEL CONTROL PANEL의 NO.1 TANK 스위치만 ON한다.
- CENTER TANK의 연료가 다 소비될 때 까지 기다린다.
  (400KG이 될 때까지 NO.1탱크의 연료는 소비되지 않는다.)
- No.1,의 연료가 어느 정도 소모가 되면 NO.2 TANK스위치를 ON한다.
- 양날개의 연료량이 같아질 때까지 한쪽만 소모하다가 같이 소모하는 것을 볼 수 있다.

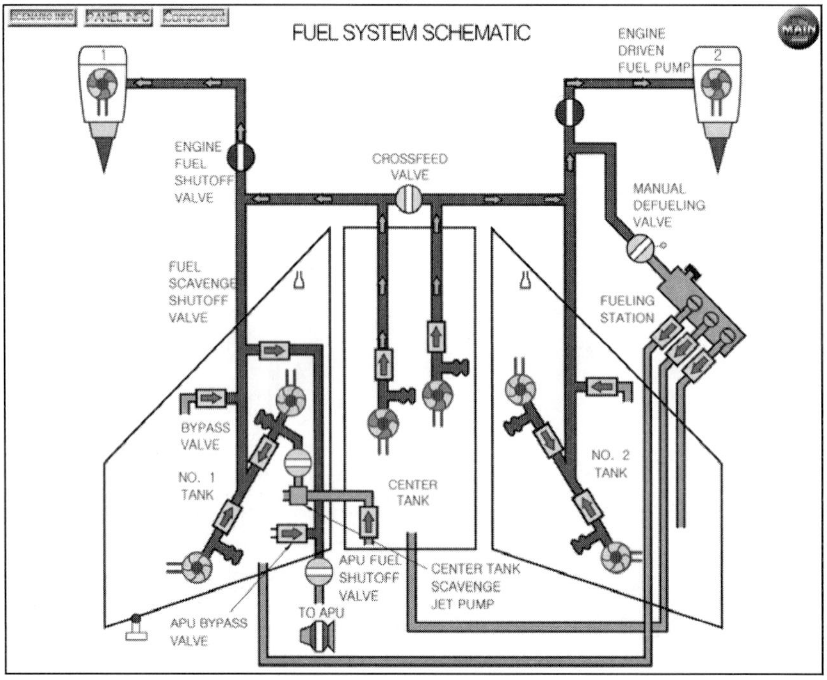

그림 5.21 CENTER TANK에서 No. 1, No. 2 TANK로 연료 이송

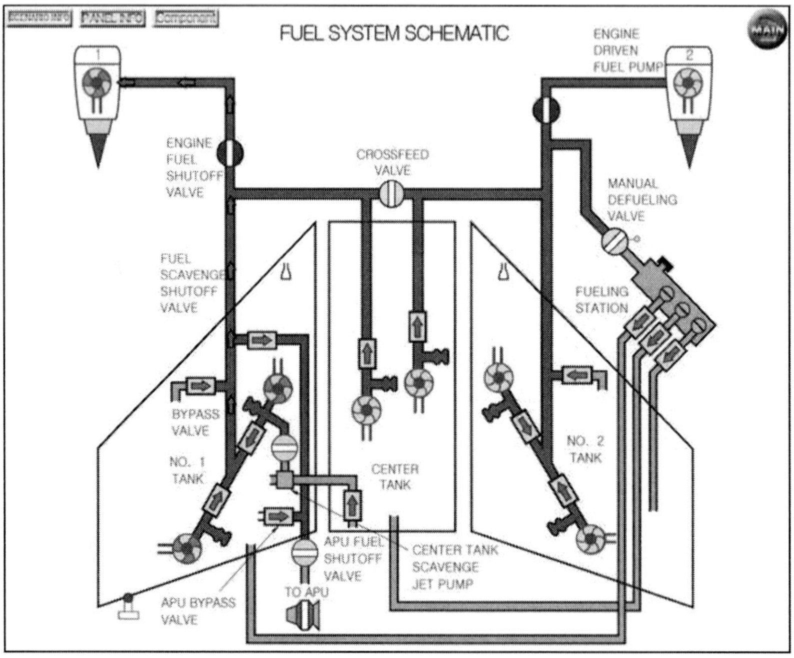

그림 5.22 Tank 1로부터 연료 공급

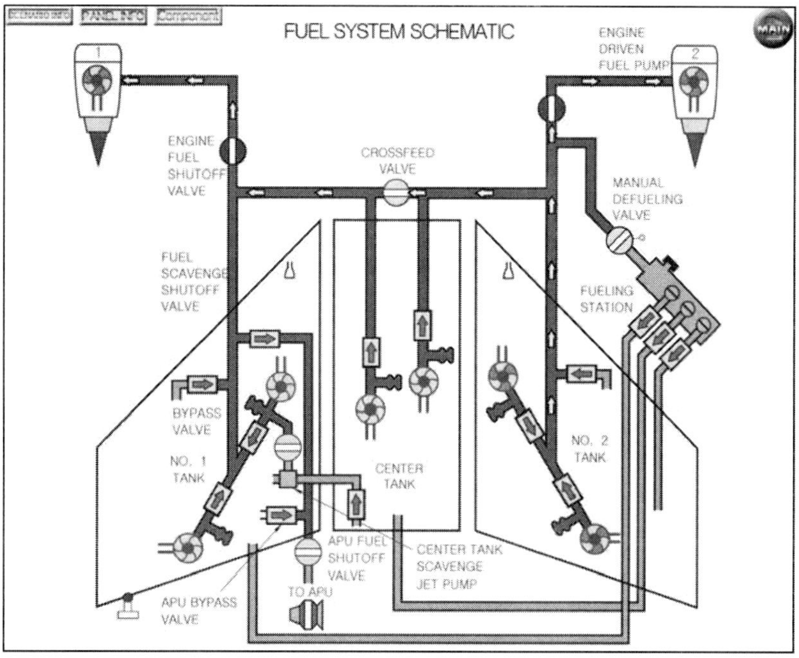

그림 5.23 Tank 1 정지, Tank 2 연료 주입중(Tank 1, Tank 2에 모두 공급)

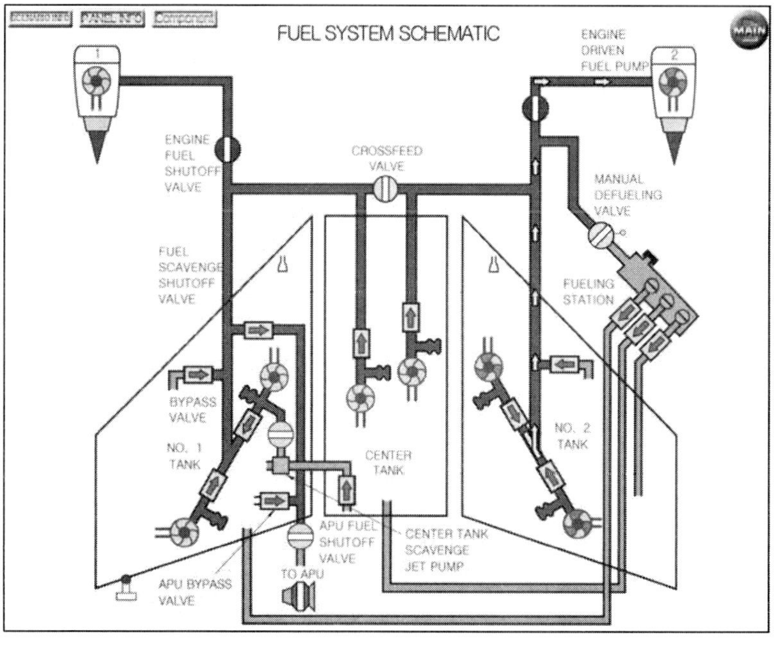

그림 5.24 CROSSFEED VALVE CLOSE, Tank 2에만 공급

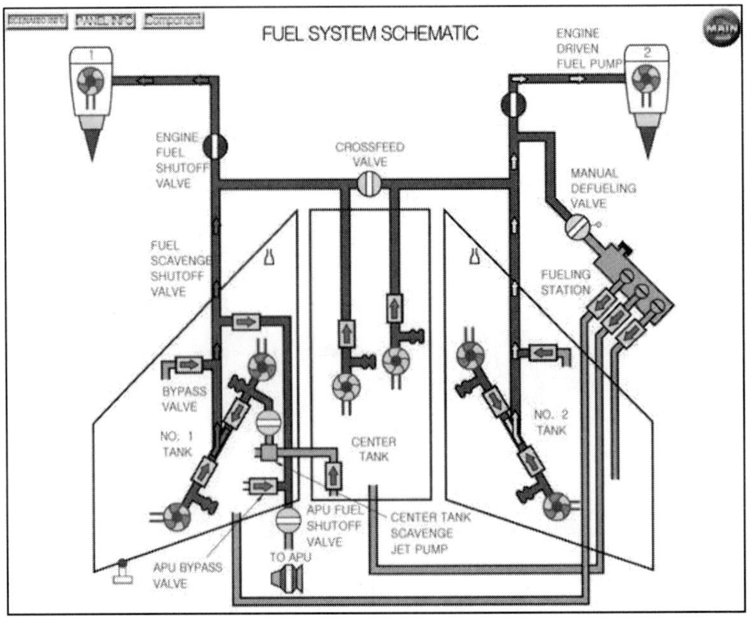

그림 5.25 Fuel Balancing

14) Scenario SW9 : CENTER TANK EMPTY

- 9번 CENTER TANK EMPTY스위치 ON
- FUEL CONTROL PANEL의 NO.1 TANK ON.
- NO.1 탱크의 연료가 어느 정도 소모될 때까지 기다리기
- FUEL CONTROL PANEL의 NO.2 TANK ON.
- FUEL CONTROL PANEL의 양 탱크의 연료량이 같아질 때까지 NO.2탱크의 연료만 소비됨.

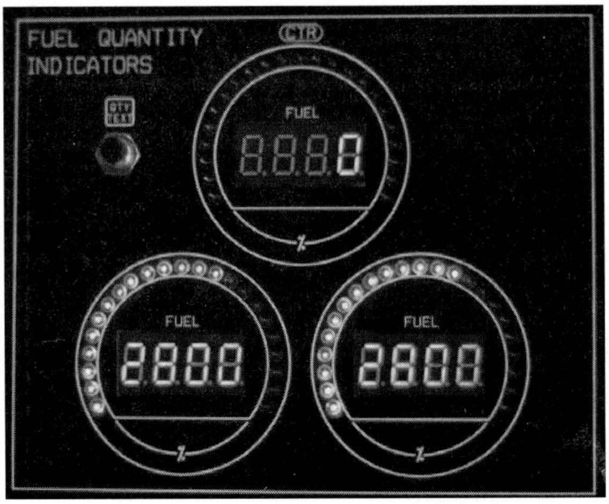

그림 5.26 Fuel Balancing 계기 화면

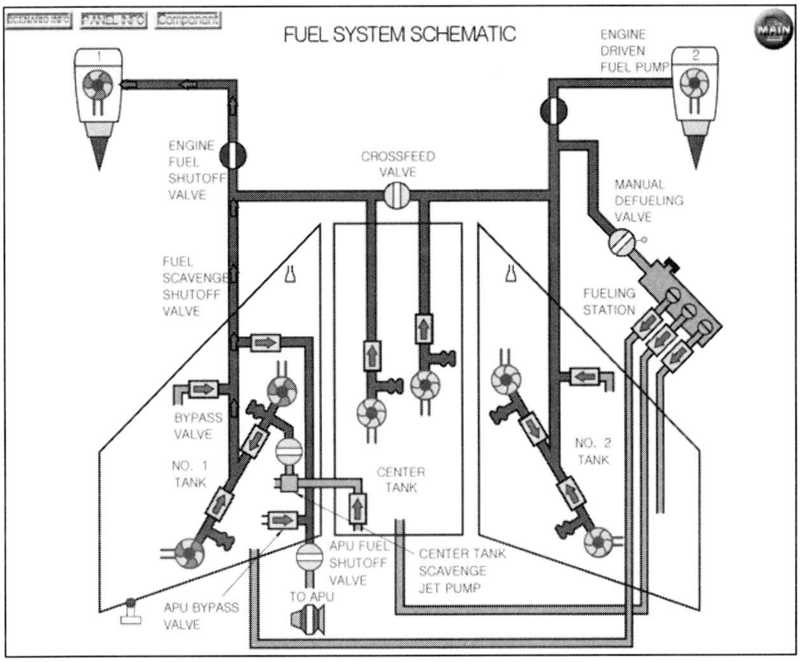

그림 5.27 Tank 1로부터 연료 공급(center empty)

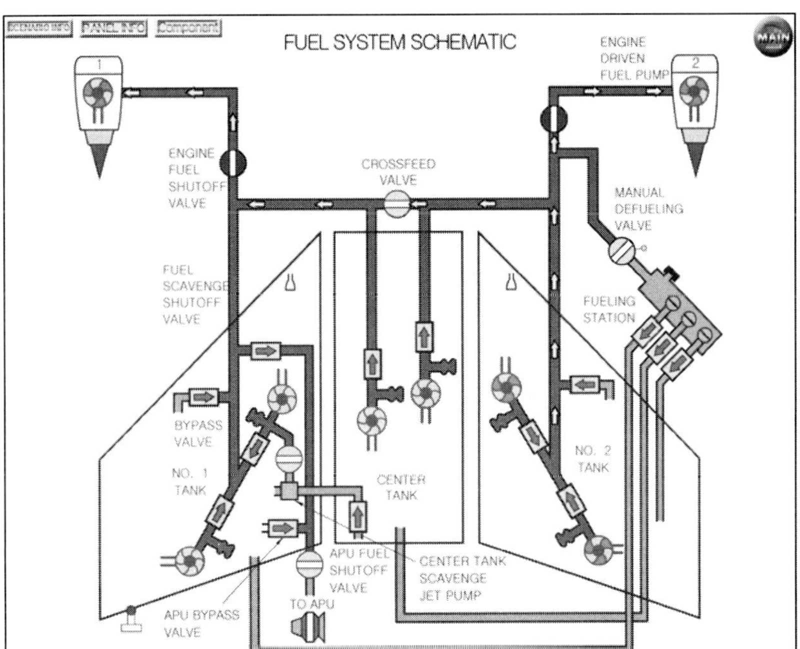

그림 5.28 Tank 1 정지, Tank 2 연료 주입중(Tank 1, Tank 2에 모두 공급, center empty)

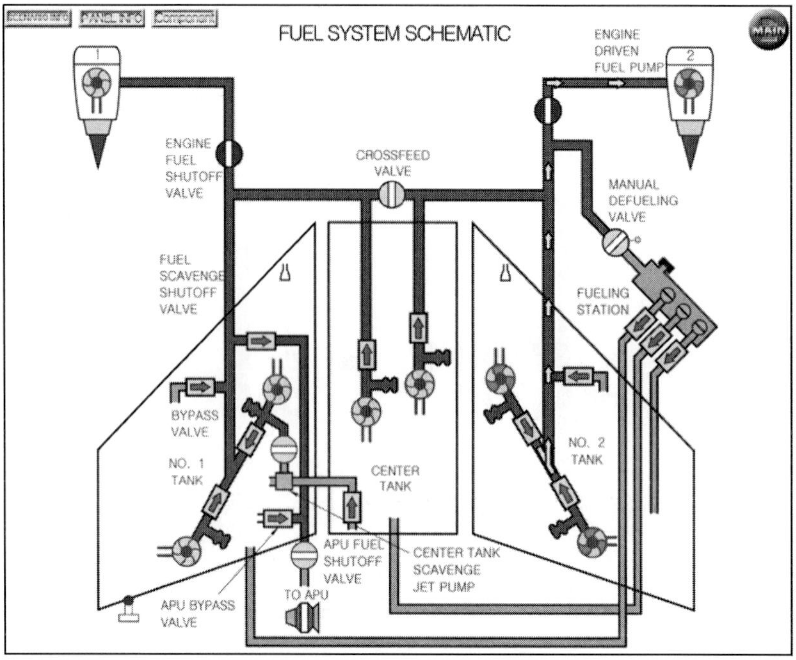

그림 5.29 CROSSFEED VALVE CLOSE. Tank 2에만 공급(center empty)

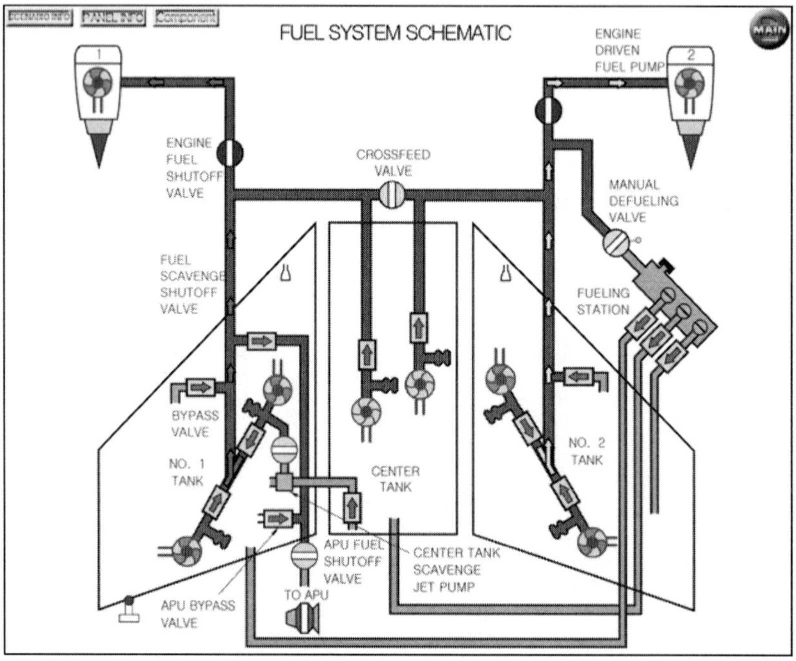

그림 5.30 Balanced Fueling(center empty)

15) Scenario SW10 : FIRE

- No. 2 ENGINE에서 화재가 발생한 경우이다.
- 10번 FIRE스위치 ON
- CROSS FEED VALVE 스위치ON
- FUEL TANK NO.1, NO.2스위치 ON
- 화재가 발생하지 않은 ENGINE으로 연료가 이송된다.

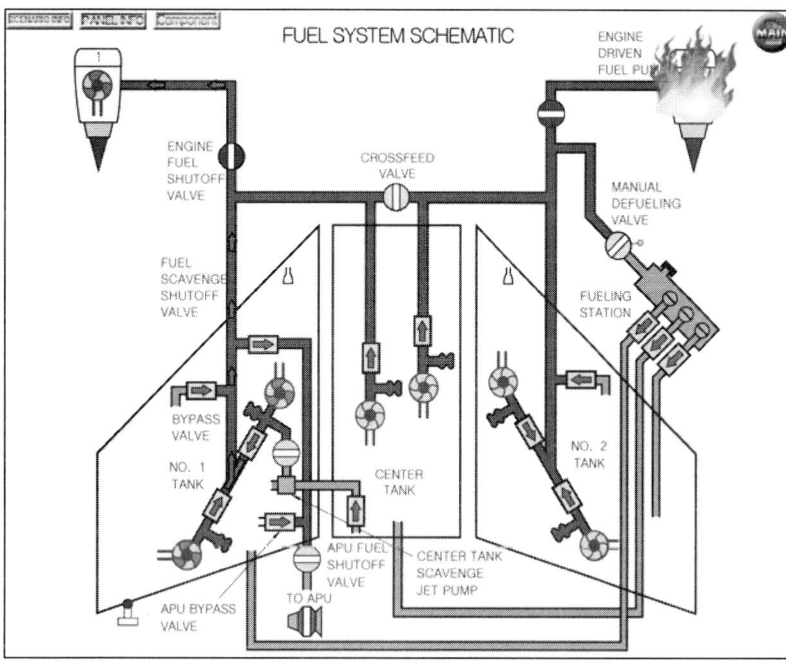

그림 5.31 화재 발생 시 연료 공급

그림 5.32 Fire – FUEL VALVE CLOSED, CROSSFEED VALVE OPEN

CHAPTER 06

유압계통
Hydraulic System

6.1 유압계통 개요

항공기 유압시스템은 그림 6.1에서 보듯이 1차 비행조종면(primary flight control surface:rudder, elevator, aileron), 2차 비행조종면(flap, spoiler 등), 착륙장치, 브레이크, 각종 도어를 구동시키는 아주 중요한 시스템이다. 항공기 유압시스템은 소형 항공기에서 단순히 브레이크를 작동시키는 것부터 대형 항공기의 복잡하고 대형화된 유압시스템까지 폭넓게 사용되고 있다. 유압시스템의 유압압력은 소형 항공기에서 사용하는 수백 psi에서부터 최근의 대형 민간 항공기에서 사용하기 시작한 5,000psi까지 넓은 범위를 사용하고 있다. 조종석에서의 작은 에너지운동이 큰 에너지를 가지는 운동으로 변하는 과정에서 유압 동력은 아주 효과적인 방법이며, 현재 민간 항공기나 군용 항공기에서 모두 사용하고 있는 시스템이다.

오늘날 유압시스템은 1차 혹은 2차 비행조종면, 착륙장치, 브레이크, anti-skid 장치에 동력을 전달할 수 있는 가장 효과적인 방법이 되었다. 그러나 가까운 미래에는 기존의 유압시스템은 전기로 구동되는 장치로 대체될 것으로 보인다. 그러나 그런 추세 속에서도 아직까지 무게당 동력비(power-to-weight)가 높은 장점이 있고 낮은 무게와 체적, 낮은 초기비용, 높은 신뢰성 및 낮은 유지비용측면에서 유압시스템은 최근의 전기모터로 구동되는 방식에 비해 아직 우월한 위치에 있다고 볼 수 있다.

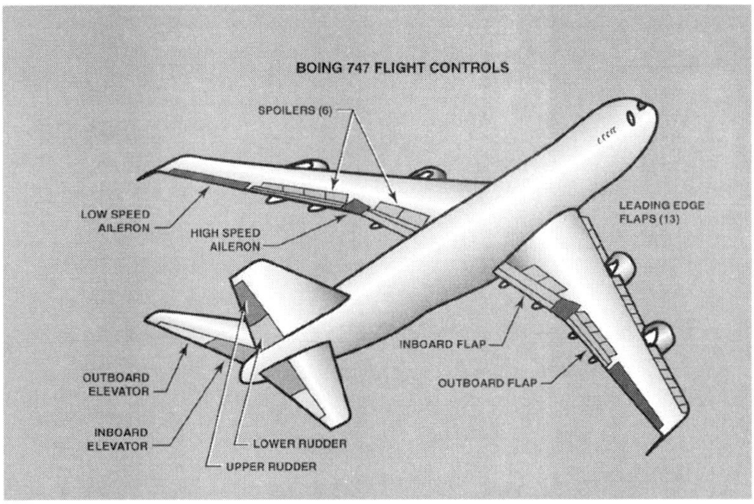

그림 6.1 유압시스템으로 작동하는 B747 비행조종면

그림 6.2는 유압을 생성시켜 최종 기계적 동력을 발생시키는 유압시스템의 개념도이다. 고압의 유압을 만들기 위해 유압펌프를 사용하는데 유압펌프는 일반적으로 엔진의 기계적 동력을 이용하여 구동된다. 고압의 유압은 여러 가지 유압 구성품(각종 밸브류, 압력조절기, 축압기 등)에 의해 조절되어 최종 기계적 동력으로 이용하기 위한 작동기(actuator)로 공급되고 에너지를 소비한 다음 다시 유압오일을 저장하는 레저버(reservoir)로 귀환시킨다.

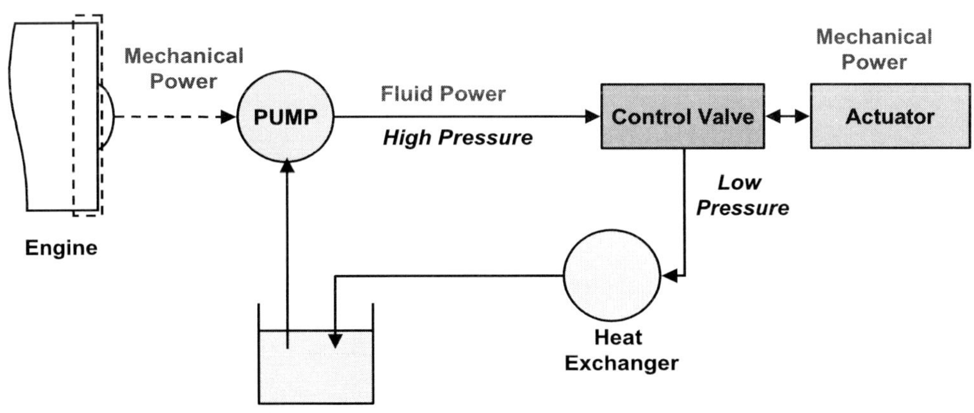

그림 6.2 유압시스템 개념

6.1.1 유압시스템의 적용분야

오늘날 대부분의 항공기에서 유압동력을 필요로 하고 있고, 유압에 의해 작동되는 기능들은 오작동이 없는 안전한 작동이 되어야 한다. 즉, 명령을 받아 작동하고, 명령이 없으면 반드시 작동하지 않아야 하며, 단일 결함(single failure)으로 인해 전체 결함(total failure) 상황을 유발하면 안 된다. 항공기에서 유압시스템을 사용하는 분야는 다음과 같다.

- 1차(primary) 비행조종면: rudder, aileron, elevator
- 2차(secondary) 비행조종면: spoiler, speed brakes, high lift devices(flap, slat), stabilizer
- 착륙장치: gear extension, gear retraction, locking, steering, braking
- 기타: thrust reverser, cargo handling, utility door, ramps, 공중재급유용 probe, 승객용 계단

6.1.2 유압계통의 구성

유압시스템은 기본적으로 유압을 만들고 전달해 주는데 필요한 최소한의 부품들로 구성되어 있다. 그 부품들에는 펌프, 레저버(reservoir), 축압기(accumulator), 방향제어 밸브(체크밸브, 선택밸브 등), 압력제어밸브(압력완화밸브 등), 유량제어밸브,작동기(actuator), 필터 등이 있다.

유압시스템의 기본 작동 절차를 살펴보면 다음과 같다.

- 유압 레저버(reservoir)에 저장됐던 유압유는 엔진이나 전기에 의해 작동되는 동력펌프(그림은 엔진에 의해 구동)에 의해서 압력(보통 3,000psi)이 생성된다.
- 생성된 유압은 축압기(accumulator)에 유압유와 유압에너지를 일부 저장하고 각종 제어밸브 및 센서를 거쳐 유압작동기로 공급된다.
- 선택밸브에 의해 결정된 유압유의 공급방향에 따라 유압 작동기(actuator)가 작동함으로써 기계적 에너지로 전환되어 일을 하게 된다.
- 유압에너지를 기계적 에너지로 소모한 유압유는 다시 레저버로 귀환되어 저장된다. 레저버로 돌아가기 전에 필터를 거쳐서 이물질을 제거하게 된다.

6.1.3 유압시스템의 구성품

▌레저버(Reservoir)

유압시스템의 레저버는 유압유를 저장하고 펌프로 공급하는 일종의 저장조 역할을 한다. 유압 레저버(reservoir)는 다음과 같은 기능을 한다.

- 유압유를 공급하고 귀환하는 유압유의 저장소
- 열팽창에 의한 유압유의 체적 증가를 흡수하는 공간제공
- 공기 및 각종 불순물을 제거하는 장소
- 온도 하강 시 유압유 수축으로 인한 유압유 보충 공급
- 유압유에 포함된 공기나 거품을 제거하는 기능
- 펌프에 가압된 유압유(pressure head)를 제공

레저버의 요구조건은 항공기의 형태에 따라 달라진다. 대부분의 군용기의 레저버는 곡예비행조건에서도 작동되어야 한다. 즉, 항공기의 어떤 자세나 'g' 조건에서도 유압유와 공기가 접촉되면 안 되며, 원활한 유압유 공급이 가능해야 한다. 레저버 자체 가압된 압력은 펌프입구에 유압유를 빠르게 공급될 수 있는 충분한 압력이어야 한다.

레저버의 유압유가 사고로 인해 누설이 생겨 미리 정해놓은 수준 이하로 내려가지 않도록 하는 장치를 설치해야 한다. 즉, 비행 안전에 필수적인 유압유 용량 이하로 누설되지 않도록 하는데 보통 레저버 내부에 스탠드 파이프(stand pipe)를 설치한다. 또한 유압유 공급 또는 귀환 시 레저버의 유압유가 넘치는 경우 레저버 외부로 자동배출될 수 있도록 압력완화 밸브(pressure relief valve)를 설치해야 한다. 레저버 종류는 레저버에 저장된 유압유의 가압여부에 따라 비압축형(Non Pressurized type) 레저버, 가압형(Pressurized type) 레저버로 구분된다. 비압축형 레저버는 급기동을 하지 않는 비행기, 고고도 비행을 하지 않는 비행기나 레저버가 항공기 기체에서 중력에 의해 유압이 공급될 수 장소에 설치된 항공기에서 사용한다. 대부분의 비압축형 레저버는 실린더 형태로 되어 있고 외부 하우징(housing)은 부식에 매우 강한 재질로 되어 있다.

가압형 레저버는 고고도를 비행하는 비행기에서 주로 사용하며 대기압이 낮은 고고도에서 유압유를 가압하여 펌프로의 공급이 원활하도록 한다. 가압하는 방식에는 엔진 블리드 공기를 이용하는 방법과 유압시스템의 압력을 이용하는 방법이 있다. 또한 대기압이 낮아 유압유에서 발생할 수 있는 기포생성을 억제시킬 수 있다.

유압펌프(Hydraulic pumps)

펌프는 유압유의 압력을 높여 공급하는 장치로서 크게 수동펌프와 엔진, 공기터빈(Ram Air turbine), 전동기, 유압모터에 의해 작동하는 동력펌프로 구분할 수 있다. 항공기에서 동력펌프는 주로 엔진의 동력이나 전기에 의해 구동된다. 펌프는 압력을 생성하는 것이 아니고 유량을 생성하여 압력을 높이는 것으로서 엔진 혹은 전기모터와 같은 기계적 에너지를 유압에너지로 변환시키는 장치이다. 만일 펌프에서 나온 유압유를 대기 중으로 방출시킨다면 압력

은 높아지지 않는다. 보통 펌프의 입구 쪽은 부분진공 혹은 낮은 압력이 작용하여 레저버로부터 들어 온 유압유를 기계적으로 출구 쪽으로 밀어내게 된다. 동력펌프에는 일정 유량식(constant delivery pump)와 가변 유량식(variable delivery pump)로 구분된다. 대부분의 현대 항공기는 가변 유량식 펌프를 사용하고 있다. 현대 항공기들은 정상 비행중일 때 동력펌프인 엔진구동펌프(engine-driven pump) 또는 전기구동펌프(electrical driven pump)를 혼합해서 사용하고 있으며, 비상상황에는 공기구동펌프(air-driven pump), PTU(Power Turbine Units), RAT(Ram Air Turbine)로 구동되는 펌프들을 사용하고 있다. 그 예로 2개의 주 유압시스템으로 구성된 A380의 경우 8개의 엔진구동펌프, 3개의 전기구동펌프를 가지고 있다. 또한 3개의 주 유압시스템으로 구성되된 B777의 경우에는 2개의 엔진구동펌프, 4개의 전기구동펌프, 2개의 공기구동펌프 및 RAT로 구동되는 펌프들을 가지고 있다.

▌축압기(Accumulator)

축압기는 펌프의 출구쪽 작동기로 공급되기 전에 설치한다. 축압기의 기능은 다음과 같다. 축압기는 보통 유압시스템 내에 여러 개를 설치하는 것이 보통이다. 주로 주 유압시스템과 비상용 유압시스템용으로 별도로 설치한다.

1) 동력펌프가 압력하중이 최대일 때 펌프의 하중을 분담
2) 동력펌프의 고장이나 펌프 작동이 안 되고 있는 경우 제한된 유압기기(braking system 등)에 동력을 공급
3) 유압시스템의 급격한 압력변화(pressure surge)로 인한 충격 흡수

축압기 형태는 철재로 된 공 형태(spherical)와 실린더(cylinder)형태로 되어 있다. 공형태의 축압기에는 다이아프램(diaphram)형과 블래더(bladder)형이 있다. 공 형태의 축압기는 내부를 2개의 영역으로 나누는데 한쪽은 유압유로 채워지고 다른 한쪽은 비압축성인 유압유에 압력에너지를 저장할 수 있도록 비활성 기체를 채운다. 이 두 영역은 다이아프램(diaphragm)이나 블래더(bladder)혹은 피스톤에 의해 구분된다. 충전하는 기체는 주로 질소나 할론 기체를 사용하며 산소는 폭발의 위험성 때문에 사용하지 않고 이산화탄소는 낮은 압력(800~900 psi)에서 액화되기 때문에 사용하지 않는다. 이 기체에 고압을 적용하여 다이아프램이나 블래더가 팽창되면 축압기 내부의 유압유 압력이 올라가게 된다. 만일 유압시스템의 압력이 떨어지는 경우 축압기 유압유는 기체의 높은 압력으로 인해 시스템쪽으로 밀려나면서 고압의 유압유가 시스템에 공급된다.

▌유압밸브(Hydraulic valves)

유압시스템에서 유압의 제어는 각종 밸브를 통해서 하게 된다. 제어의 대상으로 볼 때 방향제어밸브, 유량제어밸브, 압력제어밸브가 있다. 방향제어밸브는 유압유의 흐름방향을 결정하여 작동기나 유압모터의 작동방향을 결정해 준다. 유량제어밸브는 유량을 제어함으로써 작동기의 속도를 제어해 주는 기능을 한다. 압력제어밸브는 시스템의 과부하나 밸브가 닫혀 생기는 과도한 압력을 완화시켜주는 기능을 한다.

1) 방향제어밸브(Directional control Valve) : 선택밸브, 체크 밸브(Check valve), 셔틀 밸브(Shuttle Valve)
2) 유량제어밸브(flow control valve) : 흐름 제한기(orifice,flow restrictor), 오리피스 체크밸브(orifice check valve), 유압퓨즈(Hydraulic fuse)
3) 압력 제어 밸브(pressure control valves) : 압력 릴리프 밸브(pressure relief valve), 온도 릴리프 밸브(thermal relief valve), 퍼지 밸브(Purge Valve), 시퀀스 밸브(Sequence Valve), 프라이어티 밸브(Priority valve), 감압밸브(Pressure reducing valve)

▌유압 작동기(actuator)

작동기는 유압유 압력을 받아 기계적 운동을 하는 장치를 말한다. 주로 작동기 실린더 내부의 피스톤에 고압의 유압유가 공급되면 피스톤이 움직이고 피스톤에 연결된 로드(rod)에 의해 기계적 운동을 하게 된다. 작동기의 구조는 실린더 하우징, 한 개 혹은 여러 개의 피스톤과 로드 와 실(seal)로 구성되어 있다. 작동기 종류는 기계적 운동 방향에 따라 선형(직선운동) 작동기, 회전운동 작동기로 나뉠 수 있으며 구조로 보면 다양한 형태의 작동기가 있다.

6.1.4 유압유의 특성

유압 유압유(hydraulic fluid)는 비압축성 유체로서 유압동력을 전달하는 매질이며 최대온도, 최대유량과 같은 작동환경이 명시되어 있다. 유압유는 크게 동력전달, 열의 발산, 윤활, 간극의 밀봉기능을 한다. 유압유의 안전규정은 군용기와 민간기 사이에 약간의 차이가 있다. 아주 일부의 예외 항공기를 제외하고 현대의 군용기는 최근까지도 광물성 유압유를 사용하였다. 광물성 유압유는 DTD 585(영국), MIL-H-5606(미국), AIR 320(프랑스), H 515(NATO)의 규격을 가지고 제작된다. 이 유압유는 많은 장점을 가지고 있는데 전 세계에서 합리적인 가격으로 쉽게 구할 수 있고, 다른 유압유에 비해 온도에 따른 점성 변화가 적다. 그러나 식유계열의 유압유이기 때문에 인화성이 있어 약 130℃ 이하의 온도조건에서 사용해야 한다. 유압유가 갖춰야 할 조건은 다음과 같다.

- 마찰손실이 적어야 한다.
- 점성이 낮아야 한다.
- 비압축성
- 화학적 안정성이 높아야 한다.
- 인화점(flash point), 발화점(fire point)이 높아야 한다.
- 끓는점이 높아야 한다.
- 무독성 및 부식성이 낮아야 한다
- 저휘발성

유압시스템이 적절하게 작동되고 비금속재질 부품의 손상을 방지하기 위해서는 해당 시스템에 적절한 유압유를 선정하여 사용해야 한다. 따라서 유압유를 공급할 경우 항공기 제작사의 매뉴얼 지침에 따라야 한다. 만일 규격이 다른 유압유를 공급했을 경우에는 반드시 배출시키고 플러쉬(flush) 해야 한다. 베트남 전쟁 이후로 많은 유압유 제작회사들은 전쟁 시 발생할 수 있는 사고로부터 안정성을 향상시키기 위해 유압유의 인화성을 개선시키기 위한 연구를 많이 하였다. 이런 연구를 통해 나온 유압유가 MIL-PRF-83282의 규격을 가진 합성유이며 현재 미 해군의 모든 항공기에서 사용하고 있다. 현재는 대부분 광물성 유압유를 많이 사용하고 있다. 유압유 종류는 다음과 같다.

식물성유(Vegetable Base Fluid)

식물성유는 피마자 기름과 알코올의 혼합물로 파란색이며, 이 유압유에는 천연 고무실 (seal)을 사용하고 알코올로 세척하며 고온에서는 부적합하다. 규격은 MIL-H-7644로서 현재는 별로 사용하지 않는다.

광물성유(Mineral Base Fluid)

광물성유는 석유제품으로서 붉은색이며 윤활성이 좋고 기포억제제 및 부식방지제를 혼합해서 사용한다. 기본 규격은 MIL-H-5606이며 녹 방지를 위한 첨가제를 넣은 MIL-H-6083 규격의 유압유도 있는데 두가지 규격은 거의 동일한 제품으로서 혼용이 가능하다. 화학적으로 안정되어 있고 고온에서의 점도 변화가 적으나 가연성이 있다. 가장 오래된 종류로서 화재 위험성이 낮은 항공기에 주로 사용하고 있다. 사용온도 범위는 대략 -54~71℃이다. 나프타, valsol, solvent로 세척하며 neoprene rubber seal과 같은 synthetic seal을 사용한다.

▌합성유(Synthetic Fluid)

규격은 MIL-PRF-83282(polyalphaolefin based fluid)이며 MIL-H-5606보다 좋은 내화성 성질을 가지기 위해 1960년대에 개발된 유압유이다. 녹 방지를 위한 첨가제를 넣은 MIL-H-46170 규격의 유압유도 있다. 그러나 낮은 온도에서 높은 점성을 가지는 단점을 가지고 있어 대략 -40℃(40°F) 온도 이하에서는 사용이 제한된다. MIL-H-5606 규격을 사용하는 유압시스템에 그대로 사용가능할 수 있는 이점이 있다. 주로 대부분의 소형항공기에서 사용되고 있다. 다른 종류로서 인산염과 에스테르의 혼합물로 만든 유압유(phosphate easter-based fluid, skydrol) 계열로서 내화성이 가장 좋아 주로 대부분의 민간 항공기에서 사용하고 있다. 합성유의 단점으로는 수분에 오염되기 쉽고, polyvinyl chloride를 부식시키고 전선의 절연을 손상시키기 쉽다. butyle, silicon rubber, teflon seal을 사용하고 세척은 trichloro-ethylene을 사용한다.

실제 군용기에서는 유압유을 선택할 수 있는 폭이 그리 넓지 않은데 그 이유는 해당 국가의 구매부서에서 이미 규격을 정해 놓고 있기 때문이다. 그러나 대부분의 규격이 DTD585나 MIL-H-5606의 규격에 부합하는 시스템을 요구하고 있다.

민간 항공기의 경우 어느 정도의 내화특성(fire resistant)을 갖는 인산염 에스테르(phosphate ester) 합성유 유압유를 사용한다.

- Solutia Skydrol LD-4, Skydrol 500B-4 or Skydrol 5
- Exxon type IV HJ4AP, type V HJ5MP(type V가 높은 온도에서 hydrolytic, oxidative degradation 같은 열안전성이 높음)

6.1.5 B737 유압계통

B737의 유압시스템은 그림 6.3에서 보듯이 독립적인 시스템 A, 시스템 B, 스탠바이(standby) 시스템으로 구성되어있다. 유압을 만들기 위한 펌프는 시스템마다 엔진구동 펌프와 전기구동 펌프 2개씩 설치되어 있다. 시스템 A의 유압은 1번 엔진에 의한 구동펌프와 2번 엔진의 발전기 전원을 이용한 전기구동 펌프에 의해서 만들어진다. 반대로 시스템 B의 유압은 2번 엔진에 의한 구동펌프와 1번 엔진 발전기의 전원을 이용한 전기구동 펌프에 의해서 만들어진다. 이렇게 한 이유는 동력원인 엔진의 고장으로 인해 어느 한쪽의 유압시스템 전체의 손실을 방지하기 위한 설계이다. 스탠바이 시스템은 시스템 A, B 중 하나가 고장일 때 작동되며 전기구동 펌프에 의해 유압을 만들어 낸다. 유압시스템의 압력은 모두 3,000psi를 이용한다. 또한 동력전달장치(PTU : Power Turbine Unit)를 설치하여 앞전 플랩(flap)과 슬랫(slat) 그리고 자동슬랫(auto slat)에 필요한 경우 또 다른 유압원으로서 작동한다. PTU는 유압모터와 유압펌프

이 하나의 장치에 통합된 형태이며 시스템 B의 엔진구동펌프에서 나오는 유압이 규정치 이하로 내려가면 작동하게 된다. 이때 시스템 A의 유압에 의해 유압모터를 구동하고 이 유압모터는 내장된 유압펌프를 가동시켜 시스템 B에 유압을 공급하게 된다.

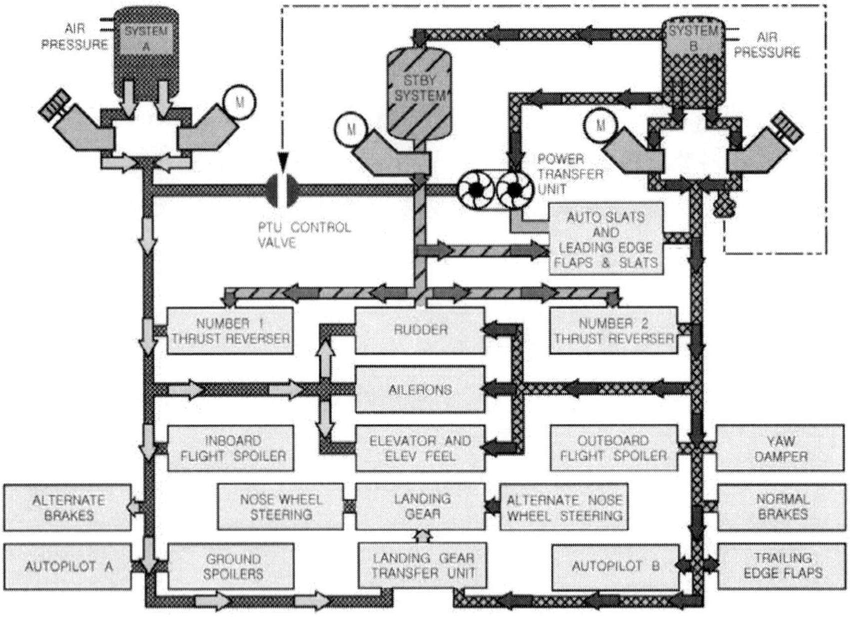

그림 6.3 B737 유압시스템

시스템 A의 경우 엔진구동펌프나 관련 유압라인에서 유압유 누설이 생길 경우 레저버 내부의 스탠드 파이프에 의해 전체 유압유 손실을 막아준다. 스탠드 파이프 높이까지 유압이 내려간 경우 대략 전체 유압유의 22% 정도가 되며 이 유압유를 이용하여 전기구동펌프로 시스템 A를 작동시킨다. 시스템 A의 유압을 받는 것에는 러더(rudder), 왼쪽 역추력발생장치(thrust reverser), 엘리베이터, 안쪽 스포일러(inboard spoiler), 지상 스포일러(ground spoiler), autopilot A, 랜딩기어, 노즈휠 스티어링(nose wheel steering) 그리고 PTU가 있다.

시스템 B의 경우 레저버 내부에 2개의 스탠드 파이프가 있으며, 각각 엔진구동펌프와 전기구동펌프로 공급한다. 엔진구동 펌프로 공급하는 스탠드 파이프 높이까지 유압유가 누설될 경우 전체의 40%가 남고, 전기구동 펌프 공급용의 스탠드 파이프 높이 아래까지 누설이 생기면 시스템 B에 의한 유압은 모두 손실된다. 그러나 PTU를 가동시킬 만큼의 유압유는 남기게 된다. 시스템 B의 유압을 받는 것에는 에일러론(aileron), 러더(rudder), 오른쪽 역추력발생장치(thrust reverser), 엘리베이터, 바깥쪽 스포일러(outboard spoiler), 브레이크, autopilot B, 랜딩기어, 앞전 플랩, 뒷전 플랩, 요댐퍼(yaw damper)등이 있다.

6.1.5 B787 유압시스템

B787의 유압시스템은 그림 6.4에서 보듯이 좌/우측 그리고 중앙 모두 3개의 유압시스템이 설치되어 있다. 이 시스템은 1차 비행조종면, 랜딩기어, 노즈 기어 스티어링, 역추력장치, 앞/뒷전 플랩을 작동시킨다. 좌/우측 유압시스템은 엔진구동펌프와 전기구동펌프에 의해 유압이 만들어지는데, 엔진구동펌프에 의해 주 유압이 만들어 지고, 전기구동펌프는 지상운용이나 최대 유압부하가 걸릴 때 작동한다.

기존의 보잉 항공기와 B787의 주요 차이점은 중앙 유압시스템의 동력원이다. 기존의 항공기는 3,00psi의 유압을 약 50GPM(Gallons Per Minute)의 용량을 만들어 내는 RAT 유압펌프 2개와 6GPM 용량을 만드는 2개의 소형 전기구동펌프에 의해서 유압을 만들어 냈다. RAT 유압펌프는 이/착륙 시에 발생하는 랜딩기어 작동, 고양력장치 작동, 1차 비행조종면 작동과 같이 부하가 많이 걸리는 작동(peak load)에 이용하고, 소형 전기구동펌프는 나머지 비행구간에서 사용되었다.

그러나 B787의 중앙 유압시스템은 2개의 30GPM 전기구동펌프를 사용한다. 2개의 펌프중 하나는 대부분의 비행에 사용되고 다른 펌프는 주로 이/착륙할 때만 작동된다. 또한 기존의 3,000psi 유압 대신에 5,000psi 유압을 사용함으로써 유압부품의 크기를 줄여 장착공간과 무게를 경감시킬 수 있었다.

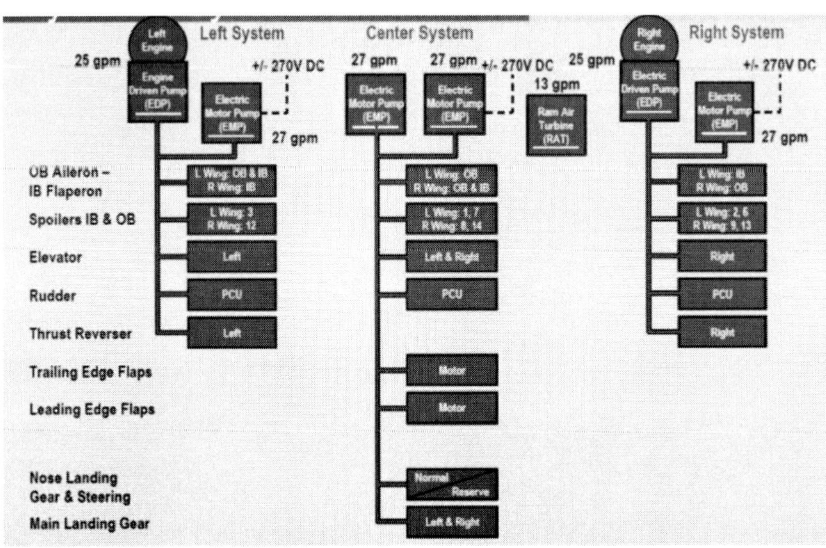

그림 6.4 B787 유압시스템

6.2 유압계통 Hydraulic-1 모듈 실습

유압계통 Hydraulic-1 모듈은 아래 그림과 같다. 이 모듈에서 유압계통을 사용하는 장치와 기본 유압계통의 구성에 대해서 실습할 것이다.

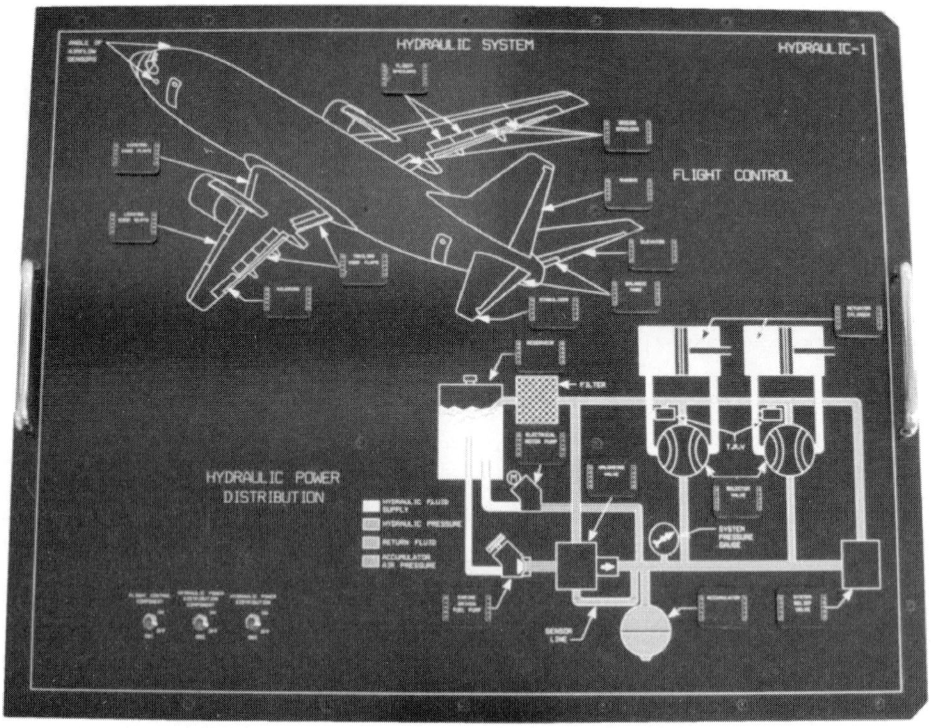

그림 6.5 HYDRAULIC-1 SYSTEM MODULE

FLIGHT CONTROL	HYDRAULIC POWER DISTRIBUTION
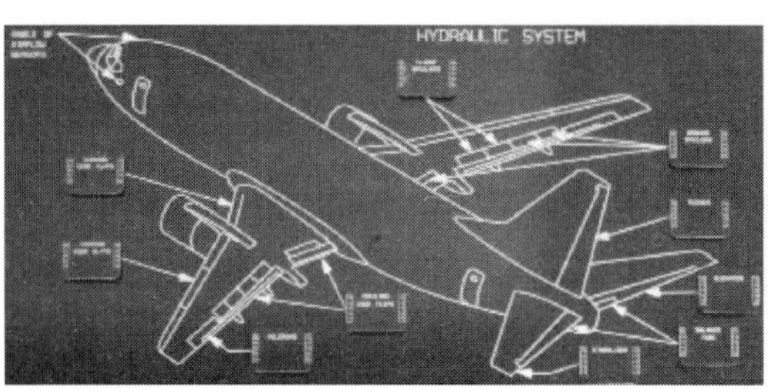	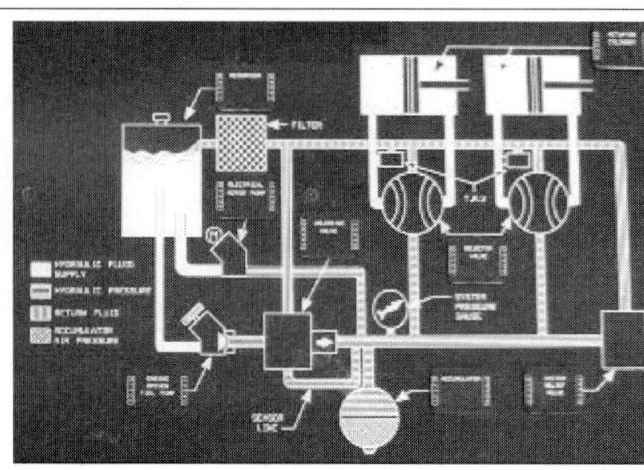

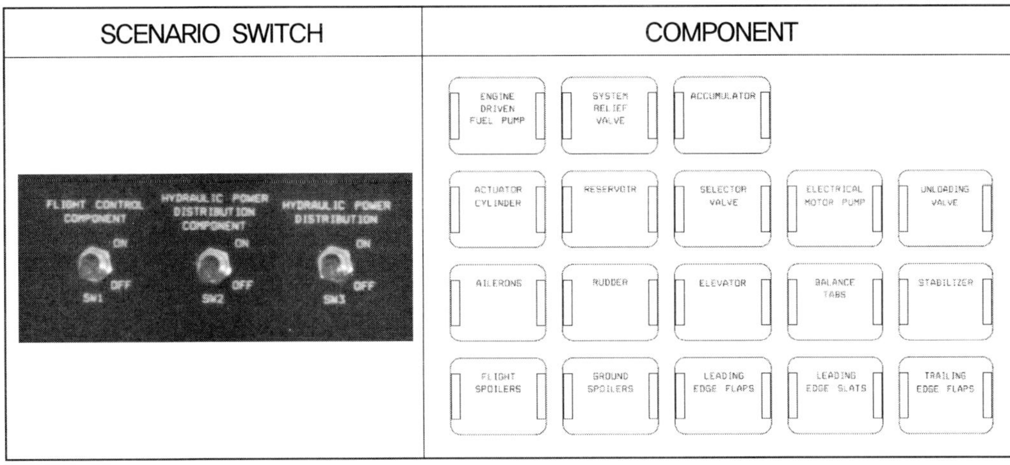

그림 6.6 HYDRAULIC-1 SYSTEM MODULE의 각 부의 명칭

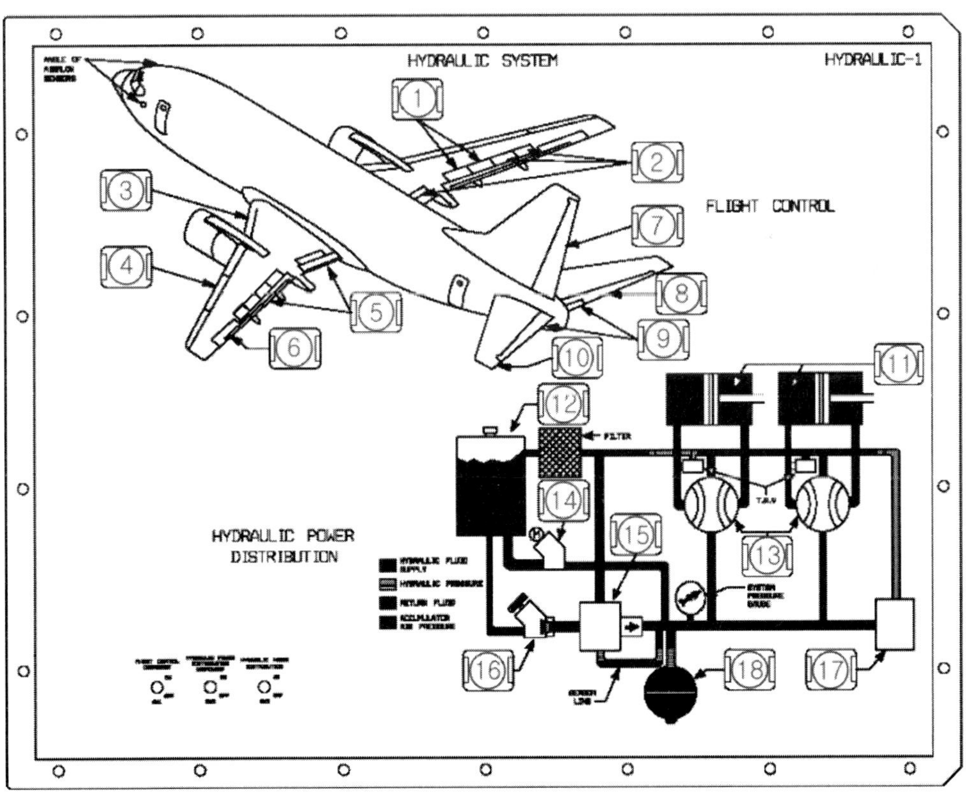

그림 6.7 HYDRAULIC-1 SYSTEM MODULE Schematic

번호	component 명칭
①	FLIGHT SPOILERS
②	GROUND SPOILERS
③	LEADING EDGE FLAPS
④	LEADING EDGE SLATS
⑤	TRAILING EDGE FLAPS
⑥	AILERONS
⑦	RUDDER
⑧	ELEVATOR
⑨	BALANCE TABS
⑩	STABILIZER
⑪	ACTUATOR CYLINDER
⑫	RESERVOIR
⑬	SELECTOR VALVE
⑭	ELECTRICAL MOTOR PUMP
⑮	UNLOADING VALVE
⑯	ENGINE DRIVEN FUEL PUMP
⑰	SYSTEM RELIEF VALVE
⑱	ACCUMULATOR

번호	scenario switch 명칭
SW1	FLIGHT CONTROL COMPONENT ON/OFF
SW2	HYDRAULIC POWER DISTRIBUTION COMPONENT ON/OFF
SW3	HYDRAULIC POWER DISTRIBUTION

표 6.1 HYDRAULIC-1 SYSTEM MODULE component 및 scenario switch 명칭

1) 베이스에 그림 6.5의 HYDRAULIC-1모듈을 장착한 후 전원 스위치를 켠다.
2) 모듈 좌측 하단에 있는 SCENARIO SWITCH의 위치를 OFF에 놓는다.

SCENARIO SWITCH NAME

- Scenario SW1 : FLIGHT CONTROL COMPONENT ON/OFF
- Scenario SW2 : HYDRAULIC POWER DISTRIBUTION COMPONENT ON/OFF

■ Scenario SW3 : HYDRAULIC POWER DISTRIBUTION

3) 화면 좌측 상단에 있는 Component 항목을 클릭하여 실습에 필요한 component들이 있는지 확인한다.
4) 화면 좌측 상단에 있는 Panel INFO 항목을 클릭하면 실습을 진행하기 전에 모듈에 있는 각 스위치의 초기 위치를 확인할 수 있다.
5) Scenario SW1 : FLIGHT CONTROL COMPONENT ON/OFF
SW1이 OFF된 상태에서 COMPONENT를 정확한 위치에 삽입한 후에 SW1을 ON한다. COMPONENT는 제자리에 부착된 경우(위치 및 방향이 일치해야 함)는 멜로디가 나오며, 실패한 경우에는 화면에 ? 표시가 나온다.

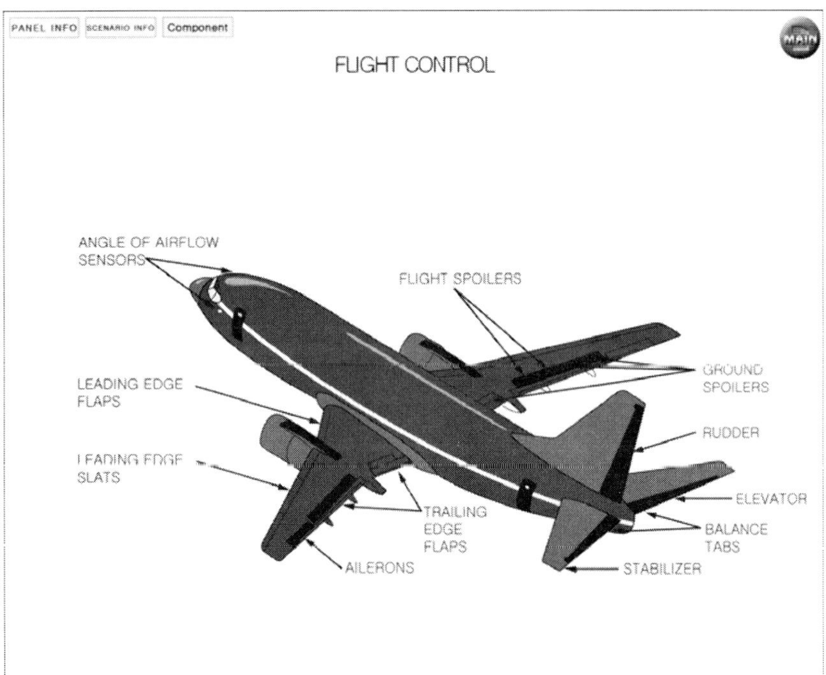

그림 6.8 유압계통을 사용하는 비행조종면

6) Scenario SW2 : HYDRAULIC POWER DISTRIBUTION COMPONENT ON/OFF
① HYDRAULIC POWER DISTRIBUTION 상에 COMPONENT가 제자리에 부착된 경우는 멜로디가 나오며, 실패한 경우에는 화면에 ? 표시가 나온다.
② COMPONET가 성공적으로 부착된 후에 SW2를 ON시키면 유압의 흐름을 화면에 표시한다.

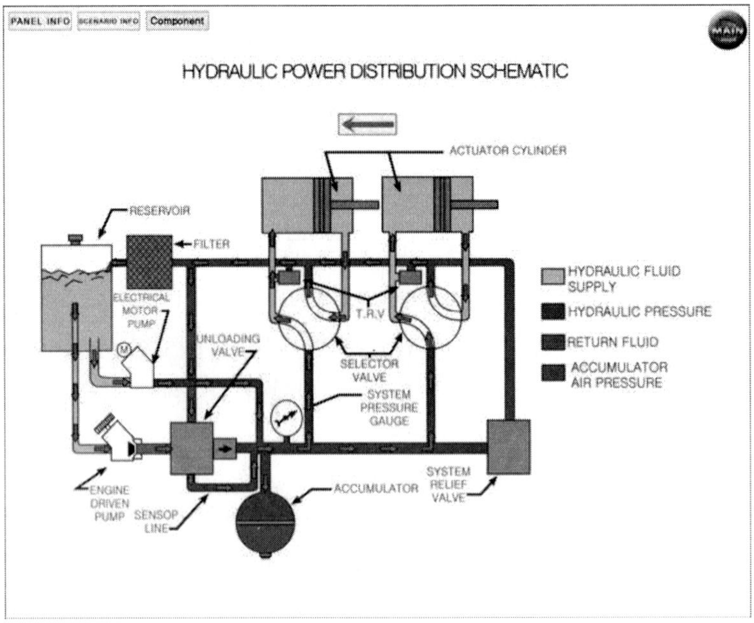

그림 6.9 기본 유압계통의 구성

7) Scenario SW3 : HYDRAULIC POWER DISTRIBUTION

System A, System B, Standby System 별로 구분하여 유람의 흐름을 화면에 표시한다.

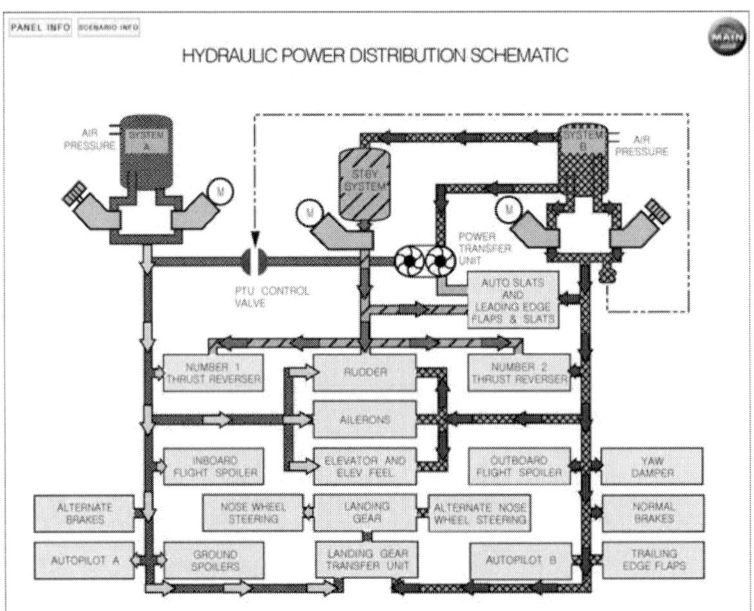

그림 6.10 B737 유압계통의 구성

6.3 유압계통 Hydraulic-2 모듈 실습

유압계통 Hydraulic-2 모듈은 아래 그림과 같다. 이 모듈에서 유압계통을 사용하는 비행조종면에 대해 실습할 것이다.

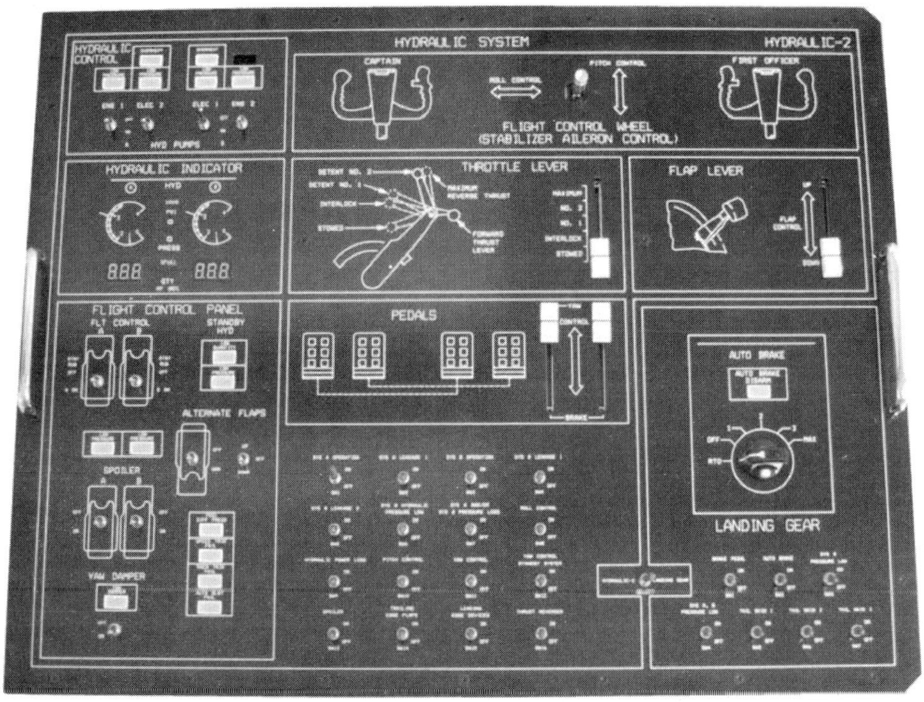

그림 6.11 HYDRAULIC-2 SYSTEM MODULE

HYDRAULIC CONTROLS

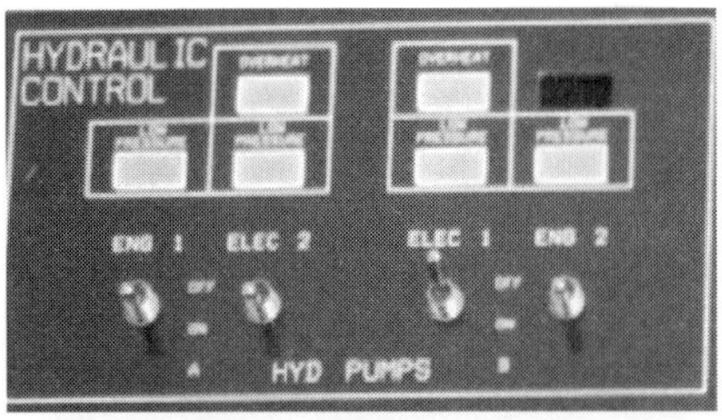

HYDRAULIC INDICATOR

FLIGHT CONTROL PANEL

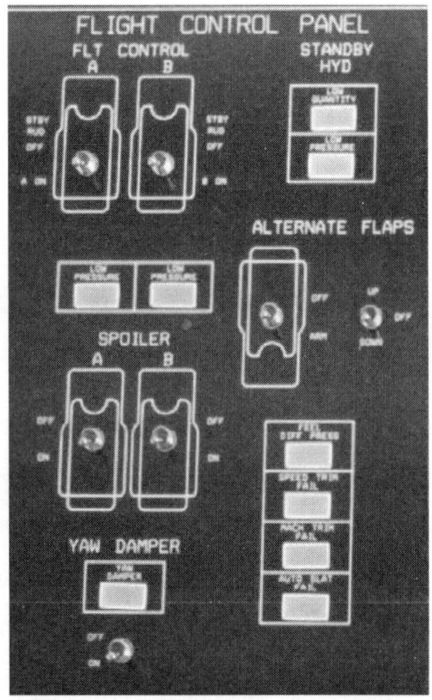

FLIGHT CONTROL WHEEL(STABILIZER AILERON CONTROL)

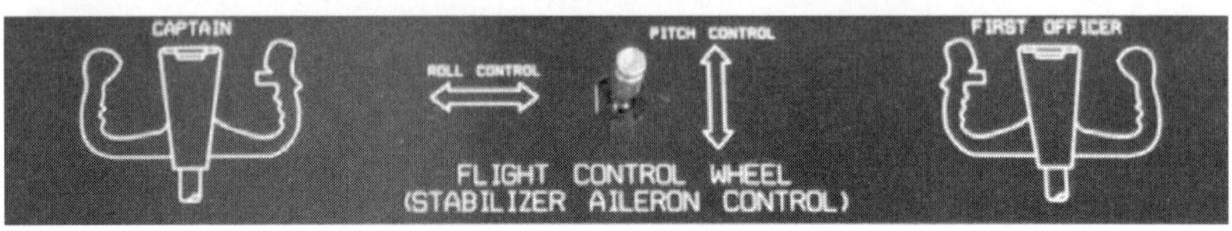

THROTTLE LEVER

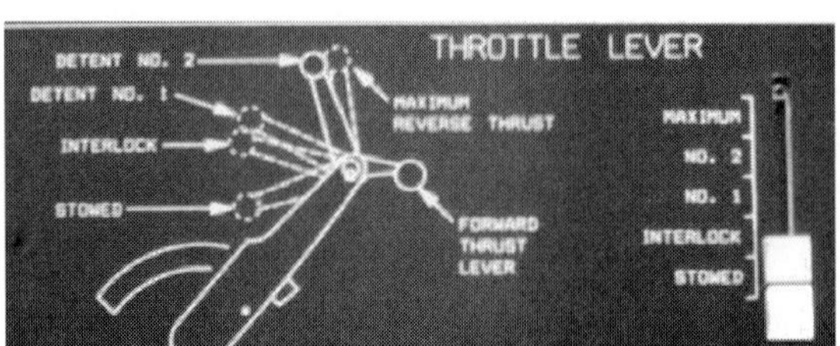

FLAP LEVER

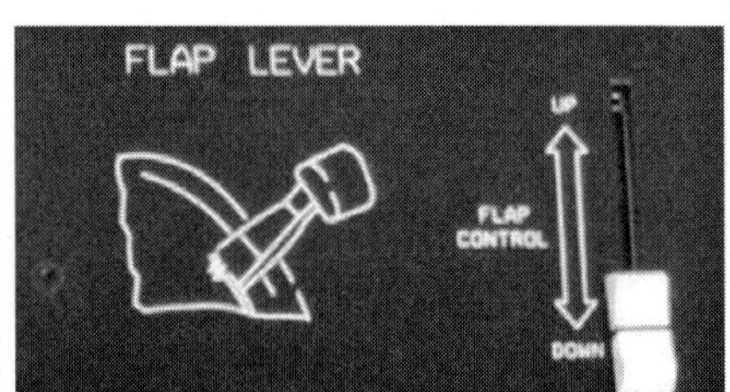

PEDALS	
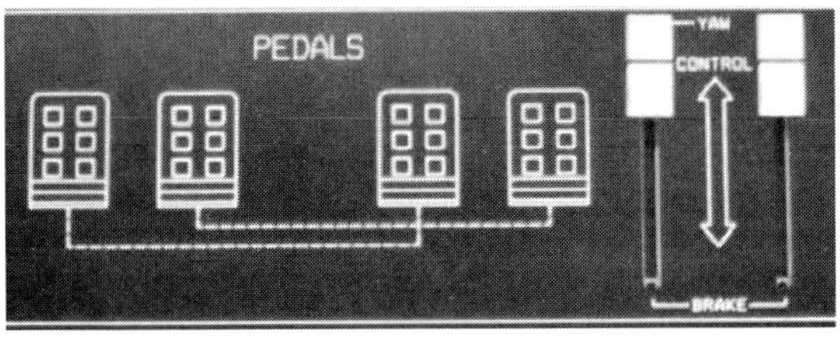	
SCENARIO SWITCH	
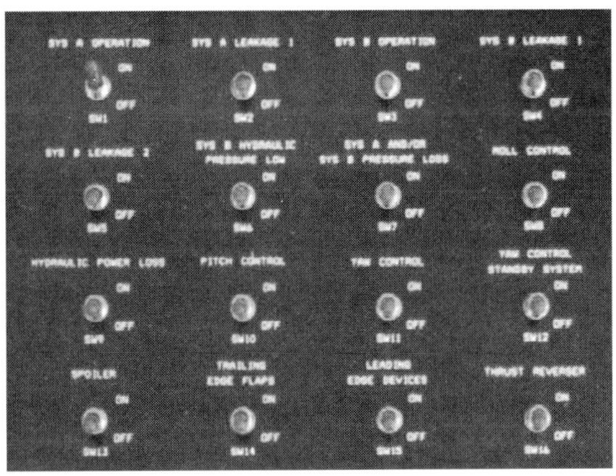	

그림 6.12 HYDRAULIC 2 SYSTEM MODULE 각 부의 명칭

components 없음

번호	scenario switch 명칭
SW1	SYS A OPERATION
SW2	SYS A LEAKAGE 1
SW3	SYS B OPERATION
SW4	SYS B LEAKAGE 1
SW5	SYS B LEAKAGE 2
SW6	SYS B HYDRAULIC PRESSURE LOW
SW7	SYS A AND/OR SYS B PRESSURE LOSS
SW8	ROLL CONTROL
SW9	HYDRAULIC POWER LOSS
SW10	PITCH CONTROL
SW11	YAW CONTROL
SW12	YAW CONTROL STANDBY SYSTEM
SW13	SPOILER
SW14	TRAILING EDGE FLAPS
SW15	LEADING EDGE DEVICES
SW16	THRUST REVERSER

표 6.2 HYDRAULIC-2 SYSTEM MODULE Scenario switch

1) 베이스에 그림 6.11의 HYDRAULIC-2 모듈을 장착한 후 전원 스위치를 켠다.
2) 모듈 중앙 하단에 있는 SCENARIO SWITCH의 위치를 OFF에 놓는다.

SCENARIO SWITCH NAME

- Scenario SW1 : SYS A OPERATION
- Scenario SW2 : SYS A LEAKAGE 1
- Scenario SW3 : SYS B OPERATION
- Scenario SW4 : SYS B LEAKAGE 1
- Scenario SW5 : SYS B LEAKAGE 2
- Scenario SW6 : SYS B HYDRAULIC PRESSURE LOW
- Scenario SW7 : SYS A AND/OR SYS B PRESSURE LOSS

- Scenario SW8 : ROLL CONTROL
- Scenario SW9 : HYDRAULIC POWER LOSS
- Scenario SW10 : PITCH CONTROL
- Scenario SW11 : YAW CONTROL
- Scenario SW12 : YAW CONTROL STANDBY SYSTEM
- Scenario SW13 : SPOILER
- Scenario SW14 : TRAILING EDGE FLAPS
- Scenario SW15 : LEADING EDGE DEVICES
- Scenario SW16 : THRUST REVERSER

3) 화면 좌측 상단에 있는 Panel INFO 항목을 클릭하면 실습을 진행하기 전에 모듈에 있는 각 스위치의 초기 위치를 확인할 수 있다.

4) Scenario SW1 : SYS A OPERATION

System A operation시 유압의 흐름과 Actuator 작동 모습을 나타낸다. 화면의 오른쪽 아래의 파란색 화살표를 클릭하여 작동기의 움직임과 유압흐름을 이해한다.

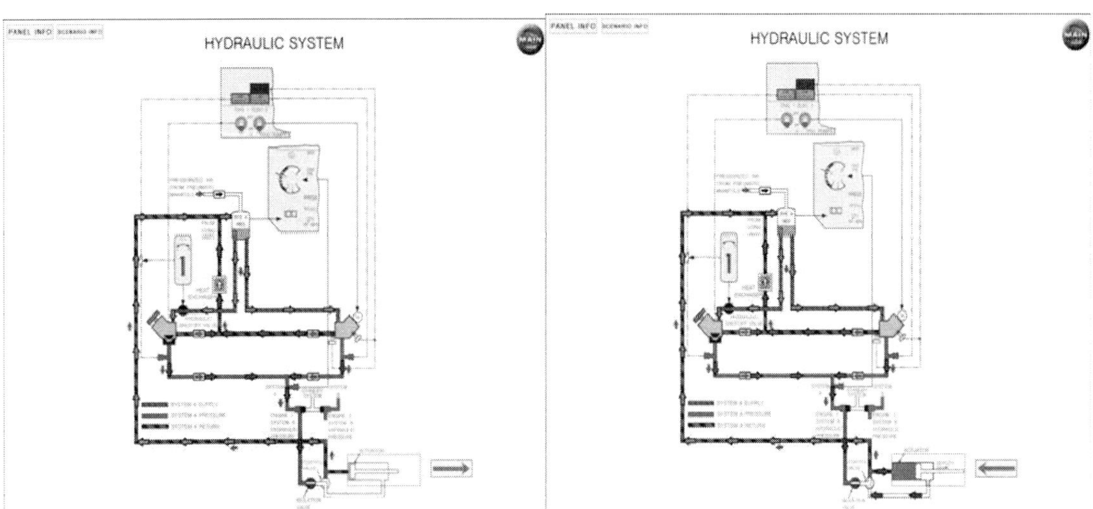

그림 6.14 SYS A OPERATION

5) Scenario SW2 : SYS A LEAKAGE 1

System A의 Engine Driven Pump 혹은 관련 유압 Line이 Leakage인 경우이다.

System A의 Reservoir내의 유압유가 줄어들면서 왼쪽 Stand Pipe의 위까지 차있다.

[HYDRAULIC SYSTEM HYDRAULIC-2]의 Indicator에 22% Full로 표시되며, Electric Motor 에 의해 유압이 공급된다.

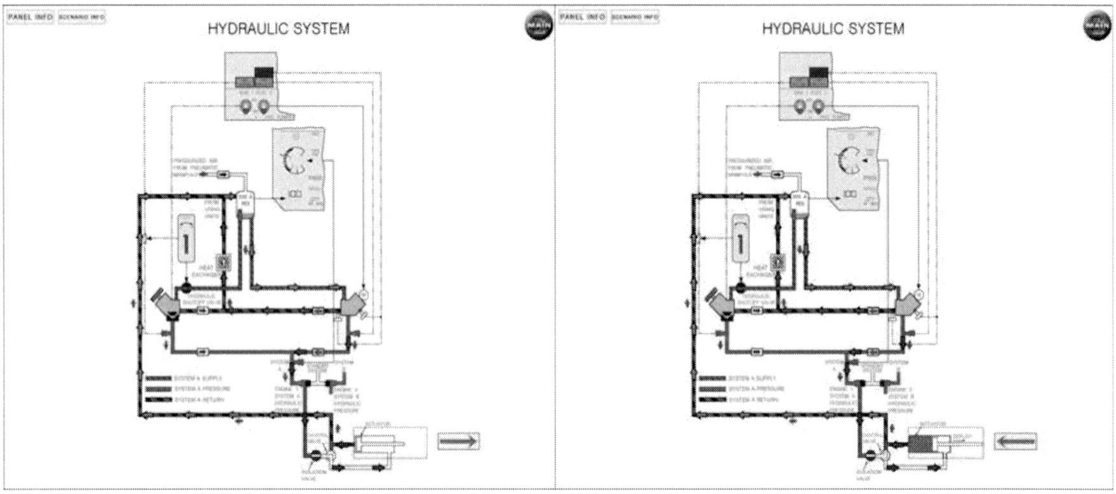

그림 6.15 SYS A LEAKAGE 1 operation

6) Scenario SW3 : SYS B OPERATION

HYDRAULIC SYSTEM B가 OPERATION 중 일 때 유압의 흐름과 ACTUATOR의 작동모습을 화면에 표시한다. 화면의 오른쪽 아래의 파란색 화살표를 클릭하여 작동기의 움직임과 유압 흐름을 이해한다.

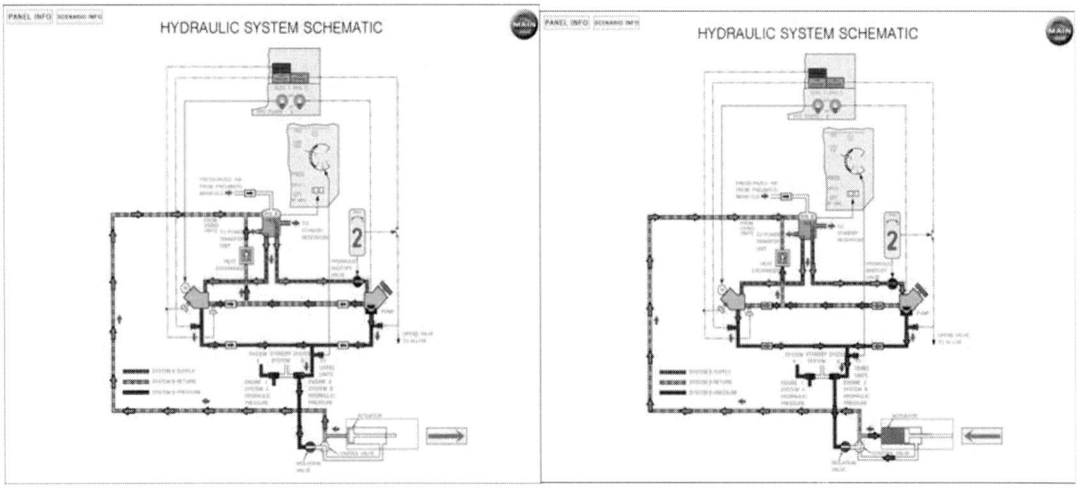

그림 6.16 SYS B OPERATION

7) Scenario SW4 : SYS B LEAKAGE 1

System B Leakage인 경우이다. Engine Driven Pump 혹은 관련 유압 Line이 Leakage로 System B 내의 유압유가 줄어들면서 오른쪽 Stand Pipe의 위까지 차있다. 이때 유압유는 [HYDRAULIC SYSTEM HYDRAULIC-2]의 Indicator에 40% Full로 표시되며, Electric Motor에 의해 유압이 공급된다.

- SYS B의 RES 내의 유압유가 줄어들면서 오른쪽 Stand Pipe의 위까지 차 있음.

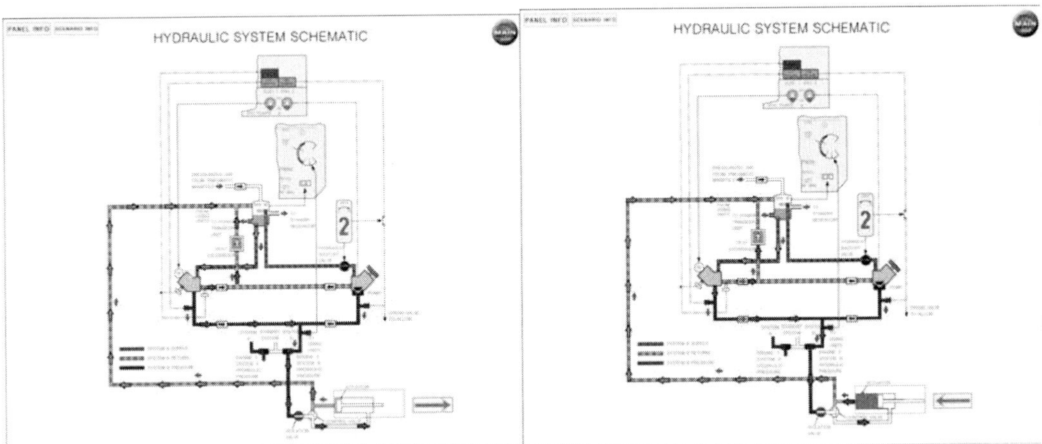

그림 6.17 SYS B LEAKAGE 1 operation

- HYDRAULIC INDICATOR에 40% Full 표시 됨

- HYCRAULIC CONTROL의 ELECTRIC MOTOR에 의해 유압 공급됨

8) Scenario SW5 : SYS B LEAKAGE 2

Electric Motor Pump 혹은 관련 유압 Line이 Leakage인 경우이다. System B Reservoir 내의 유압유는 왼쪽 Stand Pipe 높이까지 차있으며, Power Transfer Unit의 Pump에 의해 유압이 공급된다.

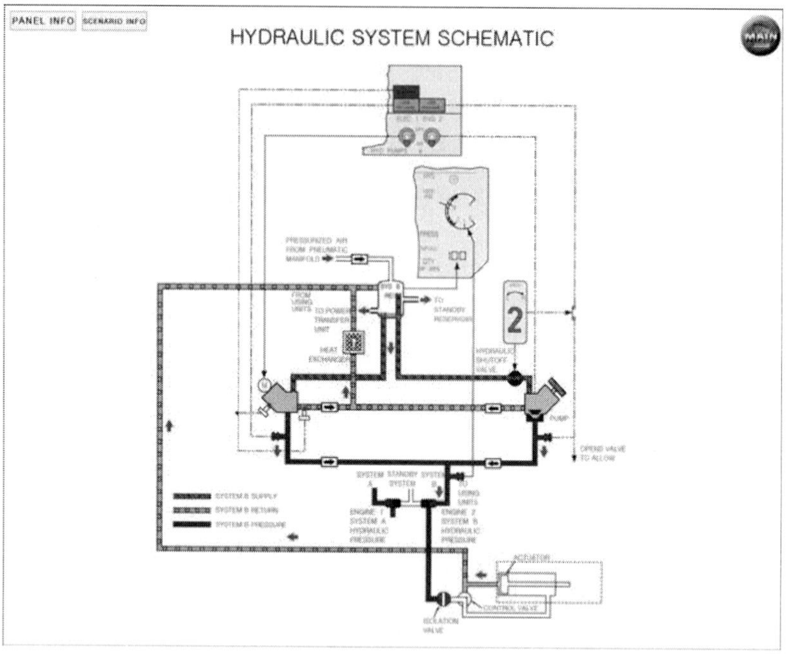

그림 6.18 SYS B LEAKAGE 2 operation

• POWER TRANSFER UNIT에 의해 유압 공급 됨

9) Scenario SW6 : SYS B HYDRAULIC PRESSURE LOW

System B의 Engine Driven Pump출구의 압력이 제한치 보다 떨어지는 경우, 이 신호를 받아 PTU Control Valve가 Open, System A의 유압이 PTU Control Valve를 거쳐 Power Transfer Unit의 Hydraulic Motor를 구동시키고, 이 Motor에 의해 PTU 내의 Pump를 구동시켜 유압을 공급한다.

- PTU CONTROL VALVE OPEN
- SYSTEM A의 유압이 PTU CONTROL VALVE를 거쳐 POWER TRANSFER UNIT의 Hydraulic Motor를 구성시키고, 이 Motor에 의해 PTU 내의 Pump를 구동시켜 유압을 공급함.

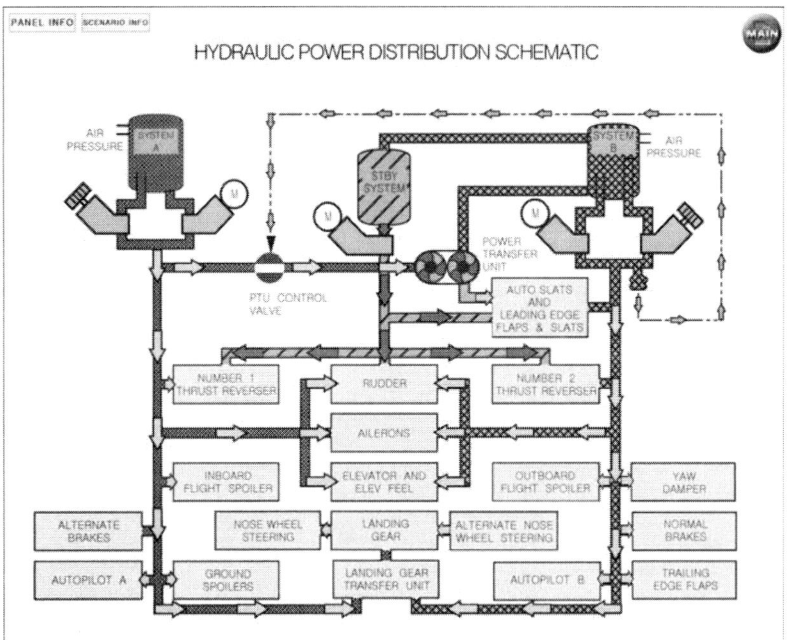

그림 6.19 SYS B HYDRAULIC PRESSURE LOW

10) Scenario SW7 : SYS A AND/OR SYS B PRESSURE LOSS

System A and/or System B Pressure Loss인 경우이다. System A and/or System B가 정지되고 Stand by System 작동되어 Motor가 작동되고, Valve가 Open되어 유압이 공급된다. 이와 관련하여 [HYDRAULIC SYSTEM HYDRAULIC-2]내의 FLT Control A/B의 SW를 STBY RUD위치로 전환시키는 것과 ALTERNATE FLAPS SW를 ARM으로 전환시키는 것이 있다.

- STANDBY SYSTEM 작동되면서 유압을 공급함.(Mortor 작동, Valve Open)
- FLT CONTROL A/B의 Switch를 STBY RUD 위치로 전환 시킬 때 작동 흐름 표시

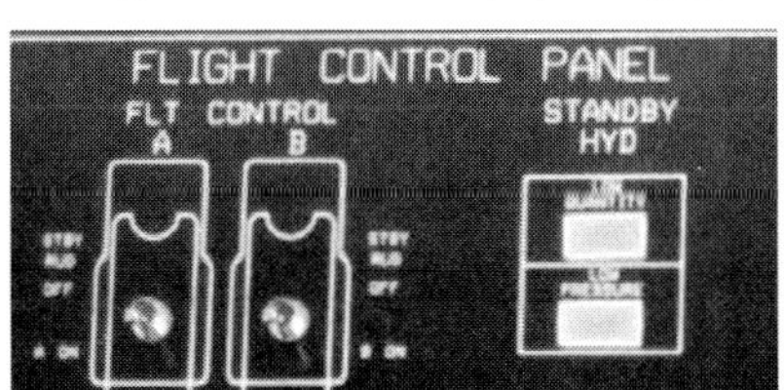

• ALTERNATE FLAPS Switch를 ARM으로 전환 시킬 때 작동 흐름 표시

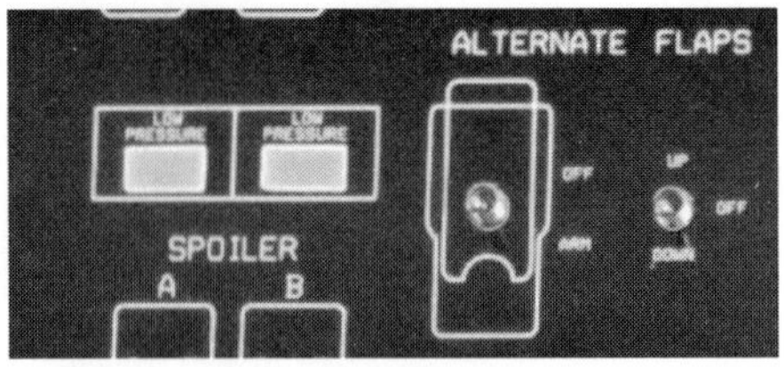

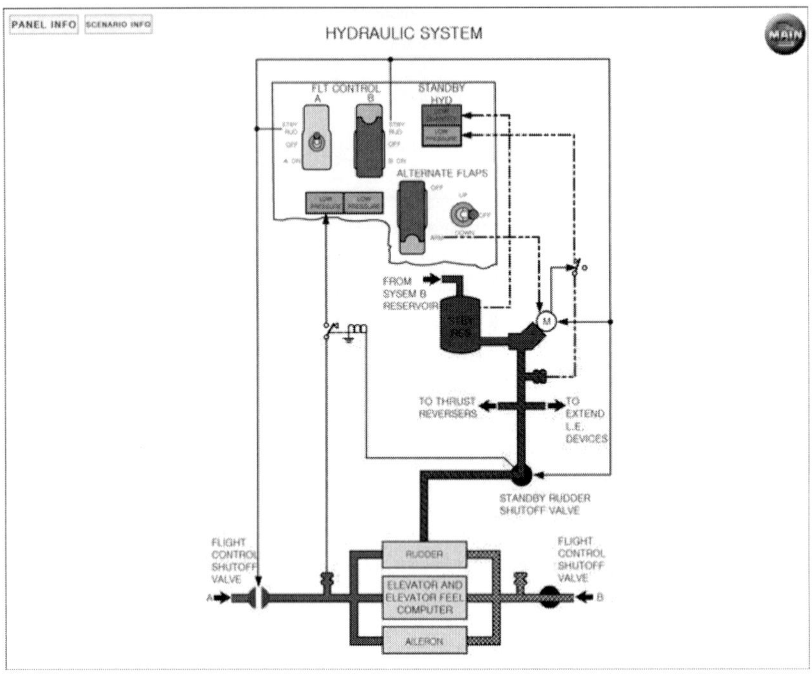

그림 6.20 SYS A AND/OR SYS B PRESSURE LOSS

11) Scenario SW8 : ROLL CONTROL

Flight control wheel을 좌우로 움직여 roll control을 실행한다. Normal Operation시 화면에서 Aileron, Flight Spoiler가 작동되며, 유압 공급을 표시한다.

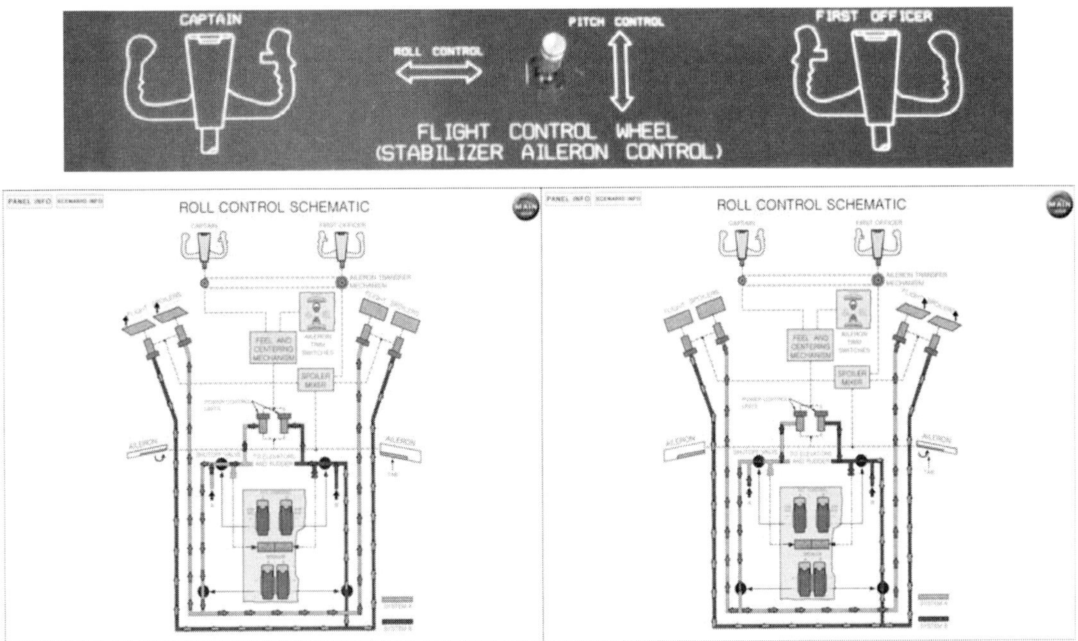

그림 6.21 Roll control

12) Scenario SW9 : HYDRAULIC POWER LOSS

Hydraulic Power가 Loss인 경우(In case of hydraulic power loss)이다. [HYDRAULIC SYSTEM HYDRAULIC-2]내의 CAPTIN 또는 FIRST OFFICER가 핸들을 돌리는 방향에 따라서 정상적인 유압은 차단되고 녹색선의 Mechanical Control로 전환되는 것을 나타내고 있다.

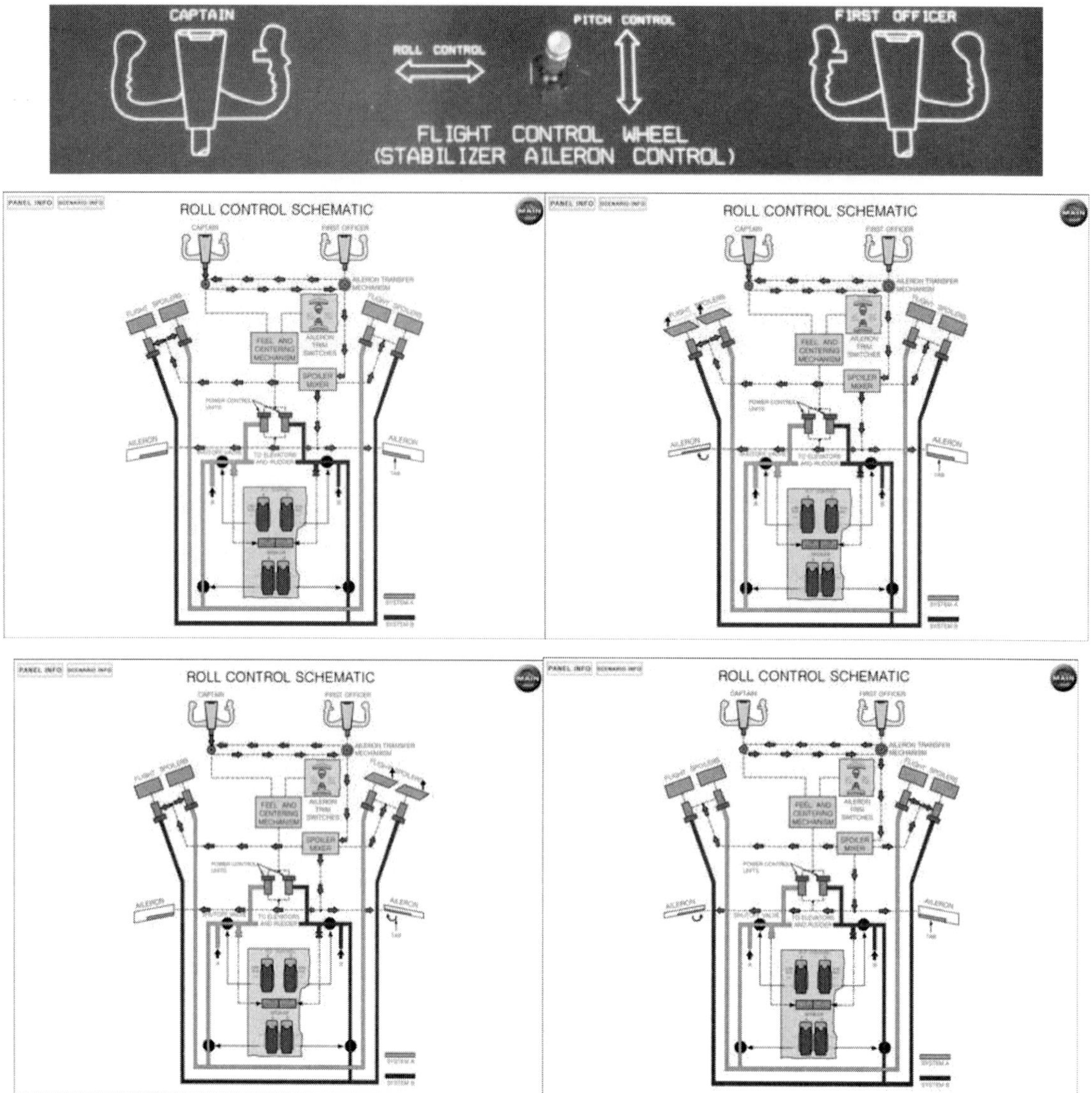

그림 6.22 HYDRAULIC POWER LOSS

13) Scenario SW10 : PITCH CONTROL

Flight control wheel을 상하로 움직여 roll control을 실행한다. Normal Operation 상황으로 Elevator가 움직이는 것을 표시한다.

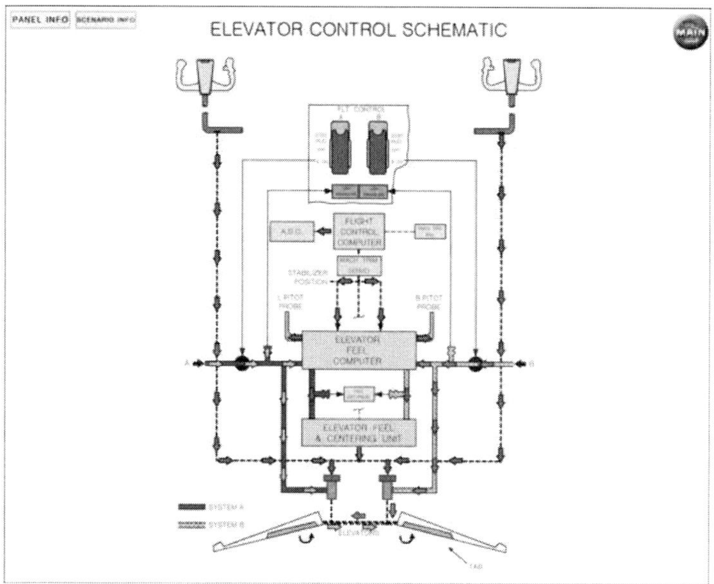

그림 6.23 PITCH CONTROL

14) Scenario SW11 : YAW CONTROL

Yaw control 레버를 위아래로 움직여 본다. YAW Control을 이용하여 Rudder의 좌우 움직임을 조절하는 것을 나타낸다.

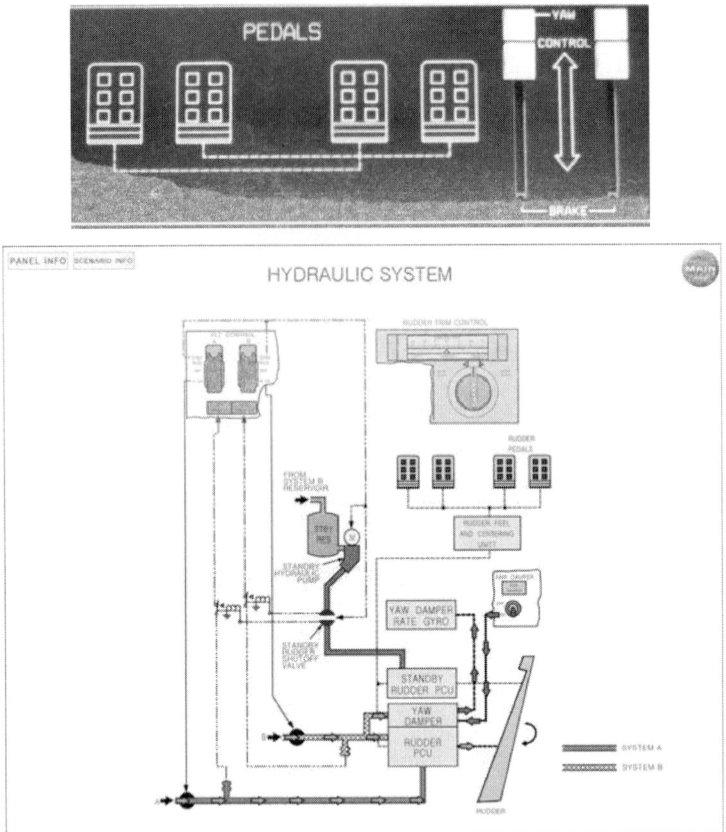

그림 6.24 Yaw control

15) Scenario SW12 : YAW CONTROL STANDBY SYSTEM

Abnormal/Emergency Operation 중에 STBY Hydraulic Pump의 작동과정을 나타낸다. 이와 연관하여, Standby System으로 Motor가 작동되고, Valve가 Open되어 유압이 공급되는 것을 나타낸다.

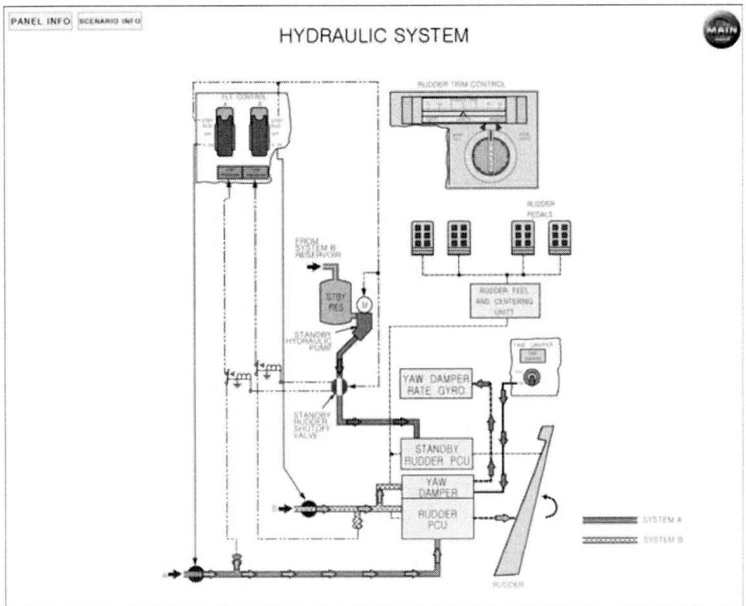

그림 6.25 YAW CONTROL STANDBY SYSTEM

16) Scenario SW13 : SPOILER

Spoiler 레버를 위아래로 움직여 본다. Normal Operation 상황으로 유압(분홍색, 주황색)과 신호(보라색, 녹색)를 화면에 표시

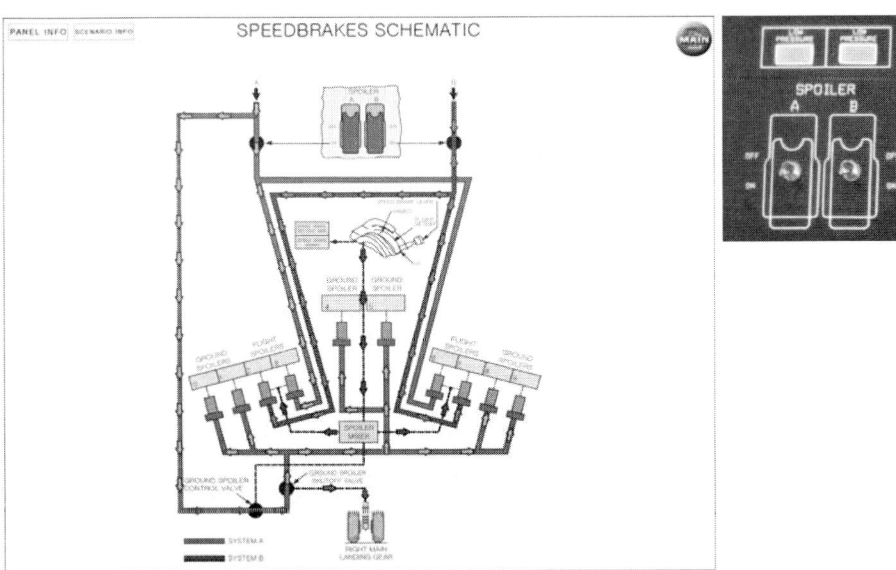

그림 6.26 SPOILER operation

17) Scenario SW14 : TRAILING EDGE FLAPS

Flap 레버를 위아래로 움직여 본다. Normal Operation 상황으로 분홍색, 주황색은 유압의 흐름, 신호는 보라색과 녹색으로 표시

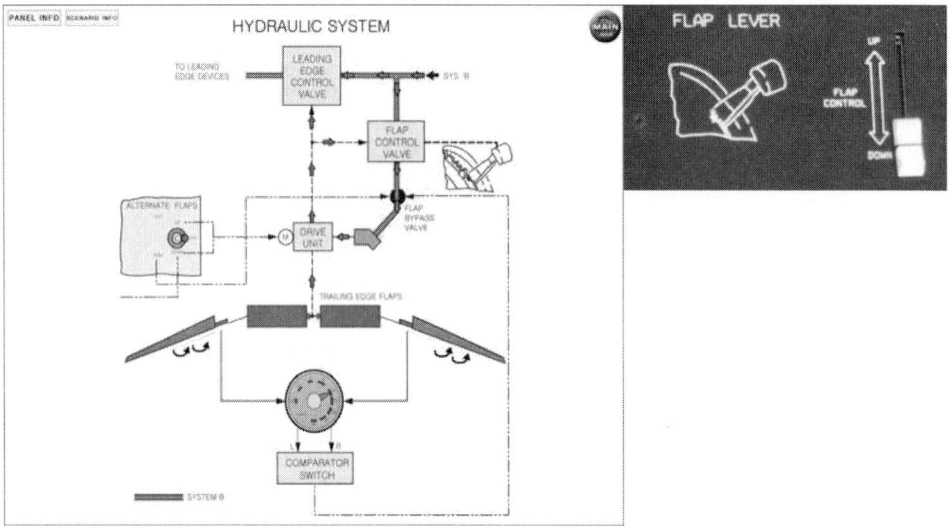

그림 6.27 TRAILING EDGE FLAPS operation

18) Scenario SW15 : LEADING EDGE DEVICES

Normal Operation 상황으로 분홍색, 주황색은 유압의 흐름, 신호는 보라색과 녹색으로 표시

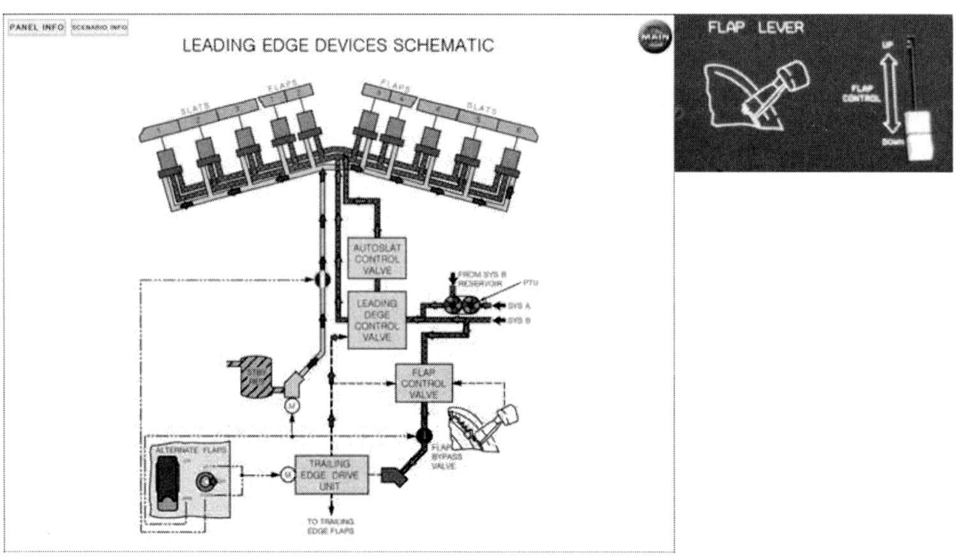

그림 6.28 LEADING EDGE Flap operation

19) Scenario SW16 : THRUST REVERSER

Thrust 레버를 위 아래로 움직여 본다. Reverse Thrust(Stowed, Deployed) 위치로 좌우 움직임을 화면에 표시

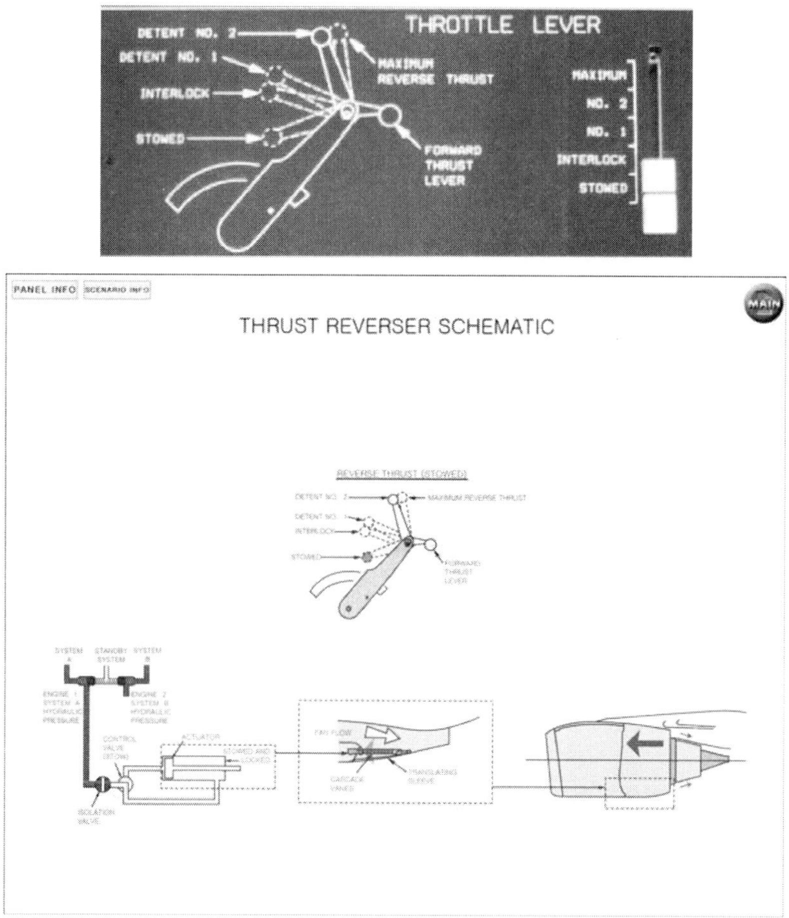

그림 6.29 THRUST REVERSER operation

6.4 착륙계통(Landing gear) 실습

착륙계통 실습을 위한 모듈은 HYDRAULIC-2 모듈의 좌측 하단(붉은색 점선 박스)에 있다.

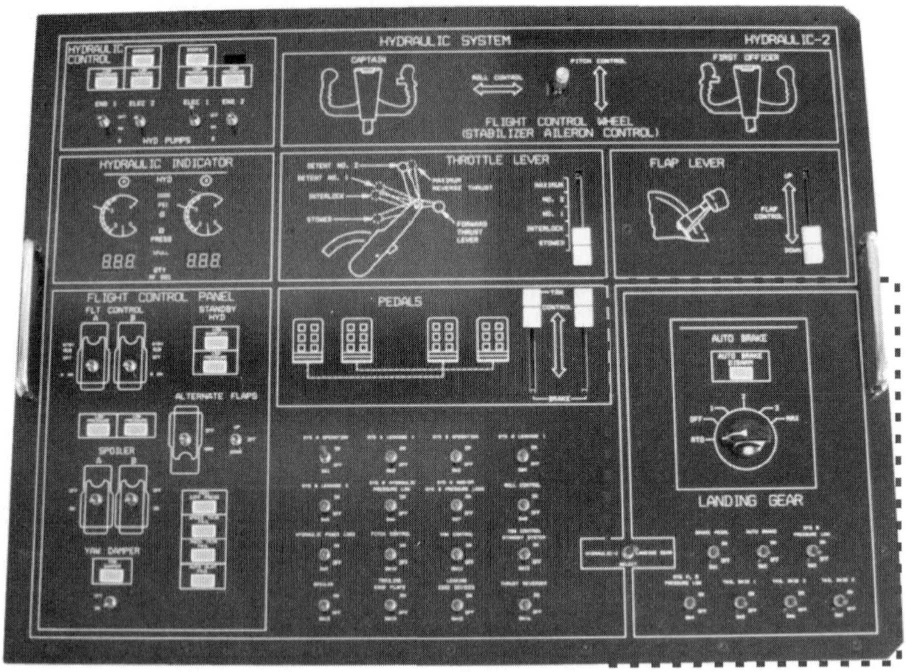

그림 6.30 착륙계통 모듈

<table>
<tr><td>AUTO BRAKE</td><td>SCHEMATIC, COMPONENT</td></tr>
<tr><td rowspan="3">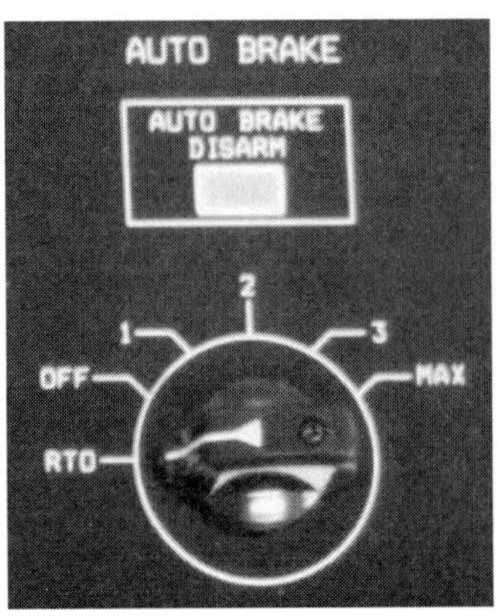
</td><td>해당 없음</td></tr>
<tr><td>SCENARIO SWITCH</td></tr>
<tr><td>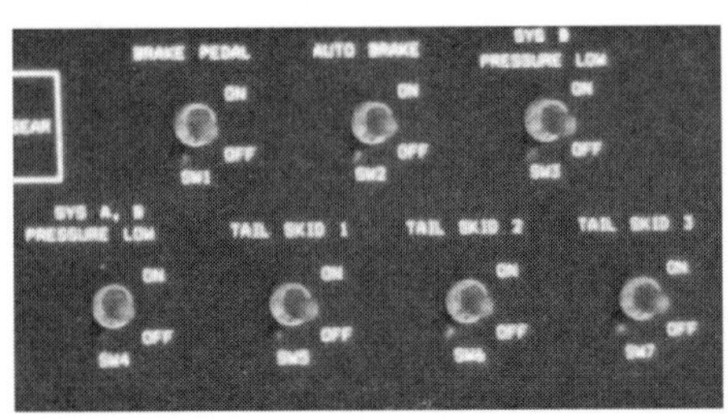
</td></tr>
</table>

그림 6.31 LANDING GEAR SYSTEM MODULE 각 부의 명칭

번호	scenario switch 명칭
SW1	BRAKE PEDAL
SW2	AUTO BRAKE
SW3	SYS B PRESSURE LOW
SW4	SYS A, B PRESSURE LOW
SW5	TAIL SKID

표 6.3 착륙계통 scenario switch

1) 베이스에 그림 6.30의 HYDRAULIC-2 모듈을 장착한 후 전원 스위치를 켠다.
2) 모듈 좌측 하단에 있는 SCENARIO SWITCH의 위치를 OFF에 놓는다.

SCENARIO SWITCH NAME

- Scenario SW1 : BRAKE PEDAL
- Scenario SW2 : AUTO BRAKE
- Scenario SW3 : SYS B PRESSURE LOW
- Scenario SW4 : SYS A, B PRESSURE LOW
- Scenario SW5 : TAIL SKID 1
- Scenario SW6 : TAIL SKID 2
- Scenario SW7 : TAIL SKID 3

3) 화면 좌측 상단에 있는 Panel INFO 항목을 클릭하면 실습을 진행하기 전에 모듈에 있는 각 스위치의 초기 위치를 확인할 수 있다.
4) Scenario SW1 : BRAKE PEDAL

Brake Pedal를 밟는 정도에 따라 BRAKE METERING VALVE OPEN 정도가 달라진다. SYSTEM B의 Hydraulic Pressure가 흐르는 방향을 표시한다. Brake Pedal 밟는 정도에 따라 Brake Metering Valve 아래쪽의 유압 색깔을 다르게 표시한다.

많이 밟으면 – 붉은색
중간 – 주황색
덜 밟으면 – 노란색

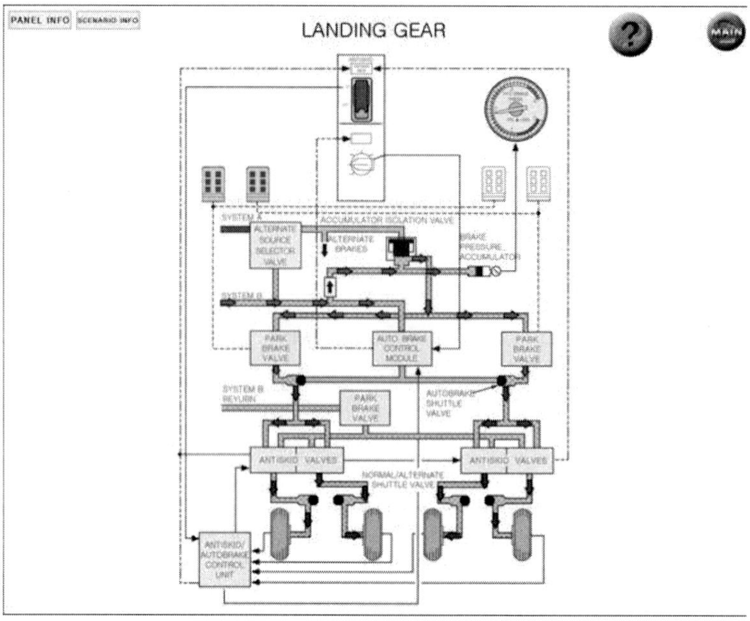

그림 6.32 Brake pedal operation

5) Scenario SW2 : AUTO BRAKE

- Auto Brake Switch를 1, 2, 3, Max 위치로 전환하면, Auto Brake Shuffle Valve가 좌에서 우로, 우에서 좌로 이동한다.
- AUTO BRAKE CONTROL MODE을 통해 유압이 전달된다.
- Switch 1, 2, 3, Max로 가면서 AUTO BRAKE CONTROL MODULE 아래의 유압의 색깔이 변경된다.

  1 : 연두색 2 : 노란색 3 : 주황색 MAX : 붉은색

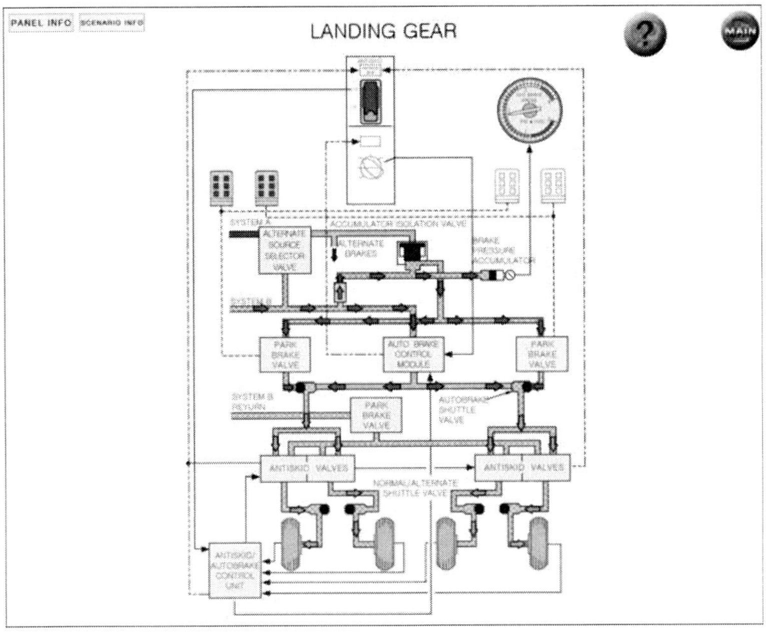

그림 6.33 Auto brake operation

- Question(Popup Message)
  "Alternate Source SYSTEM A에 대해서 설명하시오."

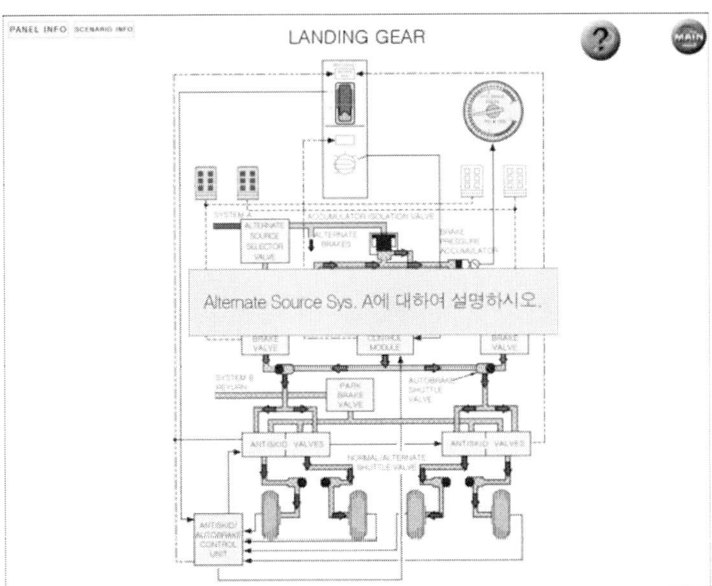

그림 6.34 Pop up question

6) Scenario SW3 : SYS B PRESSURE LOW

System B가 Pressure Low인 경우이다. 이와 같은 경우 System A로부터 Pressure를 공급받으며, Accumulator Isolation Valve가 Close되면서 Brake Pressure Accumulator Pressure Leakage를 차단한다.

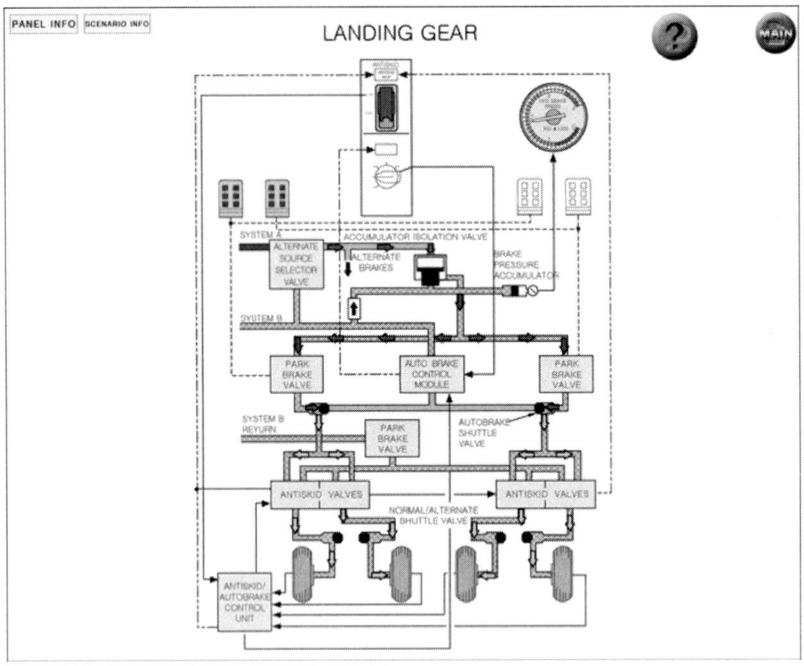

그림 6.35 SYS B PRESSURE LOW

- Question(Popup Message)
  "Check Valve의 역할은?"

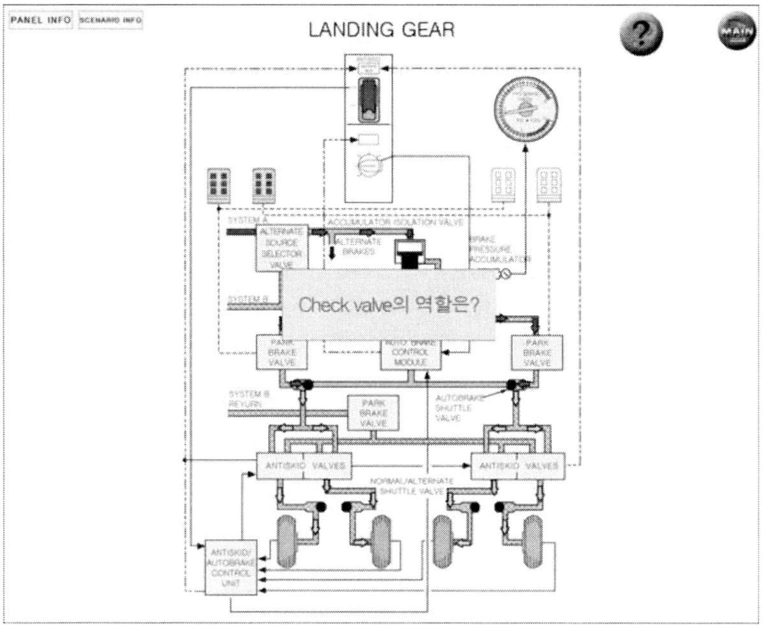

그림 6.36 Pop up question

7) Scenario SW4 : SYS A, B PRESSURE LOW

BRAKE PRESSURE ACCUMULATOR pressure가 전달되는 과정을 표시

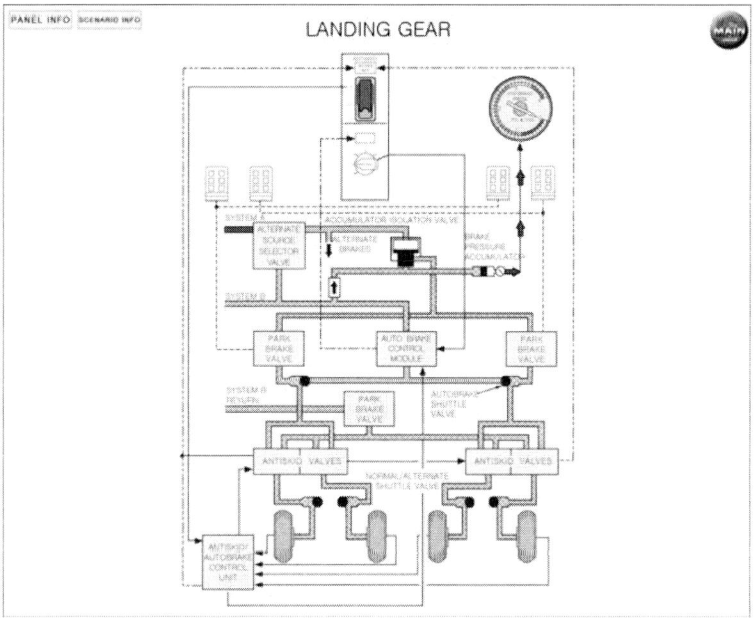

그림 6.37 SYS A, B PRESSURE LOW

8) Scenario SW5 : TAIL SKID 1

- Pop up massgae 내용을 번역하여 조원들과 협의하여 정리한다.

  Popup Message :

  The tail skid assembly consistes of a cartridge assembly, tail skid and fairing (skirt). The forward end of the tail skid is mounted to the fuselage at a pivot. The cartridge assembly secures the aft section of the skid to the fuselage. The fairing provides an enclosure for the actual tail skid structure.

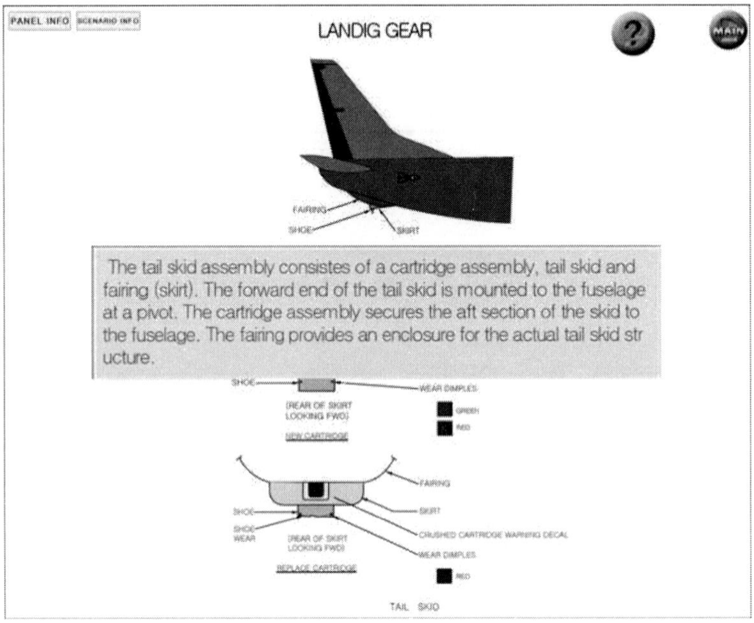

그림 6.38 Tail skid 1 pop up massage

9) Scenario SW6 : TAIL SKID 2

- Pop up massgae 내용을 번역하여 조원들과 협의하여 정리한다.

  Popup Message :

  The tail skid is serviceable when the cartridge warning decal shows both green and red. As the cartridge is crushed, a portion of the green will diswappear from view. When the warning decal is all red, the cartridge must be replaced.

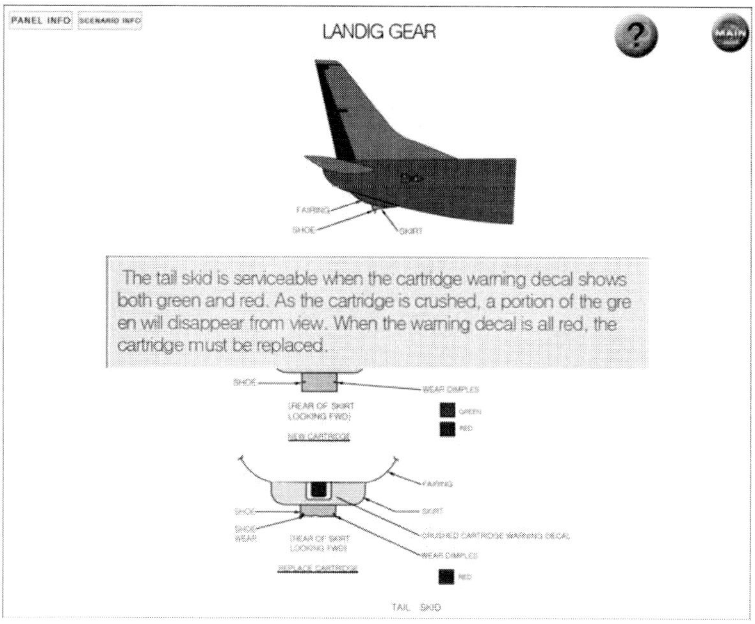

그림 6.39 Tail skid 2 pop up massage

10) Scenario SW7 : TAIL SKID 3

- Pop up massgae 내용을 번역하여 조원들과 협의하여 정리한다.

  Popup Message :

  The cartridge assembly consists of a crushable honeycomb material. When the tail skid strikes the runway the skid moves upward and the honeycomb material crushes. The amount of crushing that has occurred in the cartridge can be observed by viewing the cartridge warning decal at the aft end of the tail skid assembly.

  A shoe is fitted to the bottom of the fairing. The shoe is what contacts the runway in the event of an overrotation. The shoe surface displays "wear dimples" which serve as a reference for shoe replacement.

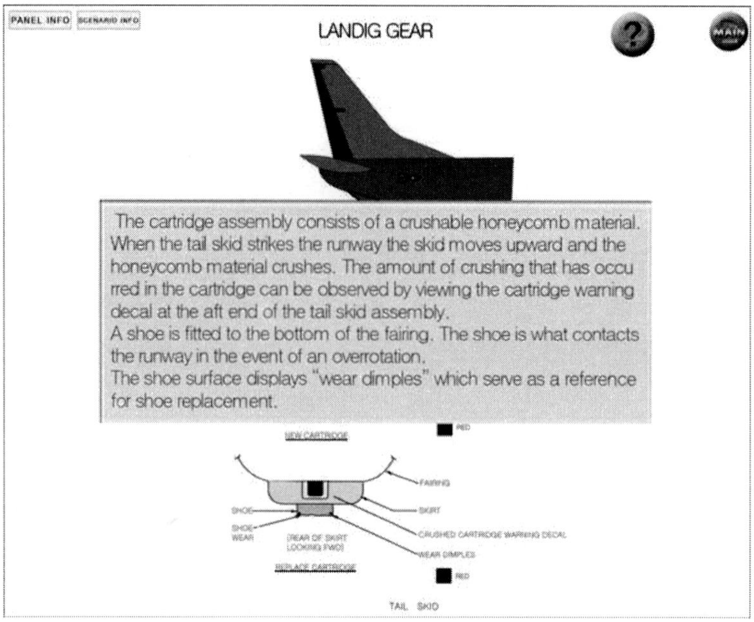

그림 6.40 Tail skid 3 pop up massage

CHAPTER 07

화재 감지/보호 계통

Fire protection system

7 1 화재 감지/보호 계통 개요

항공기에서 화재가 발생하면 연속적인 화염이나 고온의 가스로 인해 기체 구조물이 정상적으로 유지될 수 없기 때문에 매우 치명적인 결과를 가져온다. 화재가 시작될 수 있는 가장 첫 번째 장소는 엔진주위이다. 화재는 엔진의 기계적인 손상으로 인해 엔진의 파손이나 과열을 야기하고 파이프나 엔진 케이스의 파열은 누설된 연료가 기체 구조물에 부딪혀 뜨거운 표면에 접촉하면서 화재를 유발시킬 수가 있다.

항공기에는 많은 양의 연료와 풍부한 공기 그리고 고온의 표면 등과 같이 화재를 유발시킬 수 있는 충분한 요인들을 가지고 있다. 따라서 항공기에는 두말할 나위 없이 화재의 위험을 줄이고, 연료가 누설되는 것을 방지하는 여러 가지 조치들을 취해 놓고 있다. 그럼에도 불구하고 화재를 감지하고 화재를 제압하는 장치들을 추가로 설치하고 있다.

항공기에서 화재 감지장치는 보통 다음과 같은 지역에 설치되어 있다.

- 항공기 연료를 사용하는 엔진이나 보조동력장치(APU) 주변
- 화물, 수화물 적재공간(cargo and baggage compartments)
- 여객기의 화장실(lavatory)
- 전자장비실(Electronic bays)
- 착륙기어실(wheel wells)
- 블리드 공기 덕트(bleed air ducts)
- 주기어박스(main gear box)

7.1.1 화재/과열 감지 센서 종류

항공기에서는 화재나 과열조건을 감지하기 위해 여러 가지 다양한 종류의 감지장치를 사용하고 있다. 항공기의 엔진이나 크기에 따라 장착하는 감지장치는 달라질 수 있다. 다음은 항공기에서 사용하는 감지장치들이다.

- Rate-of-temperature rise detectors
- Radiation sensing detectors
- Smoke detectors
- Overheat detectors
- Carbon monoxide detectors
- Combustible mixture detectors
- Optical detectors
- Flame detectors

7.1.2 화재 감지장치

화재 감지장치는 항공기에서 화재가 날 우려가 가장 높은 지점에 설치하며 주요 설치지점은 앞 절에서 설명하였다. 보통 화재 감지장치는 개별형(discrete type)으로 thermal switch, thermocouple 그리고 연속형(continuous type)으로 continuous loop 장치를 가장 많이 사용한다. 감지장치의 구성은 보통 개별형 혹은 연속형 온도 측정장치, 제어장치와 항공기의 경고장치로 되어 있다. 온도 측정장치는 여러 지점에 개별적으로 설치하여 화재가 난 장소를 쉽게 인지할 수 있도록 설치하게 된다.

▌개별형 감지장치(discrete type)

1) Thermal switch system

현재도 오래된 많은 항공기에서 아직도 사용하고 있는 방식이다. 온도 감지센서는 그림 7.1에서 보듯이 바이메탈로 구성되어 있어 화재가 나서 설정된 온도 이상으로 올라가는 경우 바이메탈이 서로 접촉하게 된다. 센서의 배치는 여러 개의 센서를 원하는 지점에 설치하고 서로 직렬로 연결시켜 놓는다. 이때 설치 지점에 따라 설정 온도를 달리할 수 있다. 만일 화재가 나면 해당 지역의 센서 바이메탈이 접촉하게 되면서 경고등이 점등되도록 전기회로가 구성된다. 센서별로 경고등을 설치하거나 하나의 경고등에 여러 센서를 연결하기도 한다.

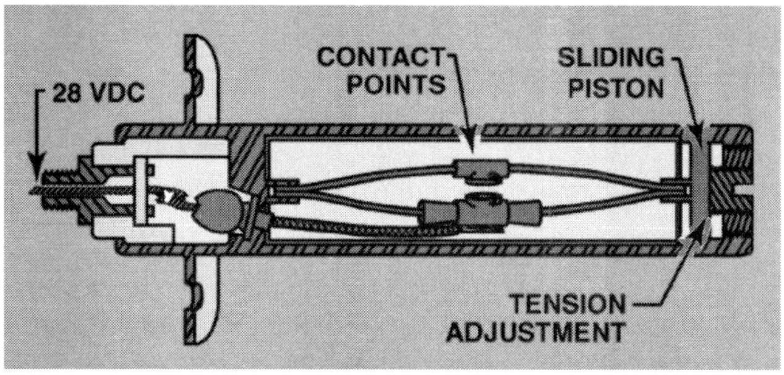

그림 7.1 Thermal switch sensor

2) Thermocouple system

이 방식은 특정 온도 이상의 조건에서 감지하는 thermal switch system과 달리 온도의 상승률(rate of temperature rise)을 기준으로 화재감지를 하게 된다. 이 시스템의 구성은 그림 7.2에서 보듯이 relay box, warning lights, thermocouple로 이루어져 있다. 그리고 relay box에는 sensitive relay와 slave relay로 구성되어 있다. 일반적으로 thermocouple은 두 개의 다른 금속의 접합체로 이루어져 있으며 두 개의 junction으로 구성된다. 두 개의 금속이 접합되는 지점인 hot junction은 화재에 직접 노출되어 화재를 감지하는 active thermocouple의 역할을 하고 reference junction은 단열된 별도의 공간에 설치된 reference thermocouple로 되어 있다. 만일 화재가 발생하여 온도가 급격하게 상승하게 되면 active thermocouple과 reference thermocouple 사이에 온도 상승률 차이가 발생하기 때문에 전압이 발생된다. 이때 차이가 발생하는 이유는 reference thermocouple은 단열된 장소에 설치되어 온도 변화가 상대적으로 완만하게 일어나기 때문이다. 만일 두 개의 thermocouple 온도 상승률이 동일하다면 전압은 발생하지 않는다. 온도 상승이 급격하여 두 개의 junction사이의 온도 상승률이 다르다면 전압이 발생하고 이 전압은 화재감지장치 회로에 전류를 유발시킨다. 전류의 크기가 4mA보다 크면 sensitive relay가 작동하고 이는 slave relay쪽으로 전원이 공급 가능하도록 만들어 준다. 이때 slave relay가 동작하여 스위치가 닫히게 되면 warning light를 점등시키게 된다.

개별 감지장치가 가지는 thermocouple의 개수는 화재지역의 크기와 회로의 저항값에 따라서 결정하며, 회로의 저항(total circuit resistance)값은 보통 5오옴(ohms)이 넘지 않는다. 그리고 Slave relay의 두 끝단을 연결하는 저항을 설치하는데 이는 relay coil에서 유도되는 전압(self-induced voltage)을 흡수하여 sensitive relay에서 발생할 수 있는 아크(arcing)에 의한 손상을 방지하기 위함이다.

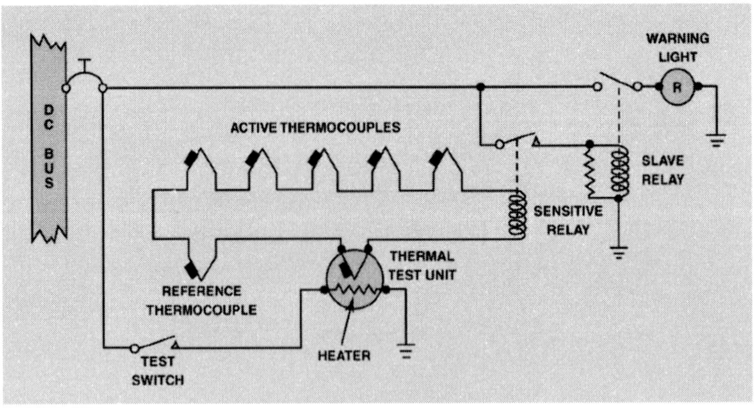

그림 7.2 Thermocouple system의 구성

▌연속 루프형 감지장치(continuous loop system)

연속 루프형 감지센서(continuous loop type sensor)는 둥근 튜브 형태의 금속 동축 센서이며 외관상 하나의 굵은 철사선 형태를 가지고 있다. 이 감지센서를 엔진 주변에 설치하고 화재로 인해 온도가 상승하면 센서의 전기적 저항 특성이 변하게 되어 있다. 이 특성변화를 제어장치가 감지하여 경고 회로로 신호를 보내게 된다. 민간 여객기에서는 이 방식의 센서를 대부분 사용하며 감지 성능이 우수하고 현대의 터보팬 엔진 항공기의 가혹한 운용조건에서도 잘 작동하는 장점이 있으나 정비에 불편한 점이 있다.

앞서 설명한 개별형 감지장치에 비해 보다 넓은 화재 가능지역을 감지할 수 있으며, thermistor type detector(Kidde, Fenwall사 제품)와 pneumatic pressure detector(Systron -Donner 혹은 Meggitt safety systems사 제품)와 같은 두 가지 형태의 감지센서가 대표적으로 많이 사용되고 있다.

1) Fenwall system

Fenwal사에서 제작하는 센서는 그림 8.4에서 보듯이 inconel로 된 튜브형의 가느다란 와이어(wire) 형태로써 안에는 니켈(nikel) 동축 와이어(coaxial wire)가 있고 동축 와이어와 바깥 inconel 피복 사이에는 저항 값이 온도에 민감한 물질인 eutectic salt로 채워져 있다. 일반적인 물질은 온도와 물질의 저항값이 비례하는데 반해 이 물질은 음의 온도저항계수(negative temperature coefficient of resistance)를 가지고 있어 온도가 상승하면 저항 값이 작아진다. 이 센서는 하나의 와이어로 구성되면서 센서 길이방향으로 길이(length)와 온도설정이 다른 개별 센서 요소로 구성할 수 있다. 특정 지역에서 화재나 과열이 발생하면 해당 지점의 eutectic salt 저항이 급격하게 떨어지게 되고 이때 중심의 니켈과 바깥쪽의 inconel 피복사이로 전류

(current)가 흐르게 된다. 이 전류는 제어장치로 전달되고 화재경고를 발령시키게 된다. 만일 화재가 진압되거나 온도가 센서의 설정 온도 이하로 내려가면 자동적으로 원래의 상태로 복원되어 다시 화재를 감지하는 상태가 된다.

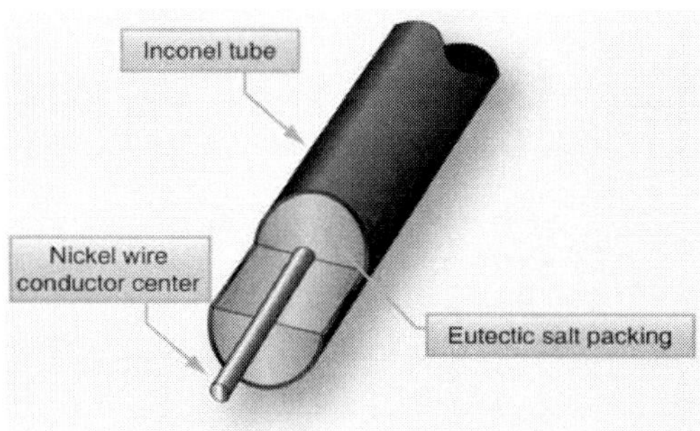

그림 7.3 Fenwal system

2) Kidde system

그림 7.4에서 보는 것처럼 Kidde사에서 제작한 센서는 튜브 형태이며 안쪽에는 와이어(wire) 형태의 두 개의 전도체(conductor)가 있고 이 사이에는 세라믹(ceramic) 형태의 써미스터(thermistor)가 채워져 있다. 써미스터 물질은 평상 온도에서는 저항이 매우 크지만 온도가 상승하면 급격히 저항이 작아진다. 이런 온도에 따른 저항의 변화를 제어장치가 감지하여 경고회로를 작동시키게 된다. 두 개의 전도체중 하나는 튜브에 연결되어 접지(ground connection)되고 다른 하나는 제어장치에 연결되어 있다. 화재나 과열로 인해 온도가 올라가면 써미스터 저항이 감소하면서 접지 쪽의 저항이 감소한다. 제어장치는 감소된 저항을 감지하여 설정된 값보다 낮아지면 과열 경보를 내고 저항이 더 낮아지면 화재 경보를 발생시키게 된다. 일반적으로 과열경보를 발령하는데 10초 정도의 지연(time delay)이 있다. 저항의 변화율로 회로의 단락(short)과 화재를 구분할 수 있는데 전기적 단락의 경우 저항의 감소율이 화재의 경우보다 매우 크다. 어떤 항공기에서는 이 센서 원리를 이용하여 엔진 나셀(nacelle)의 온도를 측정하여 항공기 상태를 감시하는 기능(airplane condition monitoring)에 사용되기도 한다.

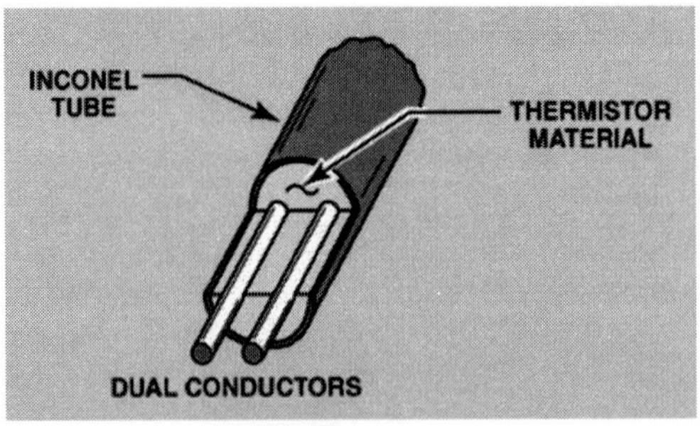

그림 7.3 Kiddie system

3) Pressure type continuous loop systems

소형 터보프롭 엔진 항공기 중에서 이 방식을 채택하여 사용하고 있는데 주로 엔진의 화재를 감시하는데 주로 사용하고 있다. 감지 센서는 기체법칙의 원리(principles of gas law)를 이용한 것으로 밀폐된 튜브 형태를 가지고 있다. 온도가 올라가면 내부의 기체 압력이 올라가면 경고회로가 작동되도록 되어 있어 별도의 제어장치는 필요하지 않다. 이 감지 센서는 제작사의 이름으로 널리 알려져 있으며 제작사의 명칭은 Lindberg, Systron-Donner, Meggit safety system 등이 있다.

그림 7.5에서 보듯이 센서 구조는 스테인레스 튜브(stainless teel tube) 내부에 수소가스를 충전 및 방전할 수 있는 티타늄(titanium) 와이어(wire)와 스테인레스 튜브사이에 헬륨(helium) 가스로 충전되어 있다. 이 센서에는 두 가지의 작동모드(operation mode)가 있는데 전체 센서에 걸리는 평균온도에 따라 작동하는 기능(averaging function)과 특정 지점(local point)에서의 온도로 작동하는 기능(discrete function)이 있다.

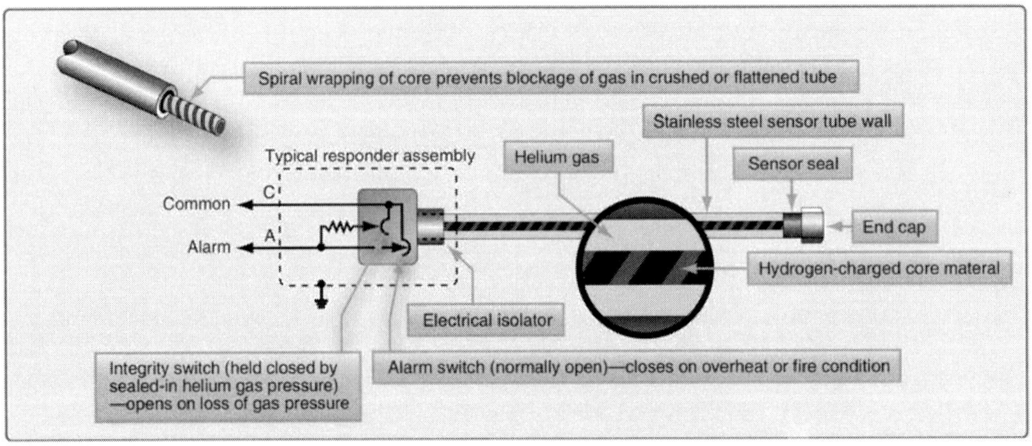

그림 7.5 Pressure type sensor

• 평균 온도에 의한 작동(Averaging function)
  센서 전체의 평균온도에 따라 작동하는 기능으로써 온도가 올라가면 헬륨의 압력이 올라가고 높아진 압력은 responder assembly의 pressure diaphragm을 움직여 알람스위치를 연결시킨다. 보통 설정 가능한 평균 온도는 200°F(93℃)에서 850°F(454℃) 범위이다. 온도가 내려가면 압력이 낮아져 알람스위치는 원래의 상태로 복원된다.

• 국부 온도에 의한 작동(Discrete function)
  이 기능은 특정 위치에서 화재나 과열로 인해 센서에 설정된 온도 이상으로 온도가 상승하면 수소로 채워진 core material에서 수소가 발생된다. 이 수소는 센서 내부의 압력을 상승시켜 앞서의 설명처럼 pressure diaphragm을 움직여 알람스위치를 작동시키게 된다. 역시 온도가 내려가면 방출됐던 수소가 다시 core material로 다시 충전되면서 압력이 내려가고 알람스위치는 원래의 상태로 복원된다.

지금까지 설명한 개별형이나 연속형 루프 센서 모두 과열이나 화재를 감지할 수 있으나 손상되기 쉬운 민감한 센서이다. 화재나 고온의 가스로 인해 센서나 회로선이 쉽게 타 버릴 수 있는데, 이런 경우가 발생하면 경고회로는 꺼지지 않도록 해야 한다. 또한 반대로 화재가 나지 않았다면 경고회로는 작동하지 않아야 한다. 이렇게 하는 이유는 전자의 경우 화재로 인한 센서의 손상으로 인해 경고회로가 꺼진 것임에도 불구하고 조종사로 하여금 화재가 진압된 걸로 착각할 수 있기 때문이며, 후자는 거짓 화재에 경고회로가 작동되는 경우 실제 화재가 났을 때도 이를 무시할 수 있는 상황이 올 수 있기 때문이다.

7.1.3 소화제 및 소화기

화재가 발생하면 조종사는 화재를 진압하는 절차를 신속하게 진행해야 한다. 우선 엔진을 정지하고 연료를 차단시키면서 소화제(extinguishing agent)를 분사시킨다. 소화제는 보통 할론(halon) 종류로서 BCF(BromcoChloro-diFluoro-methane) 물질이며 한번만 사용하게 되어 있다. 따라서 사용 후에는 재 보충을 해야 한다. 소화제 분사 후에도 화재경고가 계속된다면 민간 항공기의 경우에는 시각적으로 엔진을 살펴보고 군용기 같은 경우는 주변의 항공기에서 판단해서 알려주도록 해야 한다.

소화기는 실린더(cylinder) 형태의 휴대형과 구형(spherical) 형태의 고정형이 일반적이다. 고정형의 경우 HRD system(High Rate of Discharge System)으로 구성하는데 용기에 할론(Halon 1301) 소화제를 저장하고 보통 질소가스(N_2)를 이용하여 가압하여 분출압력으로 이용한다. 용기의 재질은 보통 스테인레스 강(stainless steel)로 제작하고 티타늄(titanium)을 사용하기도 한다. 압력계가 설치되고 과도한 온도 상승으로 인한 압력상승을 막기 위해 temperature/pressure relief valve를 설치한다. 화재 등급별로 적합한 소화기의 식별을 위해 별도의 표시를 한다.

7.1.4 B737 화재 감지/보호 계통

아래 그림 7.6은 B737의 화재/과열 감지시스템 및 소화장치에 대한 사례를 보여주는 그림이다. B737은 엔진, APU, 화물실, 착륙장치 베이(wheel well) 그리고 화장실에 화재/과열 감지장치와 소화장치가 설치되어 있다.

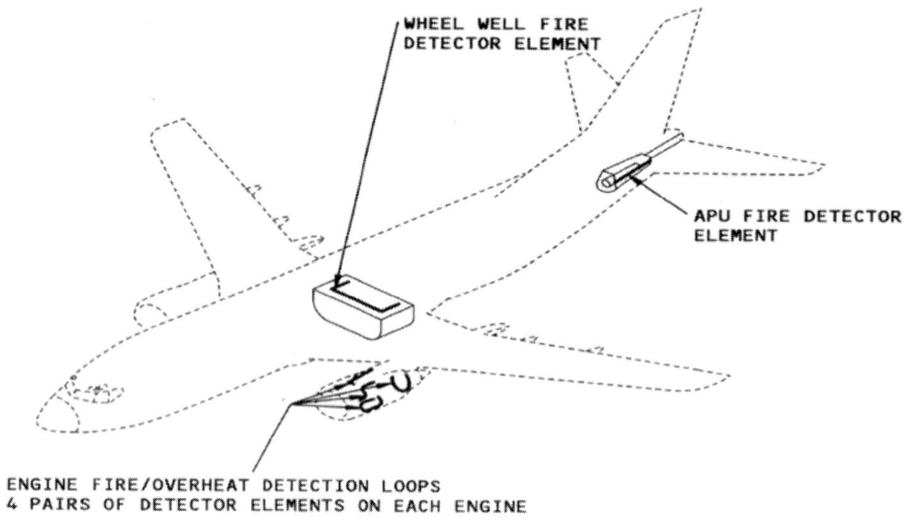

그림 7.6 B737 화재 감지시스템 구성

엔진의 경우 두 개의 루프로 구성된 화재 및 과열 감지 장치가 설치되어 있다. 설정된 온도 이상 올라가면 우선 과열로 감지하고 그 이상 더 높은 설정 온도로 화재를 감지하게 된다. 감지장치의 작동은 보통 2개의 루프중 하나로 작동하는 방법(loop A 혹은 loop B)과 두 개의 루프를 동시에 사용하는 방법(Normal)이 있다. 조종실에서 원하는 방법으로 설정할 수 있으며 감지 시스템에는 고장을 모니터링하는 장치(fault monitoring)가 설치되어 있다. 만일 Normal(2개의 루프 사용) 모드 상태에서 한 개의 루프가 고장나면 자동적으로 고장나지 않은 루프로 전환되어 한 개의 루프로 작동하는 모드로 작동된다. 이때 조종실에는 FAULT light는 점등되지 않는다. 또한 loop A 혹은 loop B중 한 개의 루프로 작동하는 모드로 설정했을 경우 다른 하나의 루프는 화재 및 과열 감지를 하지 않으며, 만일 선택된 루프가 고장 날 경우 조종실에는 FAULT light가 점등되고 더 이상 화재 감지기능은 하지 않게 된다.

엔진에서 화재가 발생했을 경우를 대비해서 2개의 소화장치가 설치되어 있다. 아래 그림 7.7은 엔진 소호장치의 구성을 보여주고 있는 것으로 엔진별로 지정된 소화장치가 있지만 비상시에는 지정된 엔진 이외의 엔진으로도 소화제를 공급할 수 있다.

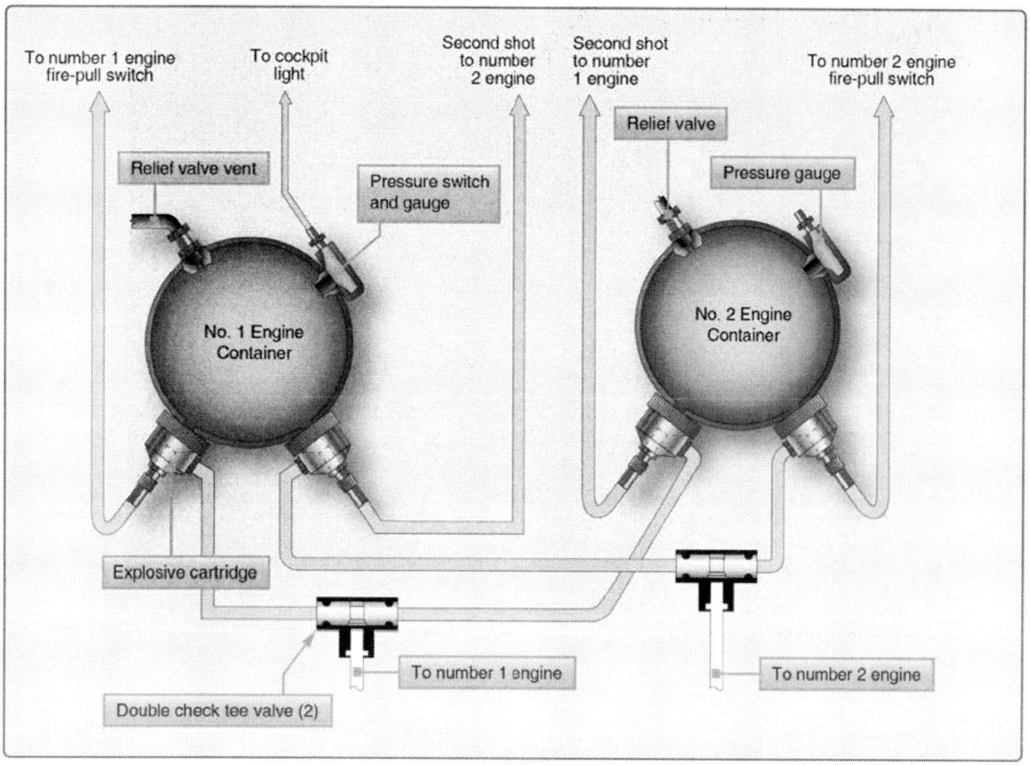

그림 7.7 B737 고정형 엔진 화재 소화기 장치

7.2 화재 감지/보호 계통 실습

화재 감지/보호 계통은 아래의 모듈을 이용하여 실습한다.

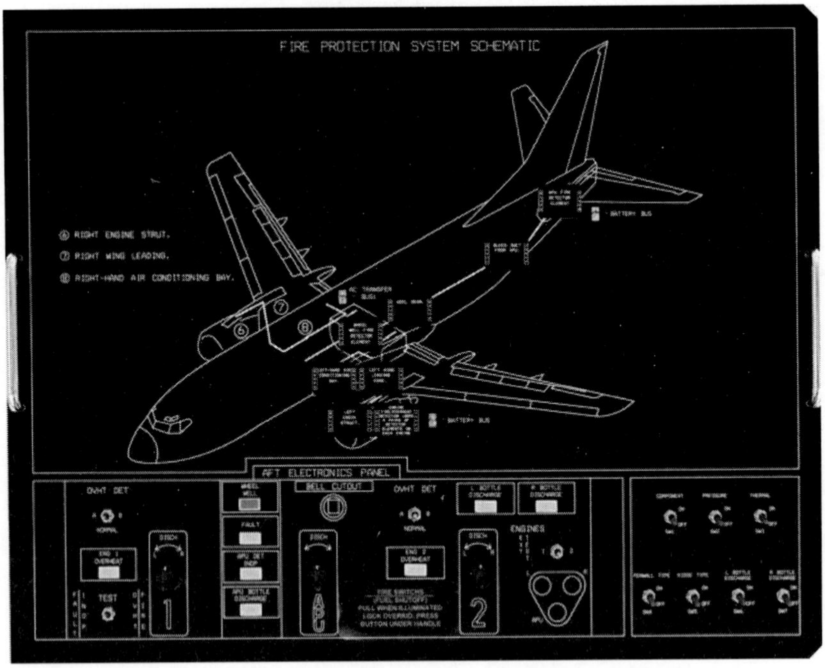

그림 7.8 FIRE PROTECTION SYSTEM MODULE

AFT ELECTRONICS PANEL

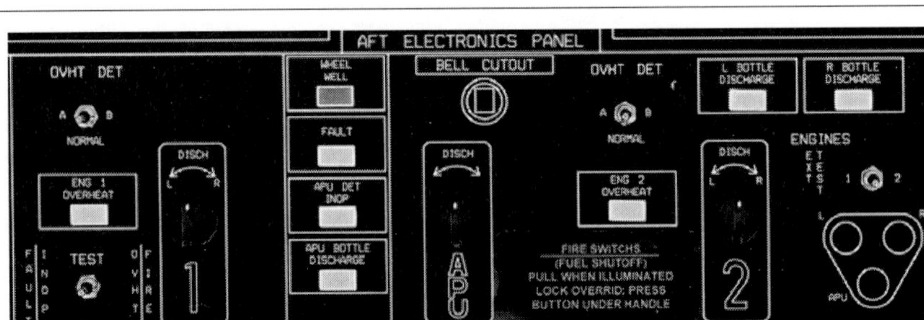

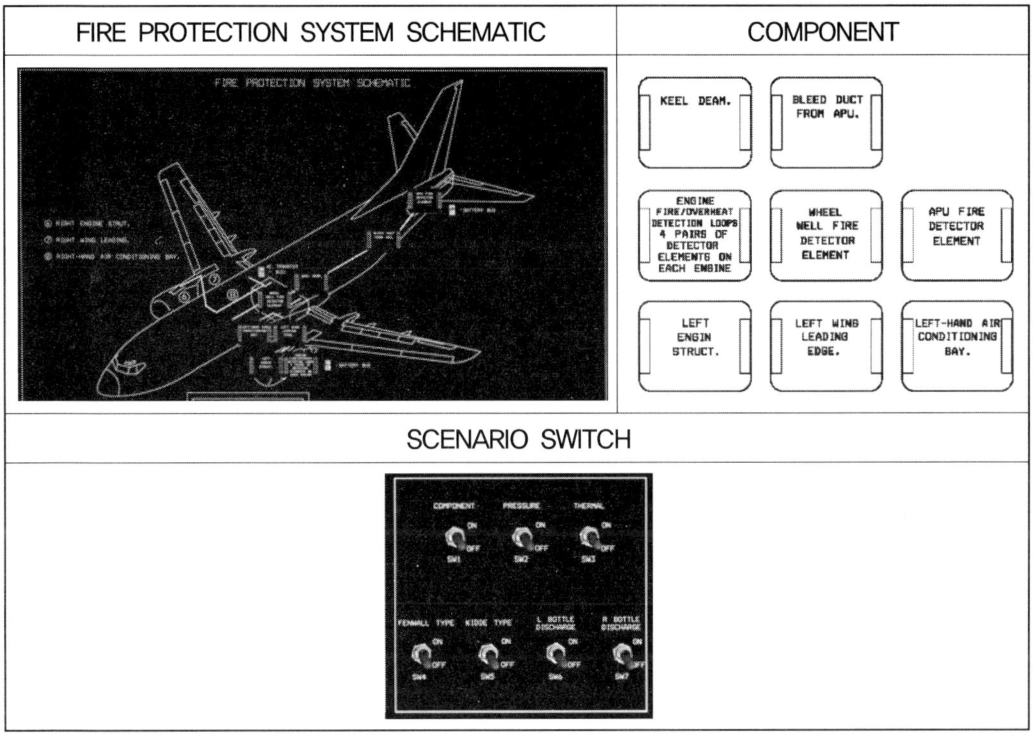

그림 7.9 FIRE PROTECTION SYSTEM MODULE 각 부의 명칭

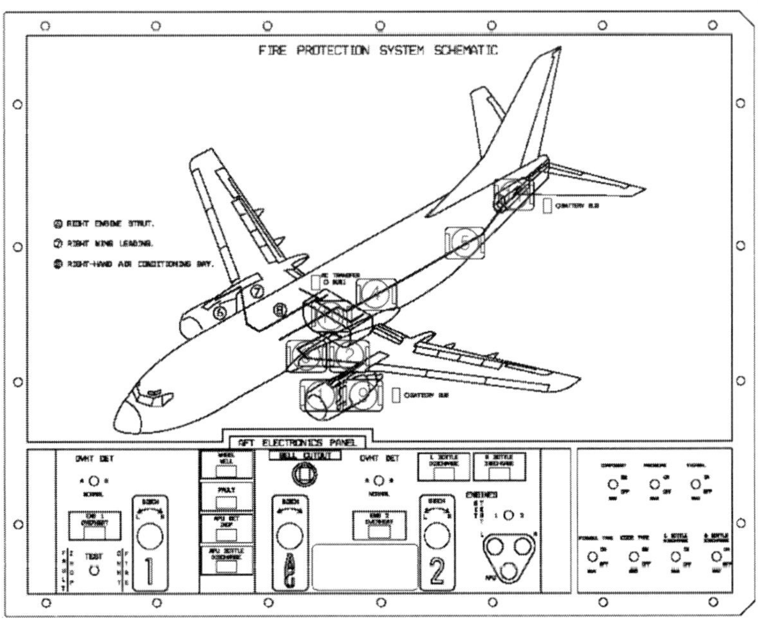

그림 7.10 FIRE PROTECTION SYSTEM

번호	component 명칭
①	LEFT ENGIN STRUCT
②	LEFT WING LEADING EDGE
③	LEFT-HAND AIR CONDITIONING BAY
④	KEEL DEAM
⑤	BLEED DUCT FROM APU
⑨	ENGINE FIRE/OVERHEAT DETECTION LOOPS 4PAIRSOFDETECTORELEMENTSONEACHENGINE
⑩	WHEEL WELL FIRE DETECTOR ELEMENT
⑪	APU FIRE DETECTOR ELEMENT

번호	scenario switch 명칭
SW1	COMPONENT ON/OFF
SW2	PRESSURE
SW3	THERMAL
SW4	FENWALL TYPE
SW5	KIDDE TYPE
SW6	L BOTTLE DISCHARGE
SW7	R BOTTLE DISCHARGE

표 7.1 FIRE PROTECTION SYSTEM component 및 scenario switch

FIRE PROTECTION SYSTEM MODULE을 이용하여 실습할 때, 각종 PANEL의 스위치와 scenario switch의 초기 설정 위치에 놓아야 한다. FUEL SYSTEM 모듈의 scenario switch는 실습전에 OFF되어 있어야 하며, PANEL 내의 스위치는 각각의 정해진 위치로 설정되어야 한다.

1) 베이스에 그림 7.8의 FIRE PROTECTION SYSTEM 모듈을 장착한 후 전원 스위치를 켠다.
2) 모듈 좌측 하단에 있는 SCENARIO SWITCH의 위치를 OFF에 놓는다.

- Scenario SW1 : COMPONENT ON/OFF
- Scenario SW2 : PRESSURE
- Scenario SW3 : THERMAL
- Scenario SW4 : FENWALL TYPE

■ Scenario SW5 : KIDDE TYPE

■ Scenario SW6 : L BOTTLE DISCHARGE

■ Scenario SW7 : R BOTTLE DISCHARGE

3) 화면 좌측 상단에 있는 Panel INFO 항목을 클릭하면 실습을 진행하기 전에 모듈에 있는 각 스위치의 초기 위치를 확인할 수 있다.

4) Scenario SW1 : COMPONENT ON/OFF

- SW1이 OFF된 상태에서 COMPONENT를 정확한 위치에 부착한 후에 SW1을 ON한다. COMPONENT는 제자리에 부착된 경우(위치 및 방향이 일치해야 함)는 멜로디가 나오며, 실패한 경우에는 화면에 ? 표시가 나온다.

그림 7.11 component 장착하기 전의 화면

- component를 성공적으로 부착한 경우에는 화면상에 센서의 위치와 메시지가 표시된다.

LEFT LIGHT
Sensor located:
① Left engine strut.
② Left wing leading edge.
③ Left-hand air conditioning bay.
④ keel beam.
⑤ Bleed duct from APU.

RIGHT LIGHT
Sensor located:
⑥ Right engine strut.
⑦ Right wing leading edge.
⑧ Right-hand air conditioning bay.

Message

A wing-body overheat condition is Caused by a bleed air duct leak. It will be sensed by the overheat Sensors Located as shown

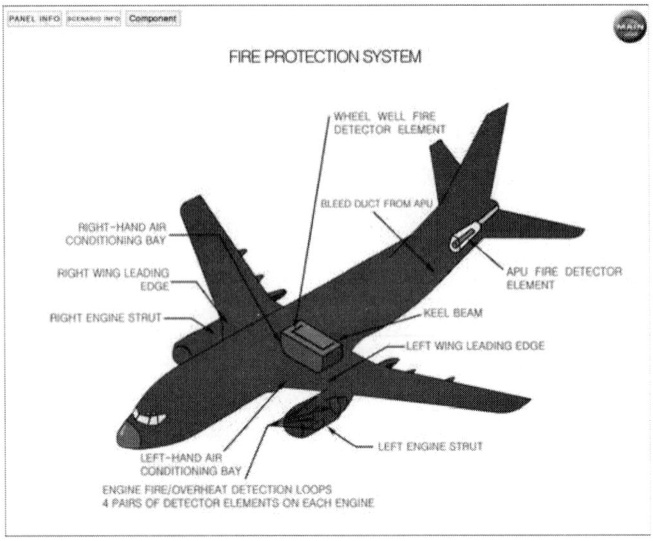

그림 7.12 component 장착하기 후의 화면

5) Scenario SW2 : PRESSURE

Fire Detection Sensor 중 PRESSURE Type에 대한 설명이다.

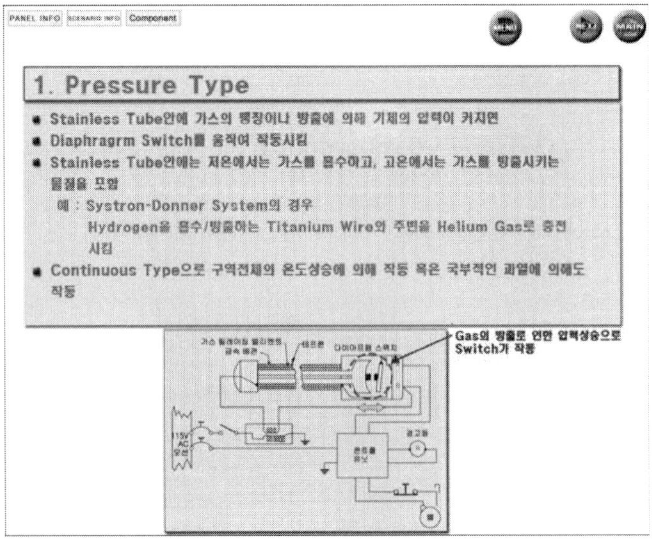

그림 7.13 Pressure type 센서 설명

6) Scenario SW3 : THERMAL

Fire Detection Sensor 중 THERMAL Type에 대한 설명이다.

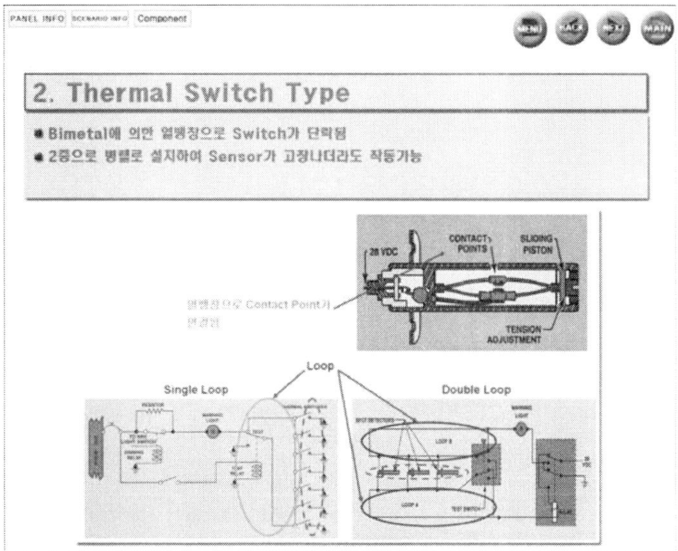

그림 7.14 Thermal type 센서

7) Scenario SW4 : FENWALL/KIDDIE resistance type

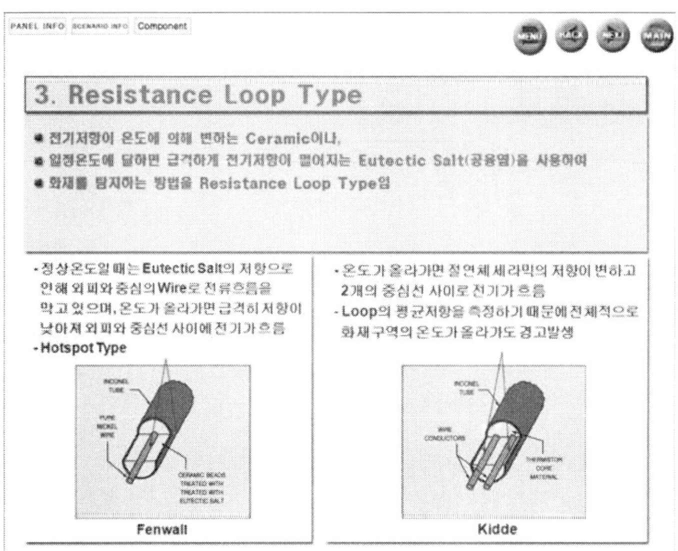

그림 7.15 Resistance type 센서

8) Scenario SW5 : Thermocouple type

Thermocouple type에 대한 설명이다.

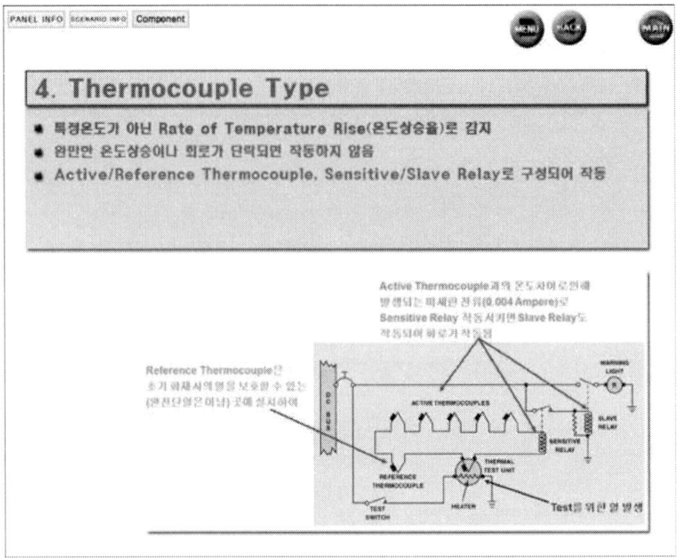

그림 7.16 Thermocouple type 센서

9) Scenario SW6 : L BOTTLE DISCHARGE

- 배경이 빨강색으로 점등
- DISCHARGE 1 SW를 좌/우로 돌리면 해당 BOTTLE DISCHARGE에 POP-UP 메시지 표시

Message :

pulling the engine fire warning switch up:

- Arms one discharge squib on each engine fire extinguish bottle.
- Closes the engine fuel shutoff valve.
- Trips the generator control relay and breaker. Loss of 115V AC generator bus and 115V AC main bus occurs.
- Closes the hydraulic fluid shutoff valve. The engine driven hydraulic pump LOW PRESSURE Light is deactivated.
- Closes the engine bleed air valve resulting in loss of wing anti-ice to the affected wing and closure of the bleed air operated pack valve.
- Allows the Engine Fire Warning Switch to be rotated for discharge.
- Closes the hydraulic thrust reverser isolation valve.

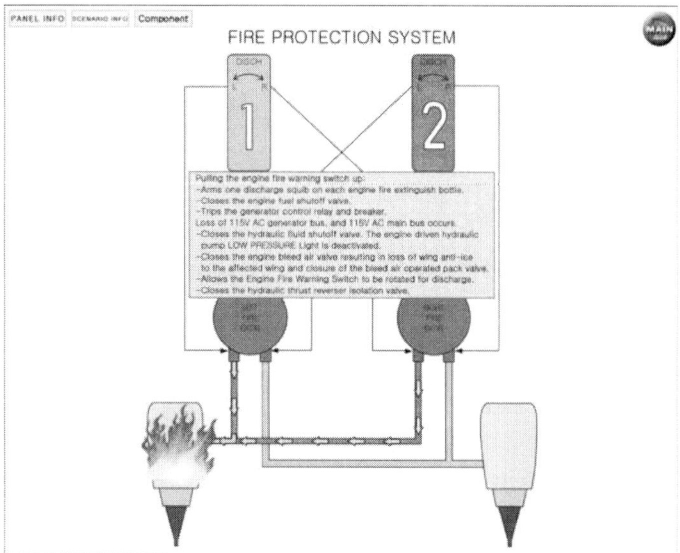

그림 7.17 L BOTTLE DISCHARGE

10) Scenario SW7 : R BOTTLE DISCHARGE

- 배경이 빨강색으로 점등
- DISCHARGE 2 SW를 좌/우로 돌리면 해당 BOTTLE DISCHARGE에 POP-UP 메시지 표시

Message :

pulling the engine fire warning switch up:

- Arms one discharge squib on each engine fire extinguish bottle.
- Closes the engine fuel shutoff valve.
- Trips the generator control relay and breaker. Loss of 115V AC generator bus, and 115V AC main bus occurs.
- Closes the hydraulic fluid shutoff valve. The engine driven hydraulic pump LOW PRESSURE Light is deactivated.
- Closes the engine bleed air valve resulting in loss of wing anti-ice to the affected wing and closure of the bleed air operated pack valve.
- Allows the Engine Fire Warning Switch to be rotated for discharge.
- Closes the hydraulic thrust reverser isolation valve.

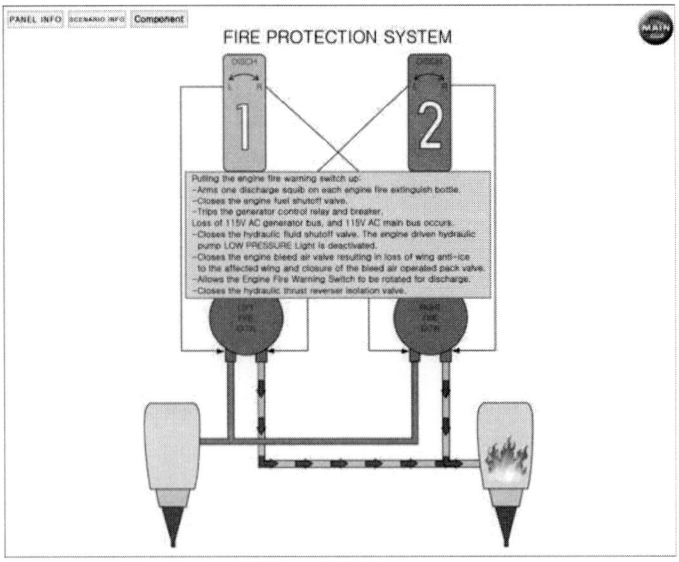

그림 7.18 R BOTTLE DISCHARGE

11) PANEL SWITCH : AFT ELECTRONICS PANEL

• FAULT/INOP AND OVHT/FIRE TEST SWITCH

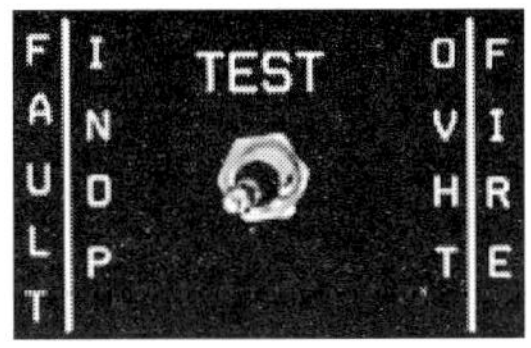

FAULT/INOP AND OVHT/FIRE TEST SWITCH

좌측 테스트	우측 테스트
 FAULT LIGHT(amber) Message : *ILLUMINATED – The Fault Test Switch is pressed and the detector circuits are normal. - Both Loops in any circuit have failed.	 WHEEL WELL FIRE WARNING LIGHT(red) Message : * ILLUMINATED – Indicates a fire in the main gear wheel well. - The fire warning bell sounds and the MASTER FIRE WARN Lights illuminate.
 APU DETECTOR INOP LIGHT(amber) Message : *ILLUMINATED – Indicates a malfunction in the APU fire detection circuit. *NOTE: The MASTER CAUTION and OVHT/DET System Annunciator Lights illuminate.	

그림 7.19 FAULT/INOP AND OVHT/FIRE TEST Switch

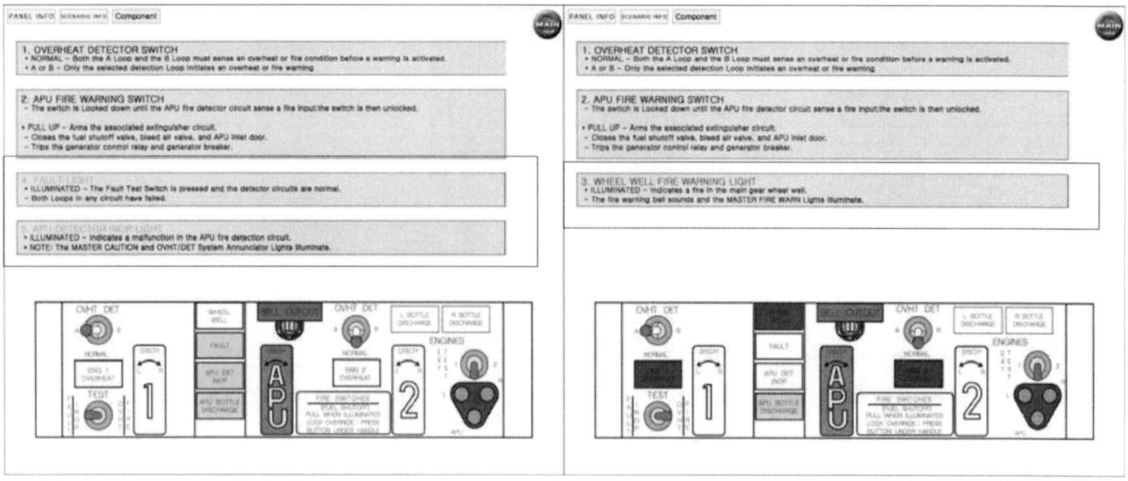

그림 7.20 FAULT/INOP AND OVHT/FIRE TEST 결과 화면

- OVERHEAT DETECTOR SWITCH

<table>
<tr>
<td>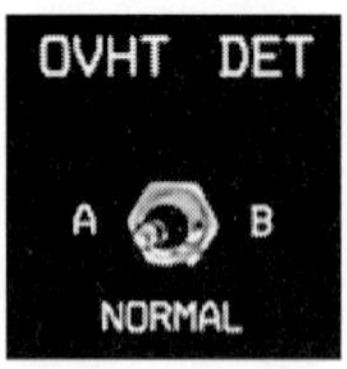
</td>
<td>Message :
*NORMAL – Both the A Loop and the B Loop must sense an overheat or fire condition before a warning is activated.
* A or B – Only the selected detection Loop initiates an overheat or fire warning</td>
</tr>
</table>

그림 7.21 OVERHEAT DETECTOR SWITCH

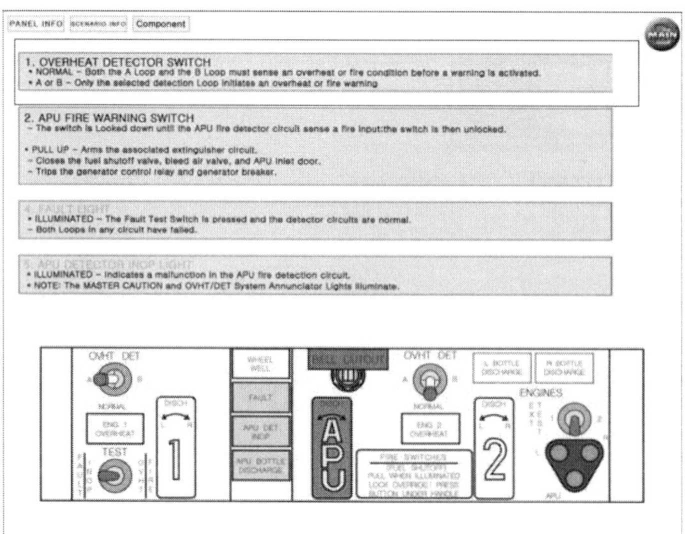

그림 7.22 OVERHEAT DETECTOR SWITCH 결과 화면

- APU FIRE WARNING SWITCH

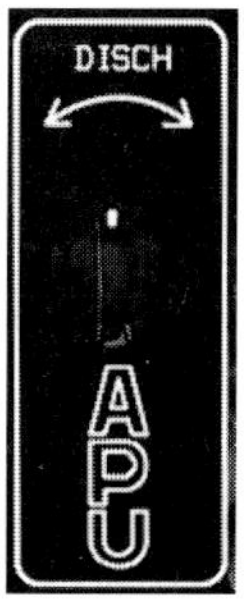

점등

Message :

- The switch is Looked down until the APU fire detector circuit sense a fire input;the switch is then unlocked.

*PULL UP – Arms the associated extinguisher circuit.

- Closes the fuel shutoff valve, bleed air valve, and APU inlet door.
- Trips the generator control relay and generator breaker.

그림 7.23 APU FIRE WARNING SWITCH

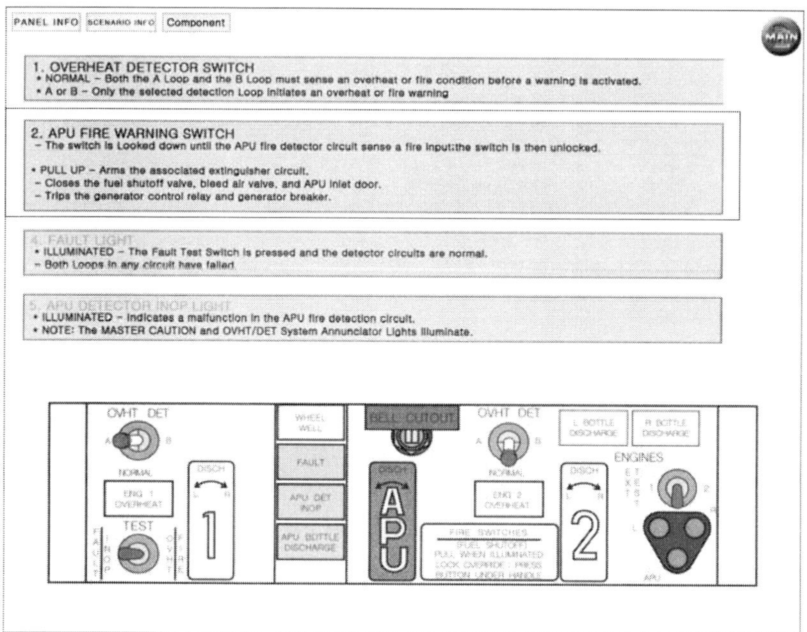

그림 7.24 APU FIRE WARNING SWITCH 결과 화면

CHAPTER 08

전기계통
Electrical system

8.1 전기계통 개요

항공기에는 전기를 사용하는 많은 장치들이 설치되어 있으며, 사용하는 전원의 종류와 전압, 주파수가 다양하다. 최근에는 복잡한 공압시스템(pneumatic system)이나 유압시스템(hydraulic system)을 대신해서 전기를 동력으로 사용하는 장치들을 적용한 MEA(More Electric Aircraft) 개념의 항공기들이 개발되고 있다. 이 개념의 항공기들은 전기를 주로 사용함으로써 항공기 설계가 간단해질 수 있고, 무게 감소, 정비 용이성, 비용 등 유리한 장점들이 생기며, 최근 이슈화되고 있는 환경오염을 줄일 수 있는 대안으로도 고려되고 있다. 최근에 나온 A380, B787, F35 같은 항공기들이 MEA 개념을 많이 적용한 항공기이다. 그러나 아직 전기를 사용하는 장치들의 신뢰성이 충분히 높지 않은 경우도 있어 좀 더 많은 발전이 필요한 분야이며, 이런 문제점들이 해결된다면 실질적인 AEA(All Electric Aircraft) 개념의 항공기 시대가 올 것으로 보인다.

8.1.1 전기계통 구성

항공기 전기시스템은 직류 혹은 교류발전기 같이 주전원(main electrical power)을 만드는 발전시스템(power generation), 발전된 전원을 이용하여 직류나 교류로 변환시키는 전원 변환 시스템(power conversion), 전원을 제어하기 위한 제어시스템, 전원을 분배해 주는 전원 분배 시스템(power distribution, control)으로 구성되어 있다.

- Power generation(발전시스템)
- Power conversion(전원 변환시스템)
- Power distribution, control and protection(전원 분배 및 제어시스템)

발전 시스템은 운용개념에 따라 주발전기(main generator)인 주전원 시스템과 주발전기의 고장일 때 전원을 공급하는 비상전원(emergency generator) 시스템으로 나뉠 수 있으며, 배터리(battery) 장치 및 외부전원 시스템도 설치되어 있다. 주전원 및 비상전원 모두 직류 혹은 교류전원을 만드는 직류/교류 발전기가 있으며, 배터리 전원은 직류를 공급한다.

전원 변환시스템을 구성하기 위해 필요한 장치로는 직류를 교류로 전환하는 inverter나 교류를 직류로 전환하는 converter 혹은 TRU(Transformer Rectifier Units)가 있다. 전원 분배시스템은 전원 시스템에서 공급하는 전원을 각각의 항공기 장비에 공급하는 장치로서 generator bus, essential bus, non-essential bus, battery bus 등으로 이루어진 power bus를 통해 공급한다. 전원 분배시스템의 구성품에는 각종 relay와 power panel 등이 있다. 또한 전기를 사용하는 많은 장치들은 특히, 비행제어시스템의 경우 전기 공급이 차단되면 심각한 사고로 갈 수 있기 때문에 어떤 경우에도 전기 공급이 될 수 있도록 다중의 전원 공급이 가능하도록 설계해야 한다.

8.1.2 항공기 전원 시스템(Aircraft electric power generation system)

항공기에서 사용하는 전원은 보통 주발전기(Main Generator), 비상발전기(Emergency Generator) 및 배터리(Battery) 등을 통해 공급된다. 최근의 항공기는 진보된 항공전자 장비와 비행조종 컴퓨터, 그리고 전기장비를 사용하기 때문에 전원공급의 난절은 항공기 사고로 직결될 수 있다. 따라서 주발전기의 고장으로 인한 전원 차단에 대비하기 위한 장치가 설치되어야 한다. 그 대표적인 장치로는 비상발전기 혹은 배터리를 들 수 있다. 경우에 따라서는 주발전기가 고장 나면 비상발전기에서 전원을 공급하고 또한 연이어 비상발전기가 고장 나면 배터리가 일정 시간 전원을 공급하도록 되어 있다.

항공기에 탑재되는 주발전기는 직류 발전기(DC generator)와 교류 발전기(AC generator) 모두 가능하며, 소형 항공기에서는 직류 발전기를 주로 사용하고, 전기부하가 많은 대형기나 최근의 항공기에서는 주로 교류 발전기를 이용하여 전원을 만들어 낸다. 항공기의 전기부하에 따라 필요할 때에는 주발전기를 여러 대 설치하여 운용하는 경우도 있다.

항공기는 교류와 직류를 사용하는 장비들이 혼용되어 있기 때문에 직류전원이 필요한 경우는 converter 혹은 TRU(Transformer Rectifier Unit)를 이용하여 교류전원을 직류로 만들어 사용하기도 한다. 반대로 교류전원이 필요한 경우에는 직류 발전기의 직류를 교류로 전환시키는 inverter를 설치한다. 항공기에서 2대 이상의 발전기가 운용될 경우에는 서로 병렬로 연결하여 사용한다. 이 경우 equalizer를 설치하여 각각의 발전기 부하를 균등하게 나누어 전력을 공급하다가 발전기 고장이 발생할 경우 정상인 발전기가 고장 난 발전기가 공급하던 부하에 연결되어 지속적으로 전원 공급이 가능하도록 한다.

항공기 주발전기는 엔진의 구동축과 발전기 회전자(rotator)를 맞물려 회전시킴으로써 발전하게 된다. 이때 엔진 회전수는 엔진의 출력에 따라 변하기 때문에 교류전압의 주파수를 일정하게 유지하기 위하여 별도의 정속 구동장치(Constant Speed Drive)를 설치한다. 정속 구동장치를 발전기 내부의 구성품으로 통합한 IDG(Integrated Drive Generator) 형태도 많이 사용한다. 최근에는 정속 구동장치를 제거하고 엔진 회전수 변화에 따른 발전기 출력 주파수의 변화를 전기적으로 제어하여 일정한 출력 주파수를 발생시키는 VSCF(Variable Speed Constant Frequency) 발전기도 항공기에서 사용되고 있다. 또한 최근에는 발전기의 회전수에 따라 출력 주파수가 변하는 Variable Frequency Generator의 사용이 늘고 있다.

항공기에서 사용하는 교류전원은 400Hz, 115/200V가 주를 이루는데, 용량은 항공기에서 필요로 하는 전원부하에 따라 결정하며 용량의 표시는 보통 KVA로 한다. 항공기 직류전원은 보통 28V를 많이 사용한다.

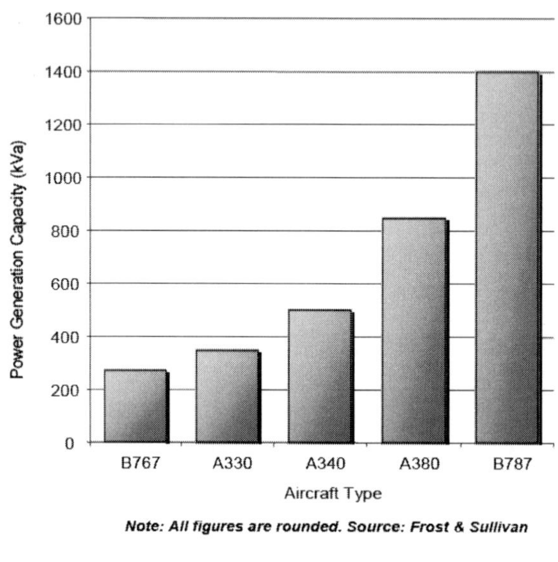

그림 8.1 항공기 발전용량 증가 추세

그림 8.1에서 보듯이 최근에 개발되어 운용하고 있는 민간 대형 항공기는 MEA(More Electric Aircraft) 개념을 도입한 장비들의 탑재가 대거 늘어나면서 요구 발전 용량이 기존의 항공기에

비해 매우 커진 것을 알 수 있다. 관련 자세한 내용은 추후 다시 언급할 것이다. 앞으로 발전량은 점진적으로 계속 증가하는 추세이며 A380은 800kVA, B787은 1400kVA까지 발전 용량이 증가하였다.

표 8.1 항공기별 발전기 방식

<table>
<tr><th>Generation type</th><th colspan="2">민간 항공기</th><th colspan="2">군용 항공기</th></tr>
<tr><td rowspan="7">IDG/CF
(115VAC/400Hz)</td><td>B777</td><td>2X120KVA</td><td rowspan="7" colspan="2">Eurofighter Typhoon</td></tr>
<tr><td>A340</td><td>4X90KVA</td></tr>
<tr><td>B737NG</td><td>2X90KVA</td></tr>
<tr><td>MD-12</td><td>4X120KVA</td></tr>
<tr><td>B747</td><td>4X120KVA</td></tr>
<tr><td>B717</td><td>2X40KVA</td></tr>
<tr><td>B767-400</td><td>2X120KVA</td></tr>
<tr><td rowspan="2">VSCF(cycloconverter)
(115VAC/400Hz)</td><td rowspan="2" colspan="2">N/A</td><td>F-18 C/D</td><td>2X120KVA</td></tr>
<tr><td>F18 E/F</td><td>2X120KVA</td></tr>
<tr><td rowspan="2">VSCF(DC-Link)
(115VAC/400Hz)</td><td>B777(Backup)</td><td>2X20KVA</td><td rowspan="2" colspan="2">N/A</td></tr>
<tr><td>MD-90</td><td>2X75KVA</td></tr>
<tr><td rowspan="3">VF
(115VAC/380~760Hz)</td><td>Cobal EX</td><td>4X40KVA</td><td rowspan="3">Boeing JSF</td><td rowspan="3">2X120KVA</td></tr>
<tr><td>Horizon</td><td>4X25KVA</td></tr>
<tr><td>A380</td><td>4X150KVA</td></tr>
<tr><td>VF(230VAC)</td><td>B787</td><td>4X250KVA</td><td colspan="2"></td></tr>
</table>

항공기 비상발전기는 주발전기로부터 전원공급이 안될 경우 가동시켜 통신장치나 주요 항공전자 장비 등 필수적인 중요 장비에 전원을 공급한다. 주발전기와 마찬가지로 직류 혹은 교류 비상발전기를 설치하여 사용한다. 보통 비상발전기는 비상동력시스템(emergency power system)의 한 기능으로서 보통 비상 유압시스템도 같이 비상동력 시스템의 일부로 설치되어 있다. 비상 동력시스템은 빠른 작동시작(fast startup), 착륙할 때까지의 충분한 용량과 부하를 감당할 수 있어야 한다.

비행 중 비상상황이 발생하면 일반적으로 항공기 전원장치는 비행안전성을 만족시킬 수 있는 대체 전원장치가 있어야 한다. 항공기 배터리가 하나의 예로 볼 수 있는데 짧은 시간, 약 30분 정도, 동안만 전원을 공급할 수 있다. 즉, 배터리로는 충분히 긴 시간 비행이 가능하지 못하다. 두개의 엔진을 가진 항공기의 경우 한 개의 엔진에 의해 작동되는 전원시스템으로 대체 및 우회항로로 변경하여 180분간 비행 가능하도록 하는 사례도 있다. 이런 경우 충분한 안전 여유(safety margin)을 가지고 180분간의 비행이 가능하도록 전기시스템을 포함하여 다른 모든 시스템들의 설계가 이루어져야 한다. 민간 여객기에서 적용하고 있는 비상 전원장치에는 3가지의 표준장비가 있다.

- Ram Air Turbine(RAT)
- Backup VF generator
- Permanent Magnet Generators(PMGs)

항공기 배터리는 여러 가지 기능을 하며 주전원과는 독립적인 전원을 저장하는 장치이다. 엔진의 시동이나 지상 정비에도 활용하며 주발전기나 비상발전기가 고장 나는 비상 상황이 발생할 경우 무정전 전원공급원(uninterrupted power supply)으로서 비행에 필수적인 일부 장비에 일정 시간 전원을 공급하게 한다. 배터리의 목적은 다음과 같다.

- DC전원의 일시적인 부하변화를 흡수
- 주전원이 없을 때 장비시동 전원을 공급(예: 엔진시동)
- 대체전원이나 비상전원이 없을 때 일시적인 전원 공급

배터리는 내부 구성품 중 플레이트의 사용 재질에 따라 여러 가지 종류가 있다. 개인용 소형항공기의 대부분은 납(lead-acid)배터리를 사용하며, 대부분의 상용 항공기에서는 니켈-카드뮴 배터리를 주로 사용한다. 가장 최근에 나온 B787의 경우에는 리튬이온 배터리를 적용하고 있다.

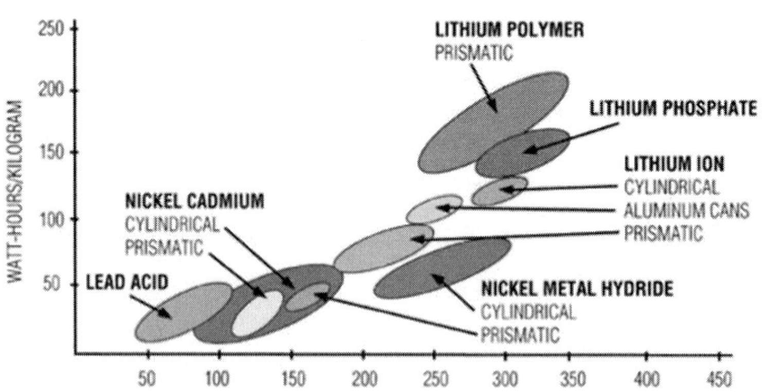

그림 8.8 배터리 종류별 용량

8.1.3 전원 제어(Power Generation Control)

전기를 사용하는 항공기 장비들은 정해진 전원 규격 내에서 작동되도록 설계되어 있다. 발전기는 엔진 회전수에 따른 변화와 다양한 전원 요구조건에 맞춰 공급해야 하기 때문에 전원을 적절하게 제어해야하는 필요성이 있다. 전원 시스템 제어의 주요 요소는 다음과 같다.

- 직류 전원 시스템
  - 전압조절
  - 발전기 병렬운전
  - 회로보호 기능
- 교류 전원 시스템
  - 전압조절
  - 발전기 병렬운전
  - 회로감시 및 보호기능

8.1.4 전원 변환장치(Power conversion devices)

항공기에는 지금까지 설명한 주전원외에도 전원을 변환하거나 저장하는 장비들이 있다. 그 종류에는 DC를 AC로 전환하는 inverter, 115VAC를 28VDC로 전환하는 TRU(Transformer Rectifier units 혹은 converter), AC전압을 조절하는 장비(보통 115VAC를 26VAC로 전환), 115VAC를 28VDC로 변환하여 배터리로 충전하는 battery charging 및 F-22, F-35에 적용하고 있는 270VDC를 115VAC로의 전환 혹은 28VDC로 변환시키는 장비들이 있다.

인버터(Inverters)

전원 전환장치중에서 인버터는 12VDC, 24VDC, 28VDC, 270VDC와 같은 배터리 직류전원과 직류발전기의 직류전원을 115VAC/400Hz 3상 교류전원으로 변환시키는 장비이다. 교류 주전원이 고장 났을 경우 115VAC를 사용하는 장비에 전원을 공급하기 위해 사용된다.

Transformer Rectifier Units(converter)

현재 가장 많이 사용하고 있는 전원 변환장치이다. 보통 converter라고도 불리는데 내부에 변압기(transformer)와 정류기(rectifier)로 구성되어 있고 TRU(Transformer Rectifier Unit)라고 불리기도 한다. 대부분의 항공기는 115VAC 3상 전원을 가지고 있으며 전원의 상낭부분을 TRU에 의해 28VDC로 변환하여 사용한다. 내부의 변압기는 115VAC를 28VAC로 변환시키고 정류기는 28VAC를 28VDC로 변환시키게 된다. B767의 경우 2개의 TRU를 장착하고 있고,

각 TRU에서 연속적으로 120A, 5분간 180A를 사용할 수 있는 용량을 변환시킨다. 따라서 많은 열을 내기 때문에 공기로 강제 냉각(forced cooling)시키거나 내부에 장착된 팬(fan)으로 냉각시킨다.

8.1.5 전원 배분시스템(Power distribution system)

항공기에서 사용하는 전원의 종류에는 여러 가지 형태가 있는데 주발전기, 주발전기의 고장을 대체하는 비상발전기, APU 발전기, 지상전원, backup converter, RAT(Ram Air Turbine) 발전기 등이 있다. 항공기에 탑재된 많은 시스템들은 장비별로 직류전원 혹은 교류전원을 사용하고 있기 때문에 해당 시스템의 사양에 맞는 전원을 반드시 공급해 줄 수 있어야 한다. 보통 항공기에는 직류 혹은 교류 발전기 중 한 가지 형태의 발전기를 탑재하게 된다. 따라서 직류를 교류로 혹은 교류를 직류로 변환시키는 inverter나 TRU를 반드시 설치해야 한다. 발전기에서 만든 전원은 해당 시스템으로 공급하게 되는데 소형 경량 항공기의 경우, 전기를 사용하는 시스템도 많지 않고 간단한 전선연결이나 terminal block, circuit breaker 등으로도 공급이 가능하다. 대형기의 경우 수많은 전선, 전원보호장치, 전원공급을 위한 busbar, junction box 및 control panel 등을 구성하여 전원을 공급하고 있다.

최근의 항공기는 전원을 사용하는 많은 중요한 시스템을 사용하고 있어 전원공급이 차단될 경우 항공기 추락사고와 같은 대형 인명사고를 초래할 수 있다. 그러므로 주전원이 차단될 경우를 대비해서 반드시 이를 대체할 수 있는 비상전원이 구비되어야 한다. 보통 대형 항공기의 비상전원은 비상발전기와 함께 배터리로부터 전원을 공급받을 수 있도록 multiple redundancy로 설계되어야 한다.

8.1.6 B737 전기계통

그림 8.3은 B737 전기시스템을 보여주고 있다. 주 전원은 항공기 엔진으로 구동되는 115V/400Hz 3상발전기 2대에서 만들어 진다. 정상일 때는 각 발전기는 해당 지정 버스(bus)를 통해 전원 공급을 하지만 발전기 하나가 고장나면 자동적으로 다른 버스로부터 전원 공급이 가능해진다. 혹은 수동 스위치로 전환릴레이(transfer relay)를 조작하여 제너레이터 버스(generator bus)의 전원을 전환시킬 수 있다. 낮은 전압의 교류를 사용하는 조명장치, 계기등은 전압을 강하시켜 공급하며, TRU를 통해 직류로 전환하여 공급한다. 보조동력장치(APU)로 지상에서 전원공급이 가능하고 비행 중에 주 발전기 대신에 전원을 공급할 수 있다. 지상에서는 외부 교류전원을 항공기에 연결시켜 사용할 수도 있다. 보통 대형 민간 여객기의 주방(galley)는 소비 전력량이 크기 때문에 만일 발전기 하나가 고장 나면 동작 중인 발전기의 과부하를 방지하기 위해 자동적으로 주방에 공급하는 전원을 줄여 공급하는 기능(electrical load shedding)이 있다.

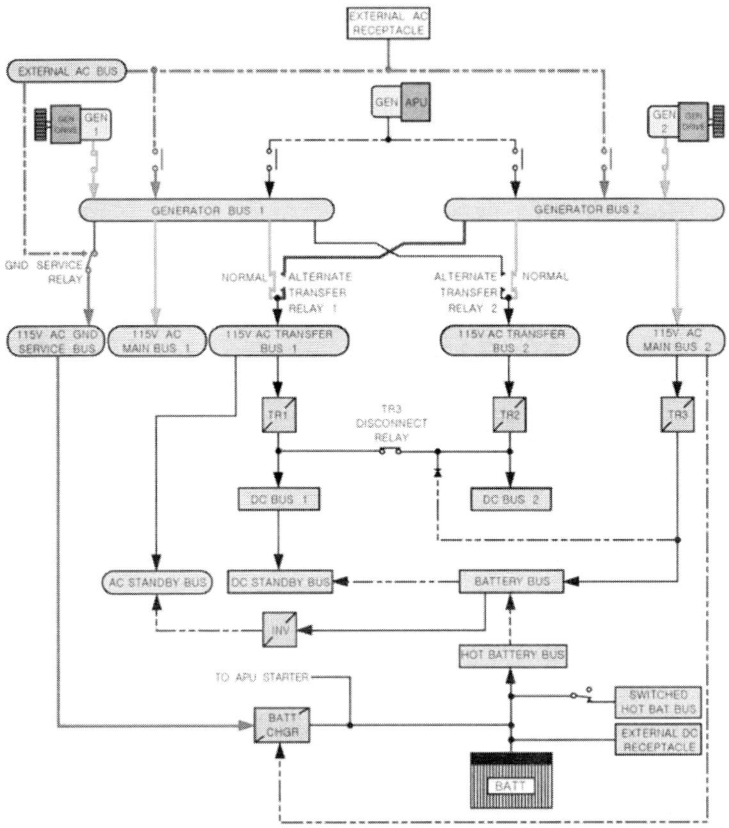

그림 8.3 B737 electrical system

8.1.7 B787 전기시스템

그림 8.4는 B787의 전체 전기시스템을 개략적으로 보여주고 있다. 주요 특징으로는 기존의 3상 115VAC를 사용하지 않고 3상의 230VAC 전원을 적용한 점이다. 전압을 높이면 전원 공급할 때 그 만큼의 전력손실이 줄어들 수 있으며, 이 경우 2:1의 비율로 손실감소와 배선을 상당히 줄일 수 있다. 그러나 높은 전압을 가지는 시스템을 설계할 때는 'corona'라 불리는 부분방전(partial discharge)에 의한 영향을 피하도록 해야 한다.

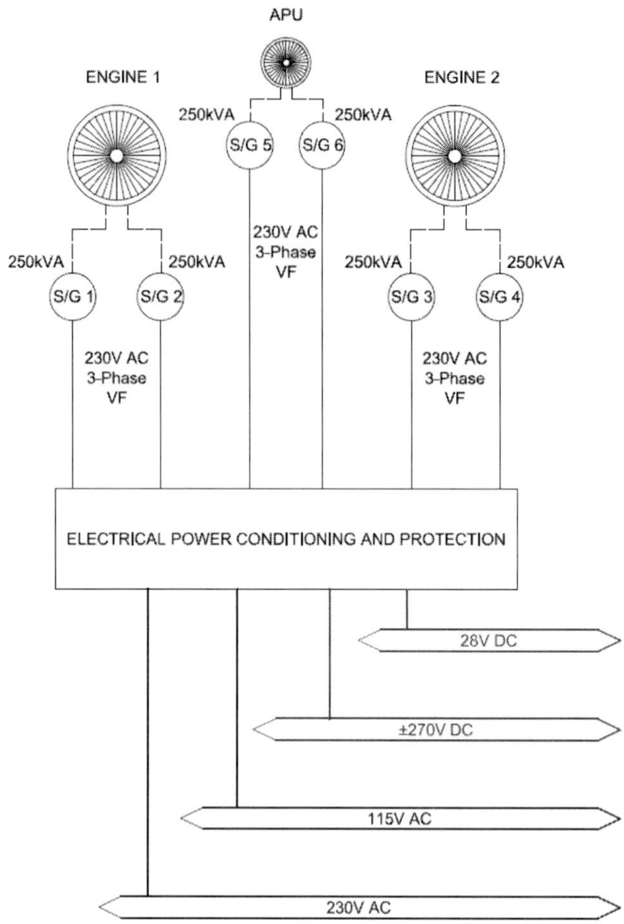

그림 8.4 B787 전기시스템

B787 전기시스템의 핵심적인 특징은 아래와 같다.

- B787의 경우 엔진이 2대 장착되어 있는데, 엔진당 2개의 250KVA VF generator가 장착되어 엔진당 500KVA의 전원을 생성한다. CF(400Hz) generator를 포기하려는 최근의 동향을 반영해서 VF generator를 설치하였다.
- 225KVA의 용량을 만드는 2대의 APU starter/generator를 설치하였다. 각 starter/generator는 1대의 APU에 의해 구동된다. 전원은 230VAC 뿐만 아니라 전원변환을 통해 기존에 많이 사용하고 있던 115VAC, 28VDC 전원도 만들어 낸다.

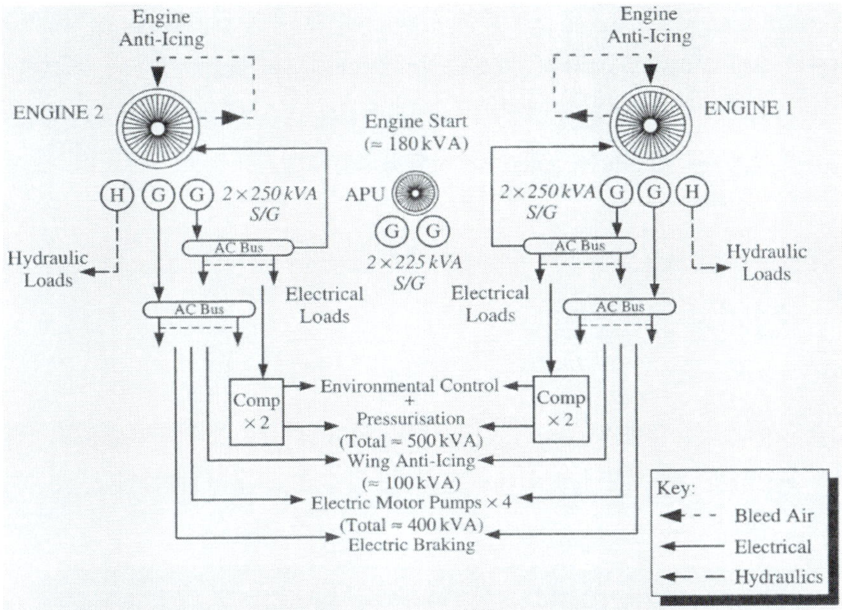

그림 8.5 B787 전기부하

그림 8.5는 B787의 전기부하를 요약해서 나타낸 그림이다. B787에서 기존과 달리 전기에 의해 동력을 받는 전기부하는 다음과 같다.

- Environmental Control System & Pressurization : 기존의 블리드 공기 대신 전기로 작동되는 압축기에서 압축공기와 여압을 위한 압력제공을 하며, 이를 위해 주전원을 사용하는 4대의 전기구동 압축기를 설치하였다.
- Wing anti-icing : 기존에는 너무 많은 요구 전기용량으로 인해 날개의 방빙은 고온의 블리드 공기를 많이 사용했었다. 그러나 B787에서는 날개 앞전에 전기매트를 설치하여 전기에 의한 방빙을 하였으며, 대략 100KVA의 전원을 사용한다.
- Electric motor pumps : 기존의 엔진 구동 유압펌프(hydraulic engine driven pumps) 대신 전기모터에 의해 구동되는 4대의 전기펌프를 적용하였다. 각 전기펌프의 요구 전기용량은 100KVA 정도로 총 400KVA를 사용한다.
- 또 다른 특징으로는 엔진의 시동을 위해 보통 고압공기를 사용했는데 이를 대신해서 starter/generator를 사용하고 있으며 대략 180KVA의 용량이 엔진시동을 위해 사용한다.

위와 같이 매우 큰 전원을 사용하는 전기시스템의 적용은 항공기의 전원 공급장치에 매우 큰 영향을 줄 수 있다. 주전원은 4개의 전원공급 판넬에서 이루어진다. 2개는 전방에 2개는

후방의 electrical equipment bay에 설치되어 있다. 후방의 판넬에는 4대의 전기펌프의 제어를 위한 컨트롤러, 4대의 엔진시동기 컨트롤러 그리고 1대의 APU starter motor 컨트롤러가 같이 설치되어 있다. 높은 수준의 전원과 그에 따른 전원손실은 많은 열을 발생시키기 때문에 주전원 공급판넬은 액랭식 냉각(liquid cooled)을 하도록 되어 있다.

8.2 전기계통 실습

아래 그림은 전기계통 실습을 위한 모듈(판넬 좌측)이다. 항공기 전원발생장치, 전원 변환장치, 전원 배분장치에 대한 개념을 이해하기 위한 실습으로 구성되어 있다.

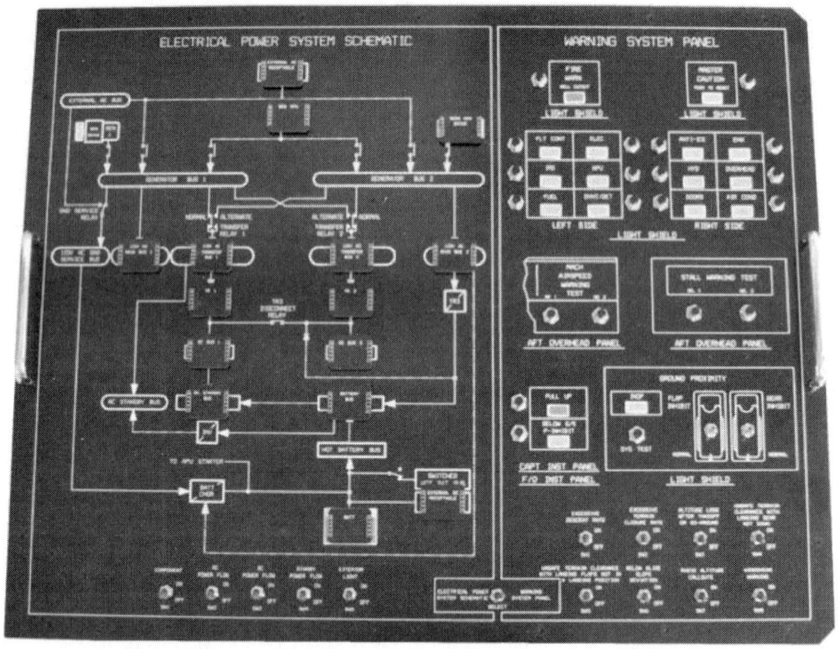

그림 8.6 ELECTRICAL POWER SYSTEM MODULE

ELECTRICAL POWER SYSTEM SCHEMATIC	COMPONENT
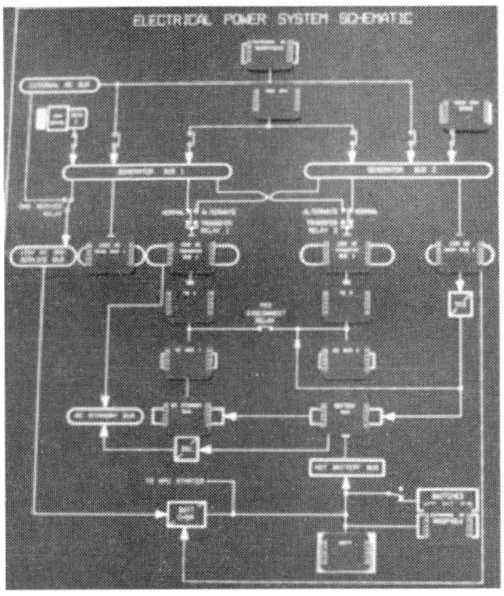	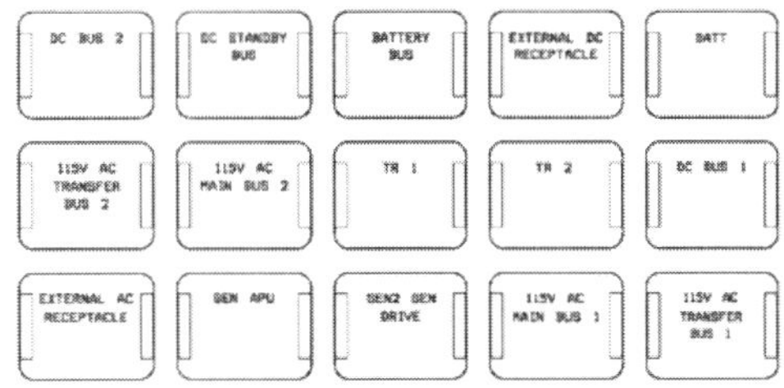
SCENARIO SWITCH	
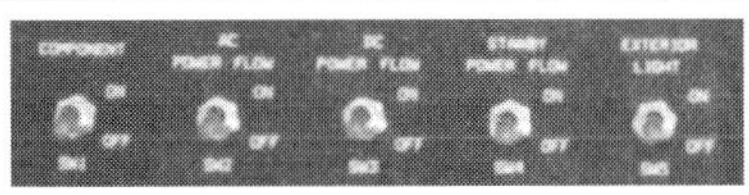	

그림 8.7 ELECTRICAL POWER SYSTEM MODULE 각 부의 명칭

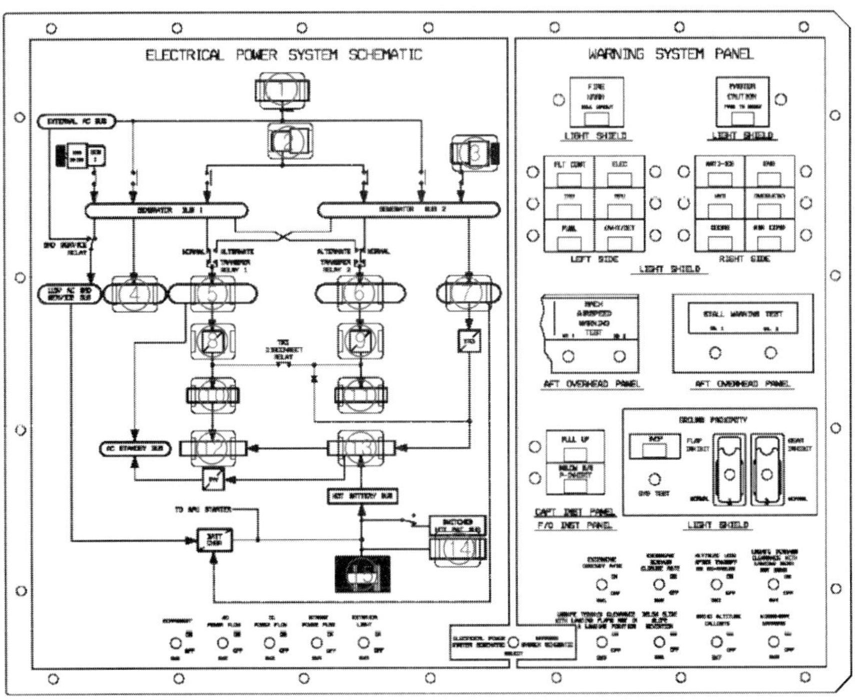

그림 8.8 ELECTRICAL POWER SYSTEM Schematic

번호	component 명칭
①	EXTERNAL AC RECEPTACLE
②	GEN APU
③	GEN2 GEN DRIVE
④	115V AC MAIN BUS 1
⑤	115V AC TRANSFER BUS 1
⑥	115V AC TRANSFER BUS 2
⑦	115V AC MAIN BUS 2
⑧	TR 1
⑨	TR 2
⑩	DC BUS 1
⑪	DC BUS 2
⑫	DC STANDBY BUS
⑬	BATTERY BUS
⑭	EXTERNAL DC RECEPTACLE
⑮	BATT

번호	scenario switch 명칭
SW1	COMPONENT ON/OFF
SW2	AC POWER FLOW
SW3	DC POWER FLOW
SW4	STANBY POWER FLOW
SW5	EXTERIOR LIGHT

표 8.1 ELECTRICAL POWER SYSTEM component 및 scenario switch

1) 베이스에 그림 8.6의 ELECTRICAL POWER SYSTEM 모듈을 장착한 후 전원 스위치를 켠다.

2) 모듈 좌측 하단에 있는 SCENARIO SWITCH의 위치를 OFF에 놓는다.

SCENARIO SWITCH NAME

- Scenario SW1 : COMPONENT ON/OFF
- Scenario SW2 : AC POWER FLOW
- Scenario SW3 : DC POWER FLOW
- Scenario SW4 : STANDBY POWER FLOW
- Scenario SW5 : EXTERIOR LIGHT

3) 화면 좌측 상단에 있는 Panel INFO 항목을 클릭하면 실습을 진행하기 전에 모듈에 있는 각 스위치의 초기 위치를 확인할 수 있다.

4) Scenario SW1 : COMPONENT ON/OFF

SW1이 OFF된 상태에서 15개의 COMPONENT를 정확한 위치에 부착한 후에 SW1을 ON한다. COMPONENT는 제자리에 부착된 경우(위치 및 방향이 일치해야 함)는 멜로디가 나오며, 실패한 경우에는 화면에 ? 표시가 나온다.

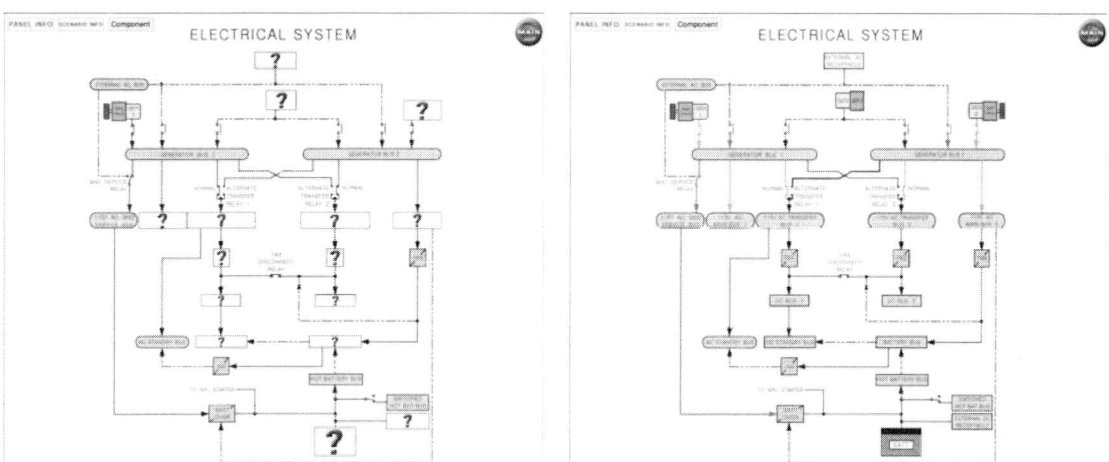

그림 8.9 전기계통 모듈 component의 장착 전/후 결과 화면

5) Scenario SW2 : AC POWER FLOW

AC 전원이 공급되는 과정을 화면에 표시한다.

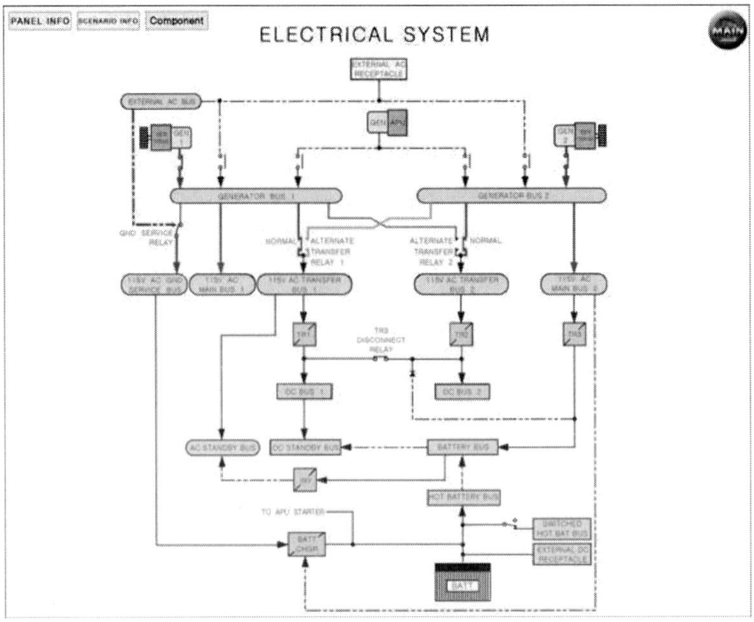

그림 8.10 AC POWER FLOW

6) Scenario SW3 : DC POWER FLOW

DC 전원이 공급되는 과정을 화면에 표시한다.

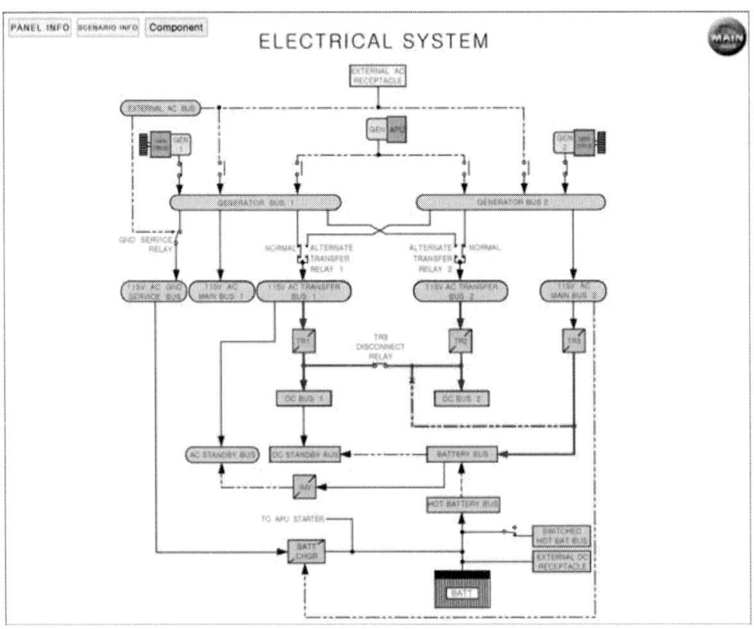

그림 8.11 DC POWER FLOW

7) Scenario SW4 : STANDBY POWER FLOW

Standby 전원이 공급되는 과정을 화면에 표시한다.

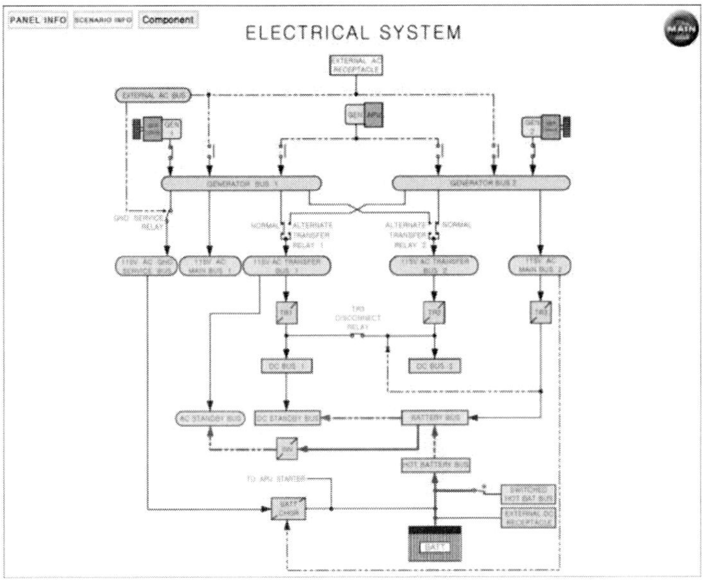

그림 8.12 STANDBY POWER FLOW

8) Scenario SW5 : EXTERIOR LIGHT

Position Light, Anti-Collision Light, Tax Light, Landing Light 위치 및 정보를 표시한다.

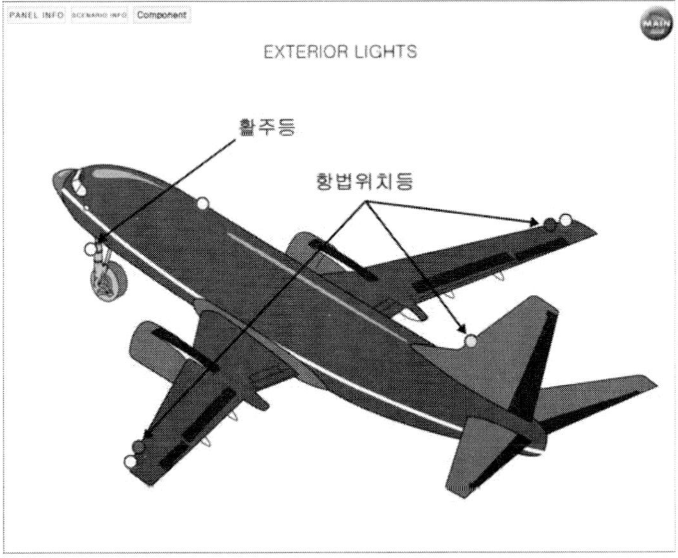

그림 8.13 EXTERIOR LIGHT

CHAPTER 09

경고계통
Warning system

9.1 경고계통 개요

최근의 민간 항공기는 대형화되면서 많은 다양한 시스템을 장착하고 있다. 군용기의 경우에도 과거에 비해 더 다양하고 정교한 항전장비(Avionics system)들을 탑재하고 있다. 기술의 발달로 인해 많은 시스템들이 전자장비들을 적용하고 있으며, 기계 시스템이라 할지라도 그 시스템을 제어하기 위한 제어 시스템(Control system)은 하나의 전자장비로 이루어진다. 또한 현재는 과거에 비해 각 시스템의 정상 및 비정상 상태 혹은 고장여부를 신속히 판독하고, 대체할 수 있는 Fault detection/Isolation logic이 많이 발전되고 있다. 이러한 시스템들 중에는 비행에 필수적으로 필요하거나 화재와 같은 비행안전에 영향을 주는 시스템이 있다. 따라서 시스템들이 고장나거나 안전을 해치는 상황이 발생했을 경우에는 신속하고 정확하게 조종사에게 알려줌으로써 적절한 조치를 강구하도록 해야 한다. 이때 필요한 시스템이 항공기의 Warning/Caution system이다. 과거에는 많은 시스템의 경고 장치들이 조종실 여기저기 산재해 있었고 개별 시스템별로 경보시스템을 구비했으나, 최근에는 경보시스템을 한 곳에 모아 설치한 중앙집중식 통합경보장치(Central Master Warning/Caution Panel)들을 장착하고 있다. 또한 항공기 엔진과 같은 경우 별도의 지시장치를 설치하는 경우도 있다. 과거의 대형 민간 항공기는 항공기관사(flight engineer)를 동승해서 각 시스템의 적절한 작동여부를 판별하는 임무가 있었으나, 최근의 민간 항공기에는 항공기관사가 동승하지 않는다. 따라서 이러한 통합경보장치의 필요성이 더욱 커지고 있다. 경보장치는 비행 전에 통합경보장치뿐만 아니라 각각의 관련 시스템 경보장치도 반드시 작동상태를 확인해 두어야만 한다.

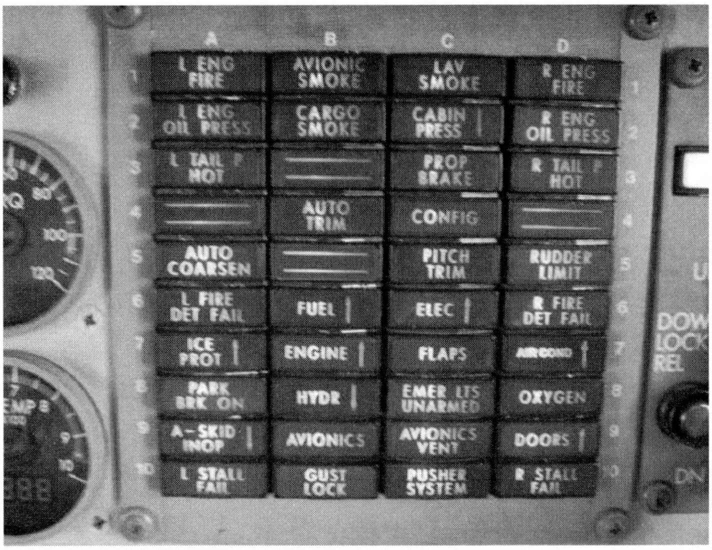

그림 9.1 Central Master Warning/Caution Panel 사례

9.1.1 경고내용의 전달방식

경보방식은 주로 경고등의 점등을 통해 알려주는 시각적인 지시방식과 사람의 음성으로 해당내용을 알려주는 음성전달방식(Aural Message)이 있다. 어떤 경우는 진동과 같은 촉감으로 알려주는 방식도 있다. 경고등의 경우 해당 시스템에 이상이 발생하면 관련 경고등이 모두 점등되고, 음성전달방식의 경우 중요도를 정해 중요도 순서에 따라 음성으로 전달하도록 되어 있다. 또한 경고등은 경보내용의 중요도 및 긴급도에 따라 Warning, Caution 및 Advisory light로 구분하여 경고등의 색깔을 다르게 한다. 조종사가 시각적으로 바로 판단할 수 있도록 일반 계기등과는 다르게 등의 밝기를 조절하지 않게 되어 있다. 최근에는 비행 중에 경보가 발생했을 경우 경보장치가 발령됨과 동시에 해당 고장의 구체적인 내용을 저장/기록 및 지시해주는 별도의 장치들을 갖추고 있어 비행 중에 적절한 조치를 취할 수 있도록 하고, 착륙 후에는 해당시스템의 정비에 있어 보다 용이하게 해주고 있다.

▌주의등(Caution Lights)

주의등은 시스템의 작동이 비정상적이나 비행에 치명적인 위험을 주지 않는 상황에 점등된다. 장시간 이런 상황을 유지할 경우에는 비행안전에 영향을 줄 수도 있기 때문에 가급적 신속한 조치가 필요하다. 주의등 색깔은 보통 황색(Amber)으로 지시한다.

▌경고등(Warning Lights)

경고등은 비행안전에 직접 영향을 줄 수 있는 상황이며, 즉각적인 대응조치를 필요로 한다. 경고등 색깔은 적색(Red)으로 지시한다.

▌Advisory Lights

Advisory lights는 시스템의 동작여부, 작동상태를 지시하며 안전한 상태임을 알려준다. 주로 녹색(Green) 이나 파란색(Blue)으로 점등된다.

9.1.2 항공기의 경고시스템 사례

주로 항공기 비행안전에 중요한 시스템은 대부분 공통적으로 적용하고 있는데, 항공기 엔진(Engine), 연료시스템(Fuel system), 유압시스템(Hydraulic system), 화재 및 과열 경보장치(Fire & Overheat Detection system), 실속감지장치(Stall Detection system), 방빙장치(Anti-icing system), 착륙장치(Landing Gear system) 등이 있다.

▌항공기 엔진

항공기에 탑재된 장비 중 엔진은 가장 중요한 장비들 중 하나이다. 엔진은 항공기 비행에 필요한 추력(Thrust)를 제공하는 것뿐만 아니라 항공기에 필수적인 전원을 공급하는 발전기와 유압을 생성하는 유압펌프를 구동시키는 역할을 한다. 따라서 비행안전에 매우 중요하기 때문에 엔진의 상태를 감시하고, 고장 발생 시에는 신속 정확하게 그 상황을 조종사에게 알리고 적절한 조치를 취하도록 해야 한다. 조종실에는 엔진관련 계기, 앞 절에서 설명한 중앙 집중식 통합경보시스템 및 별도로 엔진 관련 계기 및 고장내용을 지시해 주는 판넬을 설치하는 경우도 있다. 아래 그림은 EICAS(Engine Indication & Crew Alerting system)를 보여주는 것으로 엔진과 관련된 통합 계기판의 하나이다. 최근 엔진은 자체적으로 엔진의 상태를 모니터링하기 위한 장비를 설치하고 Fault detection/isolation 기능이 매우 강화된 엔진제어시스템을 구비하고 있다.

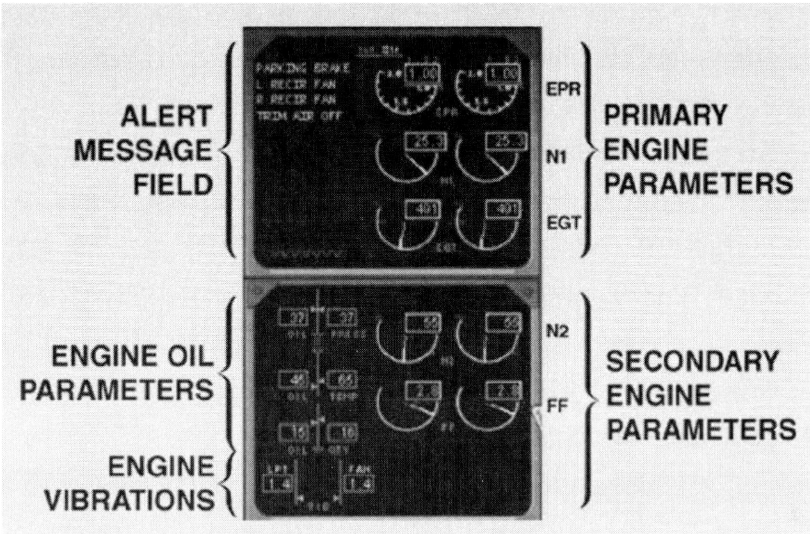

그림 9.2 EICAS(Engine Indication & Crew Alerting system)

▌대지 접근경보장치(GPWS)

항공기 사고의 원인 중 가장 많은 부분을 차지하는 것은 주로 조종사의 판단 실수나 조종 미숙으로 인한 것이다. 특히 이/착륙할 때 많이 발생한다. 착륙 중에 기체의 고장 없이 발생하는 사고의 대부분은 주변 상황을 잘못 판단하여 규정된 항로를 벗어나거나 지상과의 의사소통이 제대로 이루어지지 않은 것이 원인이다. 항공기 사고의 가장 흔한 형태인 지형과의 충돌사고는 좋지 않은 기상 상황(구름, 안개, 돌풍, 뇌우 등)에서 착륙을 감행하기 때문에 발생한다. 이런 사고를 방지하기 위해 대지 접근경보장치(Ground Proximity Warning system)가 개발되어 1975년부터 모든 항공기에 장착하도록 의무화되어 있다. 다른 명칭으로는 Terrain Proximity Warning system이라고도 불린다. 대지 접근경보장치에서 발령하는 경보에는 7가지의 Mode로 구분되어 있다. 각 Mode의 내용은 다음과 같다.

Model 1: 과도한 강하율

Model 2: 과도한 지면 접근율

Model 3: 이륙 후의 과도한 고도감소

Model 4: 활주로에 진입하지 않은 경우(착륙준비가 안된 상황) 과도한 고도 하강

Model 5: Glide Slope이하의 강하

Model 6: 전파고도계의 음성메시지 기능

Model 7: Windshear 경고

최근에는 좀 더 개선된 Enhanced GPWS를 개발하여 사용하고 있다. 과거의 대지 접근경보장치에 공항 항법장치의 정보를 받아 컴퓨터에 내장된 디지털 지도(Digital Map)와 비교하여 충돌을 예측하는 기능도 포함하고 있다.

대지 접근경보장치와 함께 공중에서의 항공기 충돌을 예방하기 위한 공중 충돌 회피장치(Traffic Alert and Collision Avoidance System 혹은 Airborne Collision Avoidance System)가 있다. TCAS I, TCAS II로 구분하여 선택된 거리 내에 있는 모든 항공기를 식별하여 위협 가능성을 알리는데(TCAS I), 이와 함께 조종사에게는 회피지시를 내리는(TCAS II) 기능을 가지고 있다.

▌이륙관련 경고(Take-off configuration warning)

B737 항공기의 경우 이 설치되어 있다. 항공기가 지상에 있고 두 개의 추력 레버(thrust lever)중 하나 혹은 두 개 모두가 이륙을 위한 추력 조건으로 앞으로 전진되어 있는 경우와 뒷전 플랩(trailing edge flap), 앞전 플랩(leading edge flap), stabilizer, speedbrake, parking brake 등이 적절한 위치에 있지 않는 경우가 되면 소리로 경고 메세지를 전달해 준다.

▌착륙장치관련 경고(Landing gear configuration warning)

B737에는 랜딩기어에서 오는 신호, 랜딩기어 레버(landing gear lever) 위치, 추력 레버(thrust lever) 위치 신호를 이용하여 landing gear indication lights가 점등된다. 우선 랜딩기어 위치와 랜딩기어 위치 레버 위치가 서로 일치하지 않는 경우와 랜딩기어 downlock이 되지 않았을 경우 붉은색(red) 등이 점등된다. 랜딩기어가 내려와 downlock이 걸리면 초록색(green)등이 들어온다. 또한 추력 레버의 위치와 플랩의 위치(각도)와 연관해서 몇 가지 경우에 대해서 소리 메시지(aural message)가 발령된다.

▌실속감지장치(Stall Warning System)

항공기 실속(stall)은 항공기의 비행안전성에 좋지 않으며, 항공기의 추락으로 이어질 수 있다. 실속이 발생하면 양력이 급격히 감소하고 저항이 증가하는 현상으로 항공기가 급격하게 불안정한 비행을 유발할 수 있다. 따라서 항공기가 실속받음각(stall angle) 이상으로 비행하는 경우에는 조종사에게 적절한 경보를 제공해야만 한다. 그림은 실속감지 센서의 한 종류를 나타낸 그림으로서 슬럿(Slot)을 통해 유입된 공기가 Paddle를 회전시키고 이는 센서의 저항값을 변하게 하여 받음각으로 변환하도록 한다.

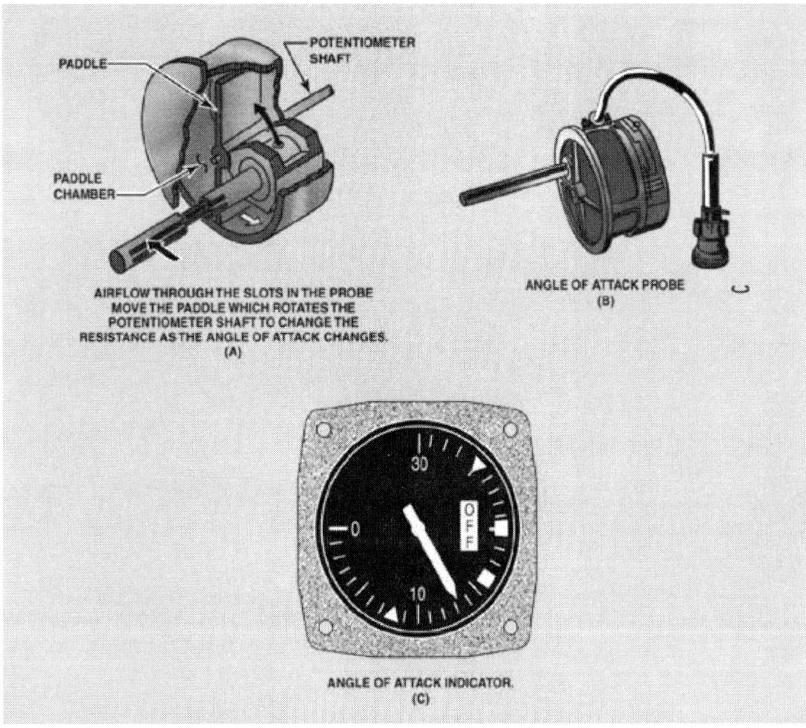

그림 9.3 실속 감지 센서

9.2 경고계통 실습

경고계통의 실습은 아래 모듈(우측 판넬)을 사용한다. 본 실습에서는 주요 경고내용의 사례와 대지접근장치의 사례를 가지고 실습한다.

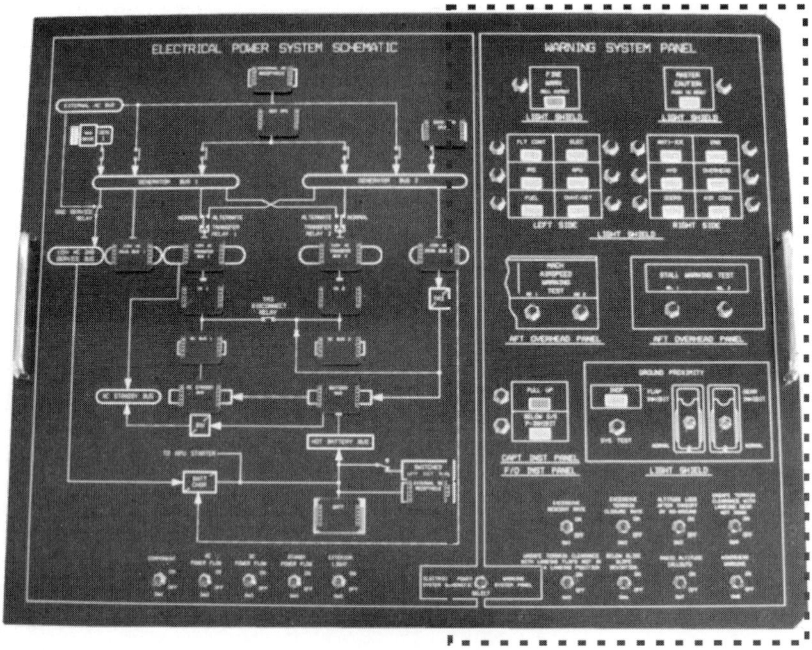

그림 9.4 WARNING SYSTEM MODULE

WARNING AND CAUTION LIGHTS	MACH/AIRSPEED WARNING AND STALL WARNING TEST SWITCHES	GPWS CONTROLS AND INDICATORS
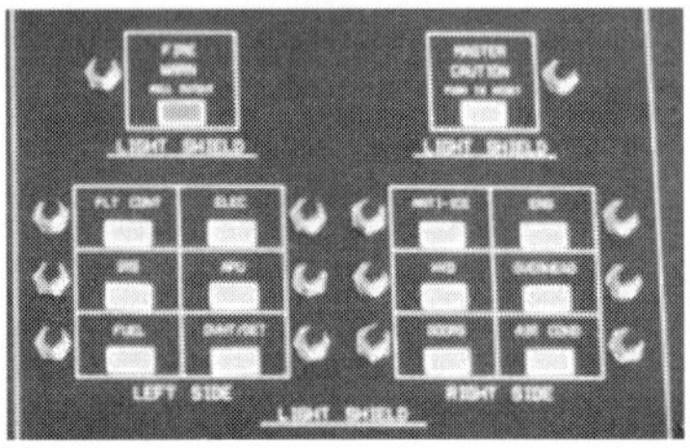		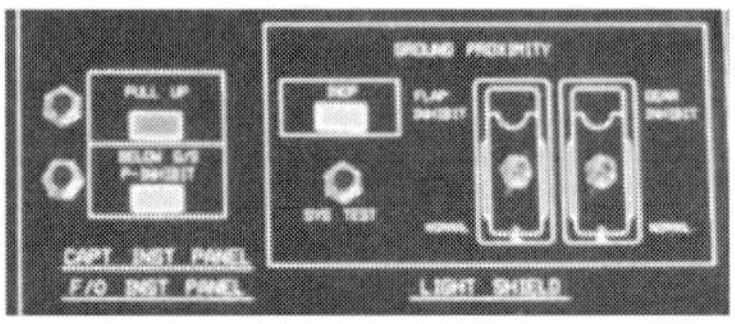

SCENARIO SWITCH
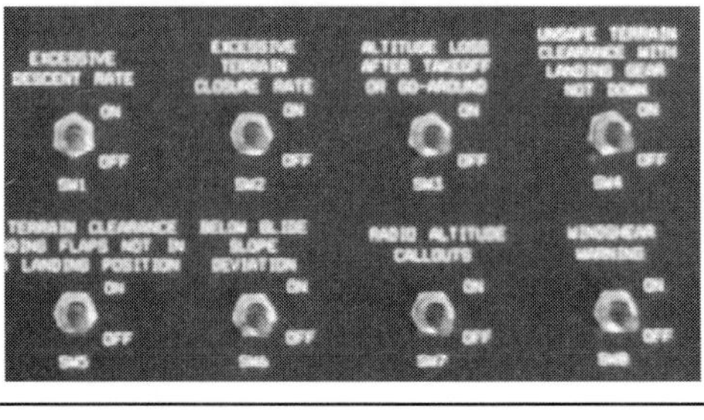

그림 9.5 WARNING SYSTEM MODULE 각 부의 명칭

component 없음

번호	scenario switch 명칭
SW1	MODE1
SW2	MODE2
SW3	MODE3
SW4	MODE4
SW5	MODE4B
SW6	MODE5
SW7	MODE6
SW8	MODE7

표 9.1 WARNING SYSTEM MODULE scenario switch

1) 베이스에 그림 9.4의 WARNING SYSTEM 모듈을 장착한 후 전원 스위치를 켠다.
2) 모듈 우측 하단에 있는 SCENARIO SWITCH의 위치를 OFF에 놓는다.

SCENARIO SWITCH NAME

- Scenario SW1 : Mode 1 - EXCESSIVE DESCENT RATE
- Scenario SW2 : Mode 2 - EXCESSIVE TERRAIN CLOSURE RATE
- Scenario SW3 : Mode 3 - ALTITUDE LOSS AFTER TAKEOFF OR GO-AROUND
- Scenario SW4 : Mode 4A - UNSAFE TERRAIN CLEARANCE WITH LANDING GEAR NOT DOWN
- Scenario SW5 : Mode 4B - UNSAFE TERRAIN CLEARANCE WITH LANDING FLAPS NOT IN A LANDING POSITION
- Scenario SW6 : Mode 5 - BELOW GLIDE SLOPE DEVIATION
- Scenario SW7 : Mode 6 - RADIO ALTITUDE CALLOUTS
- Scenario SW8 : Mode 7 - WINDSHEAR WARNING

3) 화면 좌측 상단에 있는 Panel INFO 항목을 클릭하면 실습을 진행하기 전에 모듈에 있는 각 스위치의 초기 위치를 확인할 수 있다.

4) SYSTEM PANEL SWITCH

4.1) WARNING AND CAUTION LIGHTS

• FIRE WARN

ILLUMINATED

- A Fire Warning Switch has illuminated (actual warning or system test).
- Alarm bell sounds.
- If on the ground, remote APU horn sounds.

PRESS

- Extinguishes both Master FIRE WARN Lights.
- Silences the alarm bell and remote APU horn.
- Resets the System for additional warnings.

Notes

The same actions result from pressing the Fire Warning Bell Cutout Switch on the Overheat/Fire Protection Panel.

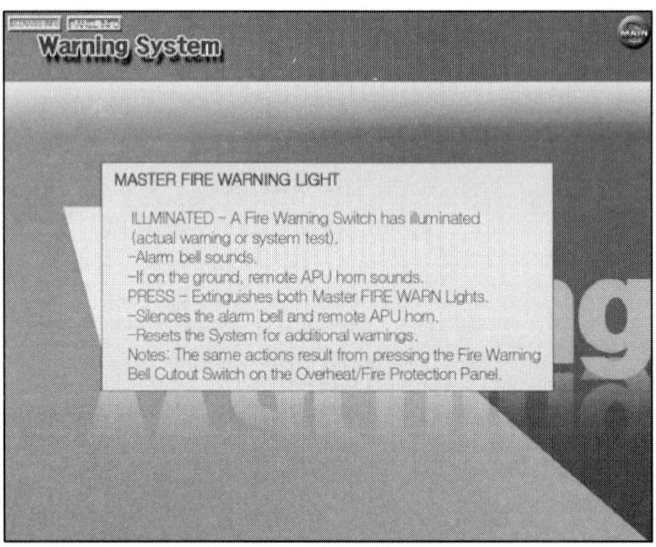

그림 9.6 FIRE WARNING MESSAGE

• MASTER CAUTION

ILLUMINATED

- A system annunciator light has illuminated.

PRESS

- Extinguishes both MASTER CAUTION Lights.
- System annunciator light(s) extinguish.
- Resets the system for additional master caution conditions.

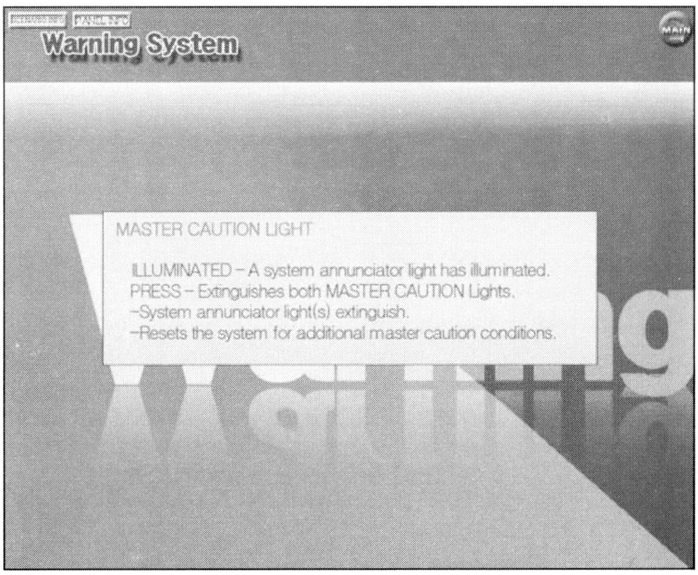

그림 9.7 MASTER CAUTION MESSAGE

- FLT, IRS, FUEL, ELEC, APU, OVHT/DET

  ILLUMINATED

  - An amber light has illuminated on the respective system module.
  - Includes only those systems located on the Overhead, Aft Overhead, and Fire Protection Panels.

  TO EXTINGUISH

  - Press either MASTER CAUTION Light.

  TO RECALL

  - Press and release either System Annunciator Panel.
  - If a master caution condition exists the appropriate system annunciator(s) and MASTER CAUTION Lights illuminate.

■ FLT CONT	■ IRS	■ FUEL
LOW QUANTITY LOW PRESSURE FEEL DIFF PRESS SPEED TRIM FAIL MACH TRIM FAIL AUTO SLAT FAIL YAW DAMPER	FAULT ON DC DC FAIL	LOW PRESSURE FILTER BYPASS
■ ELEC	■ APU	■ OVHT/DET
LOW OIL PRESSURE/DRIVE HEIGH OIL TEMP TRANSFER BUS OFF BUSS OFF	LOW OIL PRESSURE FAULT OVERSPEED	ENGINE 1 OVERHEAT ENGINE 2 OVERHEAT APU DET INOP

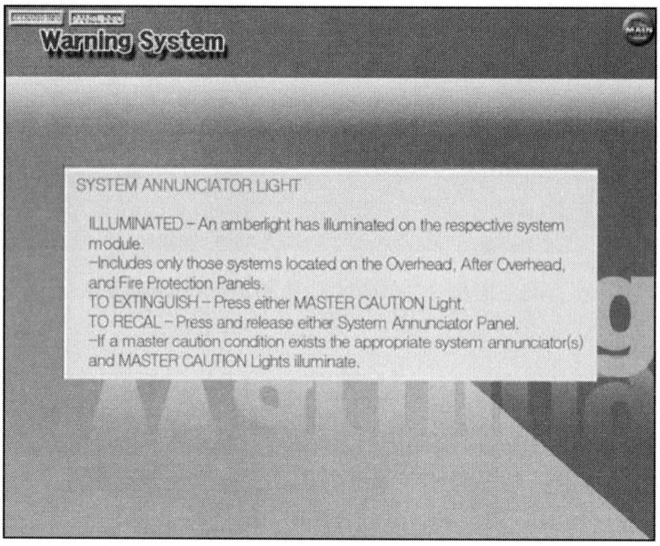

그림 9.8 FLT, IRS, FUEL, ELEC, APU, OVHT/DET

- ANTI-ICE, HYD, DOORS, ENG, OVERHEAD, AIR COND

  ILLUMINATED

  - An amber light has illuminated on the respective system module.
  - Includes only those systems located on the Overhead, After Overhead, and Fire Protection Panels.

  TO EXTINGUISH

  - Press either MASTER CAUTION Light.

TO RECALL

- Press and release either System Annunciator Panel.
- If a master caution condition exists the appropriate system annunciator(s) and MASTER CAUTION Lights illuminate.

■ ANTI-ICE	■ HYD	■ DOORS
WINDOW OVERHEAT PITOT HEAT COWL ANTI-ICE	OVERHEAT LOW PRESSURE	FWD/AFT ENTRY EQUIP FWD/AFT CARGO FWD/AFT SERVICE
■ ENG	■ OVERHEAD	■ AIR COND
REVERSER PMC-INOP LOW IDLE	EQUIP COOLING - OFF EMER EXIT LIGHTS - NOT ARMED FLIGHT RECORDER - OFF PASS OXY ON	ZONE TEMP DUAL BLEED PACK WING-BODY OVERHEAT BLEED TRIP OFF AUTO FAIL OFF SCHED DESCENT

4.2) MACH/AIRSPEED WARNING AND STALL WARNING TEST SWITCHES

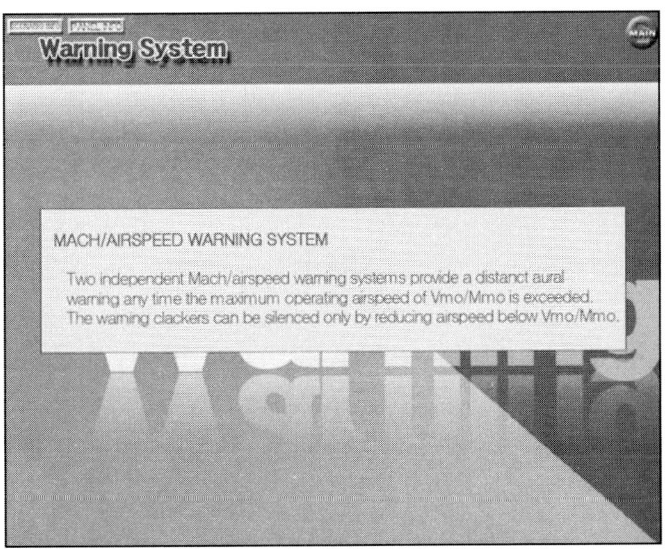

그림 9.9 MACH AIRSPEED WARNING MESSAGE

- MACH AIRSPEED WARNING NO. 1, NO. 2

  PRESS

  - Two independent Mach/airspeed warning systems provide a distinct aural warning any time the maximum operating airspeed of Vmo/Mmo is exceeded.
  - The warning clackers can be silenced only by reducing airspeed below Vmo/Mmo.

- STALL WARNING TEST NO. 1, NO. 2

  PRESS

  - Warning of an impending stall is required to occur a minimum of seven percent above actual stall speed.
  - Natural stall warning (buffet) usually occurs at a speed prior to stall.

    In some configurations the margin between stall and stall warning (buffet) is less than the required seven percent.
  - Therefore, an artificial stall warning device, a stick shaker, is utilized to provide the required warning.

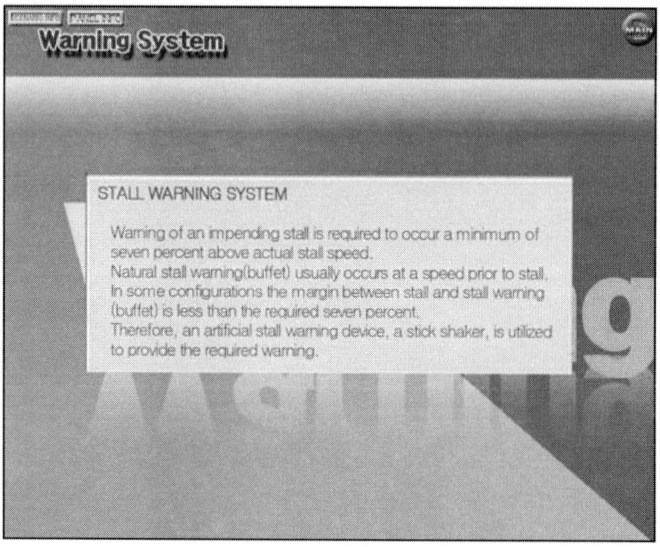

그림 9.10 STALL WARNING MESSAGE

• GPWS CONTROLS AND INDICATORS

4.2.1) PULL UP

ILLUMINATED

- Indicates that one or more of the following conditions exists:
- Excessive descent rate
- Excessive terrain closure rate
- Altitude loss after takeoff or go-around
- Unsafe terrain clearance when not in the landing configuration.

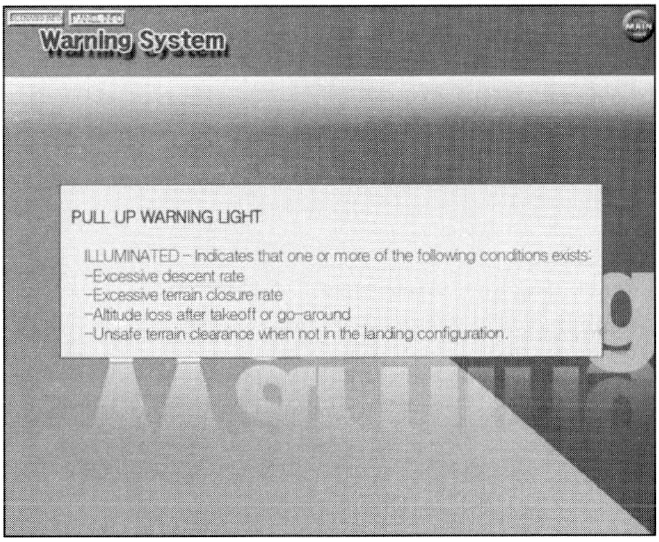

그림 9.11 PULL UP MESSAGE

4.2.2) BELOW G/S

ILLUMINATED

- Airplane is more than 1.3 dots below the glide slope.

PRESS

- Inhibits or cancels below glide slope alerting if pressed while in the alerting area.

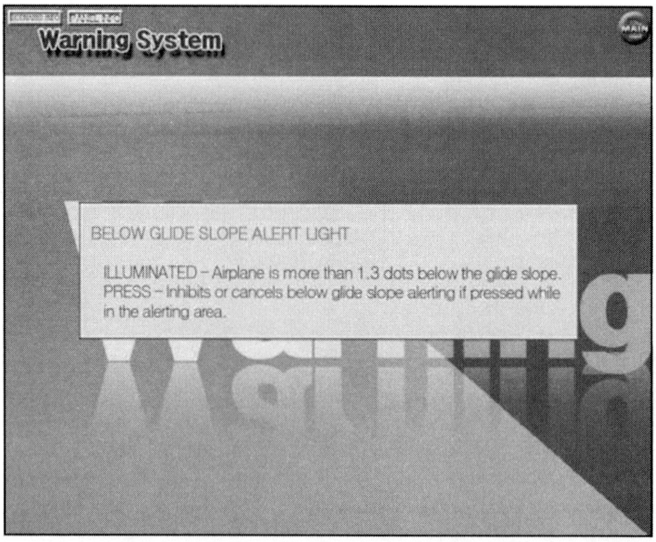

그림 9.12 BELOW G/S MESSAGE

4.2.3) INOP

ILLUMINATED

- GPWS computer malfunction or power loss.
- Invalid inputs are being received from the radio alt., ADC, ILS receiver, IRS, FMC, Stall Management Computers, or EFIS Control Panel.

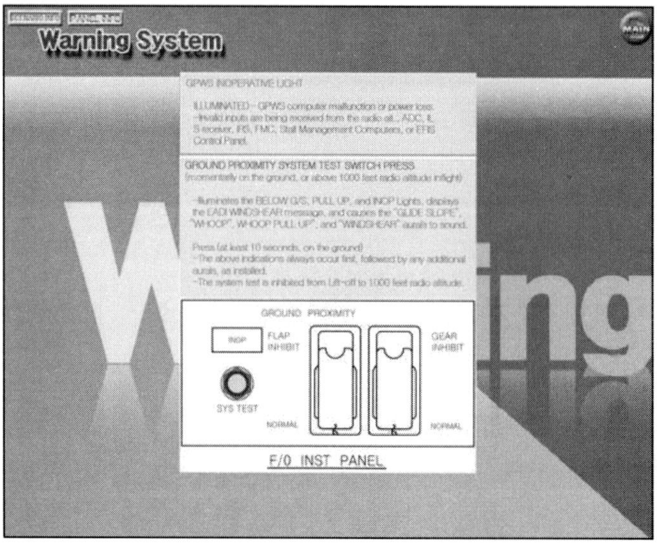

그림 9.13 INOP MESSAGE

4) SYS TEST

PRESS(momentarily on the ground, or above 1000 feet radio altitude inflight)

- Illuminates the BELLOW G/S, PULL UP, and INOP Lights, displays the EADI WINDSHEAR message, and causes the "GLIDE SLOPE", "WHOOP, WHOOP PULL UP", and "WINDSHEAR" aurals to sound.

Press (at least 10 seconds, on the ground)

- The above indications always occur first, followed by any additional aurals, as installed.
- The system test is inhibited from Lift-off to 1000 feet radio altitude.

5) GROUND PROXIMITY

NORMAL (guarded position)

- Flap or Landing gear position logic is provided for Modes 2, 3 and 4.

INHIBIT

- Inhibits or cancels warnings/alerts caused by the flaps not in the 30 or 40 position (FLAP INHIBIT), or landing gear not down (GEAR INHIBIT)

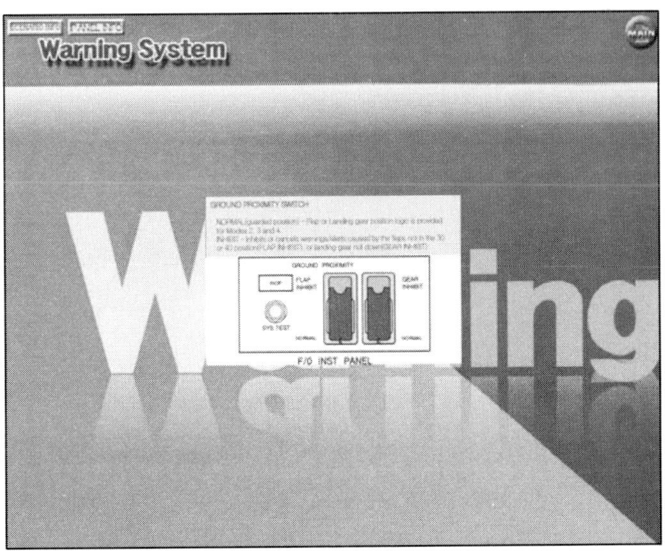

그림 9.14 GROUND PROXIMITY MESSAGE

5) SCENARIO SWITCH

5.1) Scenario SW1 : Mode 1 - EXCESSIVE DESCENT RATE

Mode 1 has two boundaries and is independent of airplane configuration. Penetration of the first boundary activates the PULL UP lights and generates a repeated aural alert of "SINK RATE". Penetrating the second boundary causes the repeated aural warning of "WHOOP WHOOP PULL UP".

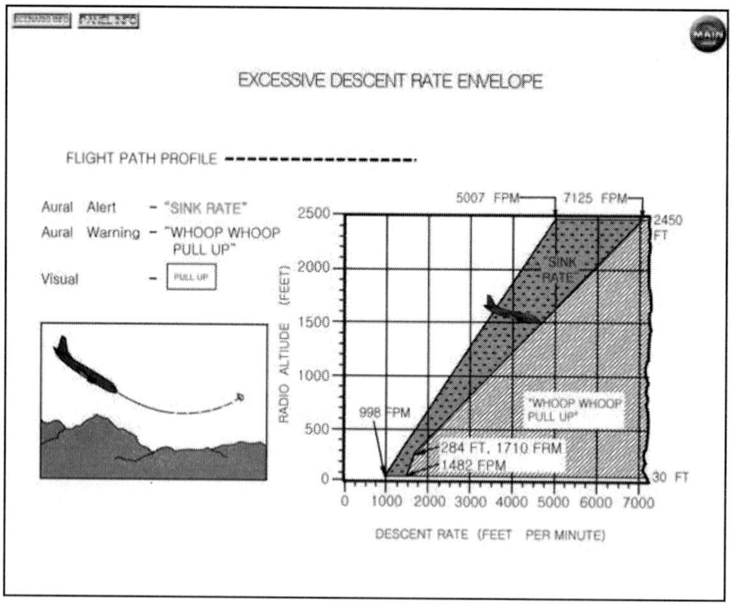

그림 9.15 EXCESSIVE DESCENT RATE 결과 화면

5.2) Scenario SW2 : Mode 2 - EXCESSIVE TERRAIN CLOSURE RATE

Mode 2 monitors airspeed, radio altitude and radio altitude rate of change, barometric altitude rate of change and airplane configuration.

Mode 2 has two boundaries. Penetrating the first boundary causes an aural alert of "TERRAIN" repeated twice, followed by the repeated aural warning "WHOOP WHOOP PULL UP". After leaving the PULL UP area, the repeating "TERRAIN" message will again be heard while in the TERRAIN portion of the envelope.

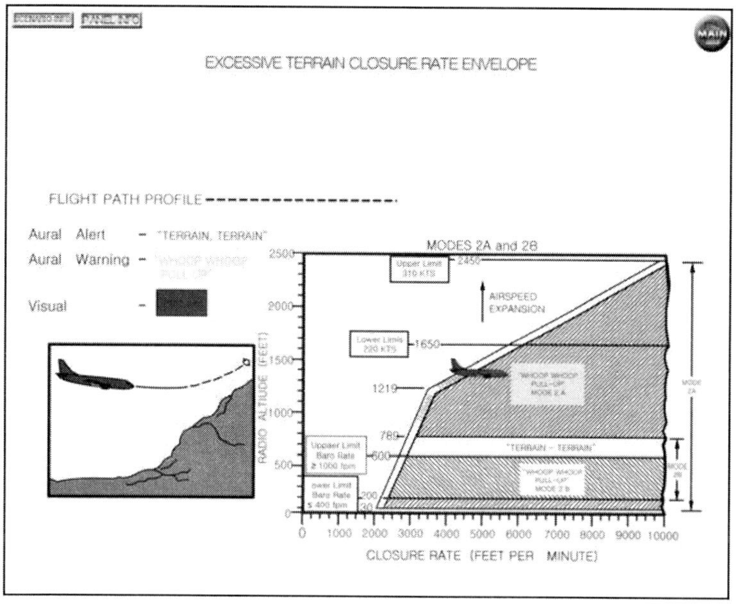

그림 9.16 EXCESSIVE TERRAIN CLOSURE RATE 결과

5.3) Scenario SW3 : Mode 3 - ALTITUDE LOSS AFTER TAKEOFF OR GO-AROUND

Mode 3 provides an alert if a descent is made during the initial takeoff climb or during a go-around. Entering the envelope causes a repeated aural alert of "DON'T SINK". The alert continues until a positive rate of climb is established. If the airplane descends again before climbing to the original descent altitude, another alert is generated based on the original descent altitude.

This mode is active during takeoff or when either the flaps or the gear are raised during a missed approach, below 245 feet radio altitude.

After takeoff, Mode 4 will normally be armed when passing 700 feet radio altitude. An expanded upper limit of 1333 feet radio altitude is used at airspeeds greater than 190 knots to prevent premature switching from Mode 3 to a possible Mode 4 warning on climbout.

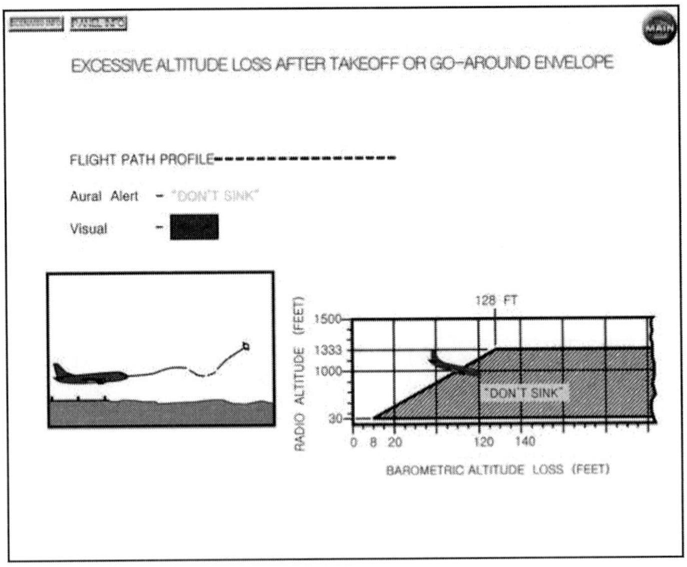

그림 9.17 ALTITUDE LOSS AFTER TAKEOFF OR GO-AROUND 결과

5.4) Scenario SW4 : Mode 4A - UNSAFE TERRAIN CLEARANCE WITH LANDING GEAR NOT DOWN

The unsafe terrain clearance mode with gear retracted is armed after takeoff upon climbing through 700 feet radio altitude. The standard upper boundary for Mode 4A is 500 feet radio altitude. When this envelope is penetrated below 190 knots and 250 knots the upper boundary of the envelope is extended to 1000 feet radio altitude.

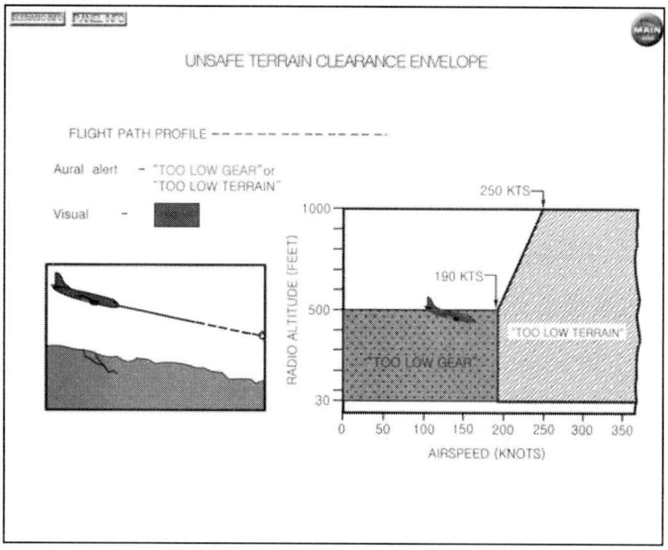

그림 9.18 UNSAFE TERRAIN CLEARANCE WITH LANDING GEAR NOT DOWN

5.5) Scenario SW5 : Mode 4B - UNSAFE TERRAIN CLEARANCE WITH FLAPS NOT IN A LANDING POSITION

This mode provides a alert when the landing gear is down and flaps are not in the landing position. When the envelope is penetrated below 159 knots the aural alert "TOO LOW FLAPS" is repeated. Above 159 knots, the aural alert "TOO LOW TERRAIN" is repeated. Between 159 knots and 250 knots the upper boundary of the envelope is increased to 100 feet radio altitude.

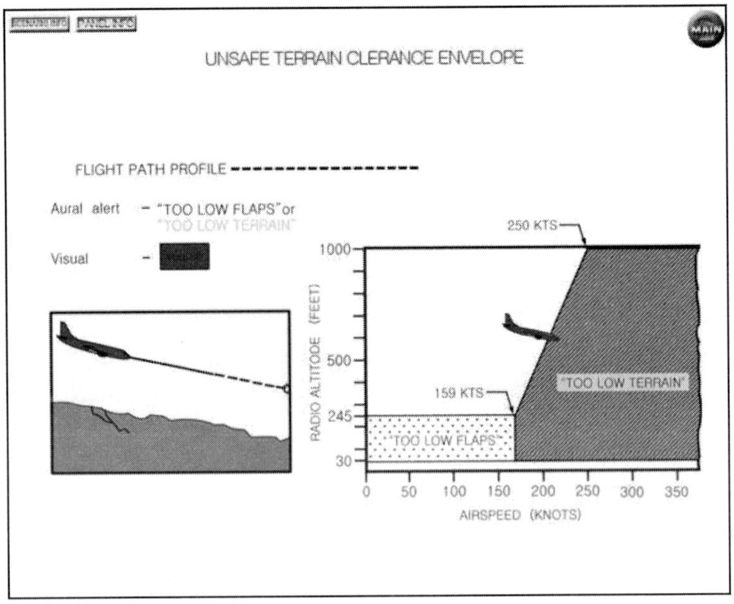

그림 9.19 UNSAFE TERRAIN CLEARANCE WITH FLAPS NOT IN A LANDING POSITION

5.6) Scenario SW6 : Mode 5 - BELOW GLIDE SLOPE DEVIATION

Mode 5 alerts the flight crew of a descent of more than 1.3 dots below an ILS glide slope. The envelope has two areas of alerting, Soft and Loud. In both areas, the alert is a repeated voice message of "GLIDE SLOPE" and illumination of both pilots' BELOW G/S lights. The voice message amplitude is increased when entering the loud alerting area. In both area, the voice message repetition relate is increased as glide slope deviation increases and radio altitude decrease.

The mode is armed when a valid signal is being received by the Captain's glide slope receiver and radio altitude is 1000 feet or less.

The mode may be inhibited anytime or cancelled anywhere below 1000 feet radio altitude by pressing either pilot's BELOW G/S light. The mode will rearm when climbing above 1000 feet radio altitude or descending below 30 feet radio altitude.

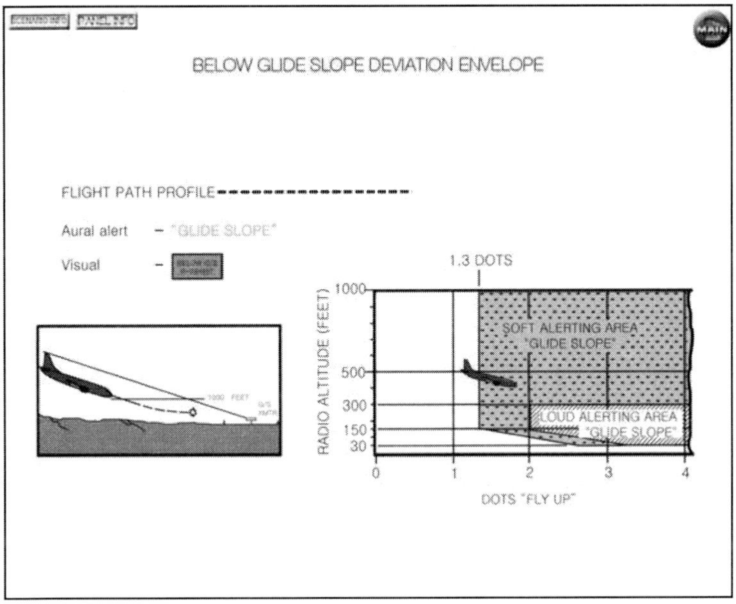

그림 9.20 BELOW GLIDE SLOPE DEVIATION

5.7) Scenario SW7 : Mode 6 - RADIO ALTITUDE CALLOUTS

The GPWS provides the following radio altitude callouts during approach and landing:

"TWO HUNDRED"

"ONE HUNDRED"

"FIFTY"

"FORTY"

"THIRTY"

"TWENTY"

"TEN"

Once an altitude has been called out, it will not function again until after the airplane climbs above 1000 feet radio altitude. All other GPWS aurals have priority over the radio altitude aural callouts.

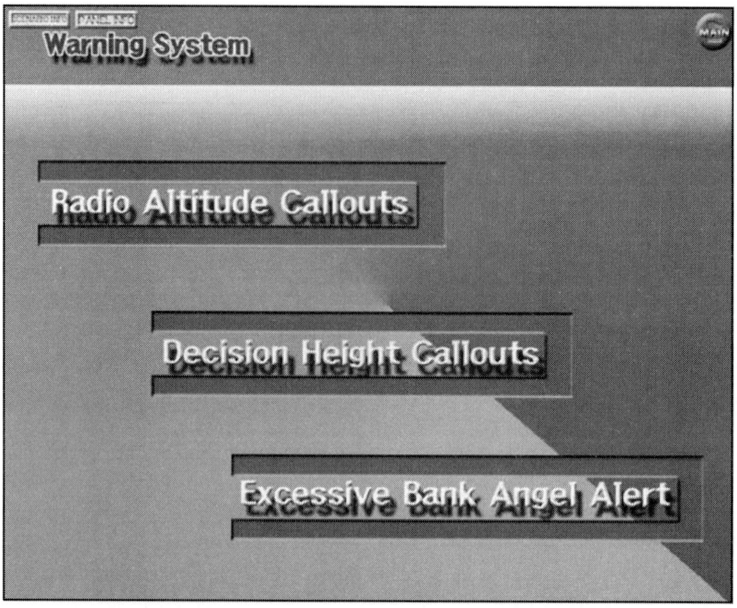

그림 9.21 RADIO ALTITUDE CALLOUTS

5.8) Scenario SW8 : Mode 7 - WINDSHEAR WARNING

The GPWS Provides aural and visual warning of windshear conditions. The aural warning consists of a two-tone siren followed by the voice warning "WINDSHEAR, WINDSHEAR, WINDSHEAR". The aural warning is activated only once during a windshear encounter. The visual waning is provided by a Windshear Warning message on each EADI. The message remains until windshear conditions cease to exist. The windshear warnings take priority over all other GPWS modes. A windshear condition is detected using comparisons of angle-of-attack, IRS acceleration, and airspeed from the air data computer. The minimum windshear intensity which activates a warning is dependent upon flap position, radio altitude, and phase of flight (takeoff or approach). Warnings are available only below 1500 feet radio altitude. On takeoff, warnings become available at rotation.

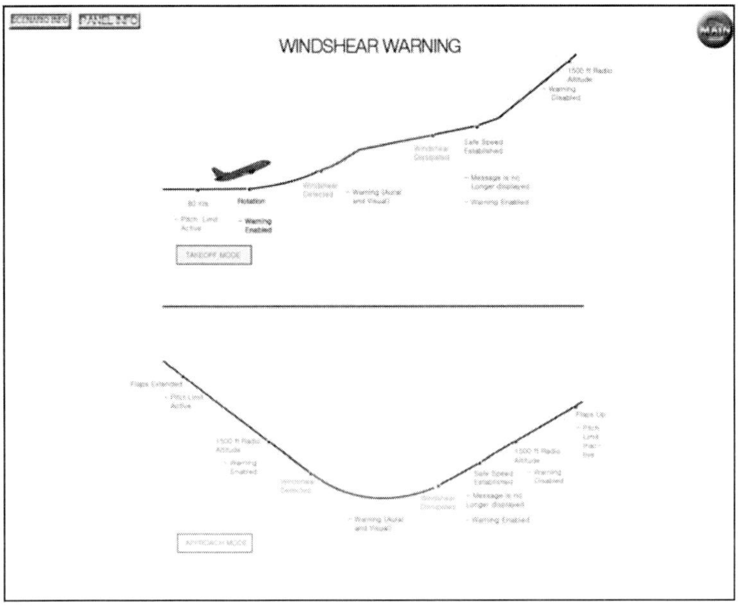

그림 9.22 WINDSHEAR WARNING

CHAPTER 10

보조동력계통
APU system

10.1 보조동력계통 개요

항공기의 보조동력 계통은 항공기의 엔진 시동과 공압의 공급원으로서 매우 중요한 역할을 하는 장비이다.

10.1.1 항공기 공압 공급원

항공기 엔진 외에도 APU를 통하여 고온 고압의 공기를 제공할 수 있다. APU는 소형 가스터빈 엔진으로서 설계의 목적이 엔진처럼 추력발생이 아니고 에너지나 동력을 발생시키기 위한 것이다. 항공기가 지상에 있을 때 엔진의 시동, 전기나 공압의 제공이 일차 목적이며, 때로는 비행 중 대체 동력원으로 사용하기도 한다. 일부 항공기에서는 비행 중 엔진 재점화 기능을 도와주거나 비행영역 중 일부 영역에서 엔진의 과부하를 완화시키는 역할도 할 수 있도록 비행 중에도 가동되는 APU를 요구하기도 한다.

10.1.2 엔진시동

블리드 공기의 고압(high pressure)은 지상에서 엔진을 시동시키는 원동력을 제공할 수 있다. APU의 고압 블리드 공기는 엔진 혹은 항공기 기어박스에 연결된 공압 터빈 시동기(air turbine starter)를 구동시킨다. 엔진시동 과정이 시작되면 연료공급과 함께 점화회로에 전원이 공급되고, 이후에는 엔진이 점화되어 스스로 회전하게 된다. 대략 고압의 공기로를 이용하여 엔진의 최대 회전수 대비 약 15~20% 정도까지 돌릴 수 있다.

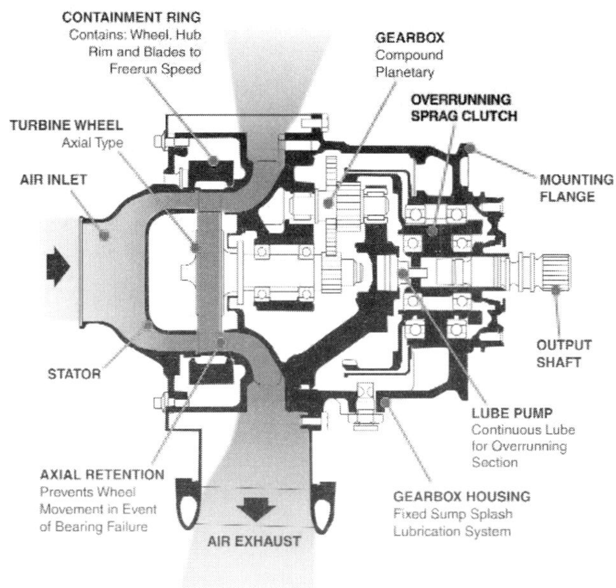

그림 10.1 Air turbine starter 구조

10 2 비상동력(Emergency power)

현대의 최신 항공기에는 전기동력, 유압동력, 엔진 그리고 비행제어와 같은 주요 시스템의 고장 혹은 다중 고장(multiple failure) 상황에서도 안전하게 비행할 수 있도록 다중 대체시스템(multiple redundancy)이 설치되어 있다. 민간 항공기의 경우 다중 대체 시스템은 4중 대체시스템(quadruple redundancy)까지 나와 있는데, 보통 군용기는 이 정도 수준까지 적용된 경우는 드물다. 그러나 어떤 형태로든 고장을 대체할 수 있는 비상 시스템들이 장착되어 있다. 특히 동력 손실이 곧 항공기 전체의 손실과 직결될 수 있는 엔진의 FADEC(Full Authority Digital Electronic Control)과 비행제어시스템을 가지는 항공기에서는 더욱 비상 대체시스템이 필요하게 된다.

고 받음각으로 비행하는 항공기에서 엔진 흡입구로 유입되는 공기 흐름은 비행 중 엔진정지(flame out)를 유발시킬 수 있다. 비행 중에 엔진이 정지되면 추력뿐만 아니라 전기동력과 유압동력이 상실되기 때문에 항공기 사세를 잡아 엔진의 공중재시동을 시도할 수 있도록 대체 시스템의 작동이 필요하게 된다.

엔진의 고장으로 인해 잃어버리는 전기동력과 유압동력을 발생시키는 대체시스템에는 몇 가지가 있으며 항공기 기종마다 다른 시스템을 장착하고 있다. 비상 전기동력에 관해서 자세한 내용과 그림은 6.3.4절에 설명하였다. 비상 유압동력은 아래에서 설명하는 몇 가지 비상동력 시스템을 이용하여 비상 유압장치를 작동시킨다.

▌APU(Auxiliary Power Unit)

항공기 엔진의 추력을 제외한 나머지 전기, 유압, 공압동력을 발생시키는 장치를 보통 이차동력장치(secondary power system)라고 하는데 여기에는 보조동력장치(APU), 비상동력장치(EPU)가 있다. 보통 보조동력장치(APU)는 엔진을 시동시키는 것이 첫 번째 목적이다. 정지상태의 개스터빈(gas turbine) 엔진 압축기(compressor)가 스스로 회전해서 유지될 수 있는 회전수 상태(self-sustaining operation)까지 보조동력장치가 돌려주게 된다. 소형 비행기는 전기모터(electrical motor), 대형 항공기에서는 공기터빈 모터(air turbine motor)에 의해서 엔진시동을 한다. 엔진 시동을 하기 위해 보조동력장치가 먼저 작동되는데 이때 보통 배터리 전원이나 유압 축압기(hydraulic accumulator)의 동력을 이용한다. 보조동력장치가 시동되고 나면 여기서 만들어 지는 전기, 공압, 혹은 유압동력을 이용하여 항공기 엔진을 시동시킨다. 엔진시동이 주목적인 보조동력장치는 엔진이 비행 중에 정지 혹은 엔진 동력계통의 고장 나는 경우에 비상 전기, 유압동력을 제공하는 기능을 할 수 있다. 또한 지상에서 엔진시동을 하기 전에 객실의 냉난방을 위한 공압을 제공하기도 하며, 유압 작동기를 구동시켜 비행 전 비행조종면의 기능 확인할 수 있다. 보통 민간 여객기는 꼬리 날개쪽 동체에 보조동력장치를 설치하고 있다.

▌EPU(Emergency Power Unit)

비상동력장치(EPU)는 터빈과 기어박스(gear box)로 구성되며, 기어박스에 비상 발전기와 비상 유압펌프가 장착된다. 터빈이 구동되면 터빈과 물려있는 기어박스에 의해 유압펌프와 발전기를 가동시킬 수 있게 된다. 터빈을 구동시키는 방법은 여러 가지가 있을 수 있는데 우선 별도의 탱크에 저장된 hydrazine과 물의 화학반응으로 생기는 고압의 기체(gas) 압력을 사용해서 터빈을 구동시키는 방법이 있으며 이 방법은 F-16, concord 시제기 그리고 Tornado 시제기에 적용되었다. 그러나 hydrazine의 유독성 때문에 현재는 잘 사용하지 않고 있으며, 다른 대체 방법으로는 별도의 고압탱크에 저장된 고압 기체로 터빈을 구동시키는 방법이 있다. 터빈의 작동은 비행 중 엔진의 회전수가 일정 이하로 떨어지거나 엔진의 꺼짐(flame out) 혹은 발전기 고장과 같이 비상상황 감지 시 자동 혹은 수동으로 작동시킬 수 있다. 그 외의 방법으로는 항공기 연료와 별도의 압축용기에 보관된 압축공기를 연소기로 보내 연소시키면 이때 발생하는 고온 고압의 연소가스로 터빈을 구동하는 방식이다. 터빈의 구동으로 비상발전기와 비상 유압펌프를 구동시켜 비상전원을 얻는 방식이다. 혹은 엔진이 작동하고 있는 상황에서 주발전기가 전원 공급을 못하면 엔진 블리드 공기로 터빈을 구동시켜 비상동력을 얻을 수도 있다.

Thermal battery

국내에서 개발된 T-50 초음속 훈련기의 경우, thermal battery을 적용한 전기식 비상 동력계통을 가지고 있다. 항공기 비상상황 시 thermal battery가 작동되면 270VDC가 생성되며 이를 전기 구동 유압펌프(Electric motor driven hydraulic pump)와 inverter에 공급하여 비상용 유압과 전기를 생산한다. 이와 같이 저장된 에너지를 사용하는 이유는 항공기의 고도, 속도등 외부조건에 관계없이 즉시 동력을 공급할 수 있는 장점이 있기 때문이다. 다만 사용시간에 제한이 있기 때문에 APU 등을 활용하여 비상동력계통 작동 시간을 늘리게 한다. 이 방식은 제한된 시간 동안만 사용할 수 있긴 하지만, 항공기 자세를 회복하고 엔진을 재시동 시키기에 충분한 동력을 가지고 있다.

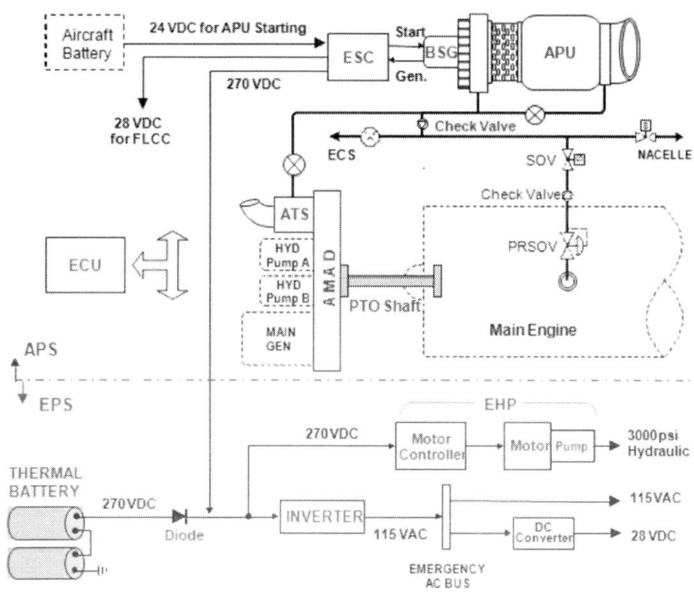

그림 10.2 T-50 thermal battery system schematic

▌RAT(Ram Air Turbine)

RAT는 항공기가 비행하면서 블레이드(blade)로 유입되는 공기의 에너지를 이용하여 터빈이 돌아가게 되며 이를 이용해 비상 유압펌프나 비상발전기를 가동시킨다. RAT에서 제공하는 동력은 제한된 동력만 제공할 수 있으며 항공기 동체 속에 있다가 엔진 회전수가 규정 이상으로 떨어지는 비상시에 자동 혹은 수동으로 동체 밖으로 나오게 된다. 대부분의 민간 항공기에서 많이 사용하며 군용기에서는 ADV Tornado와 Hawk 항공기에 장착되어 있다. 특히 Hawk기의 경우 RAT가 보통 동체 밑에 있는 것에 비해 동체 위에 설치되어 있다.

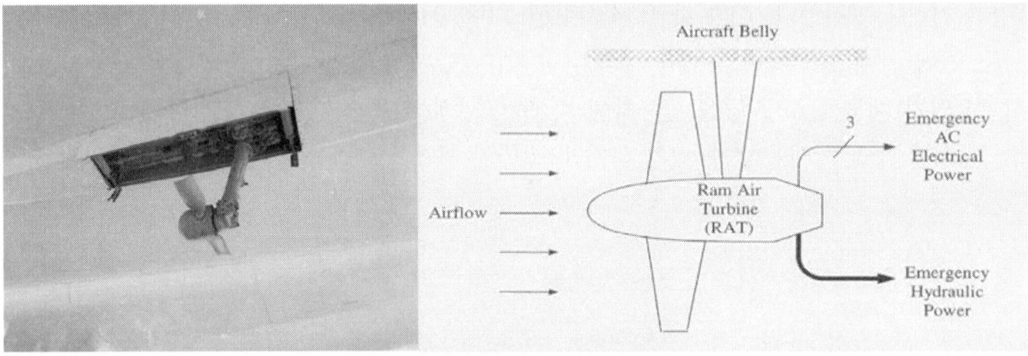

그림 10.3 Ram Air Turbine

10 3 보조동력 계통 실습

보조동력 계통 실습은 아래의 모듈(좌측)을 이용한다. 본 실습에서는 APU를 이용하여 엔진을 시동하는 과정을 이해한다.

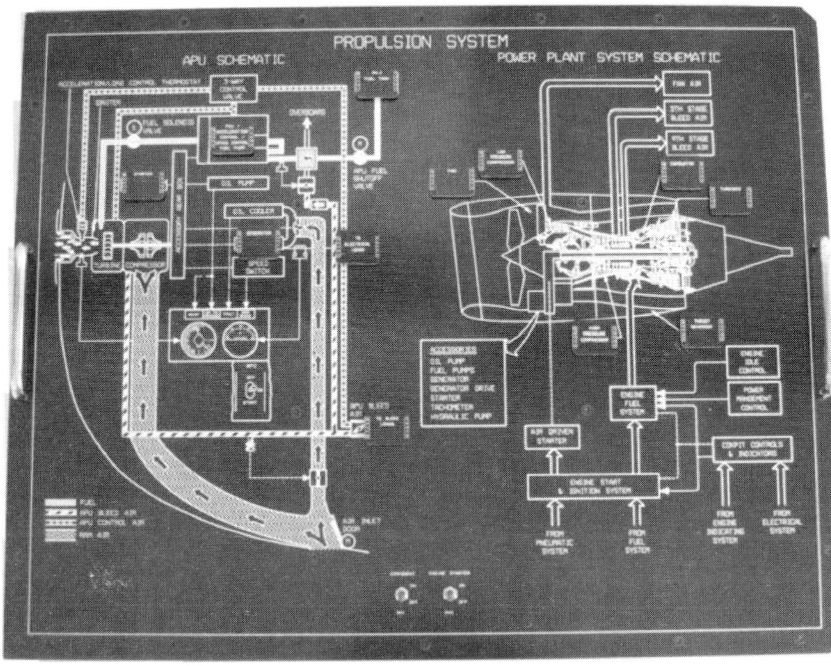

그림 10.4 APU SYSTEM MODULE

<table>
<tr><th>APU SCHEMATIC</th><th>COMPONENT</th></tr>
<tr><td>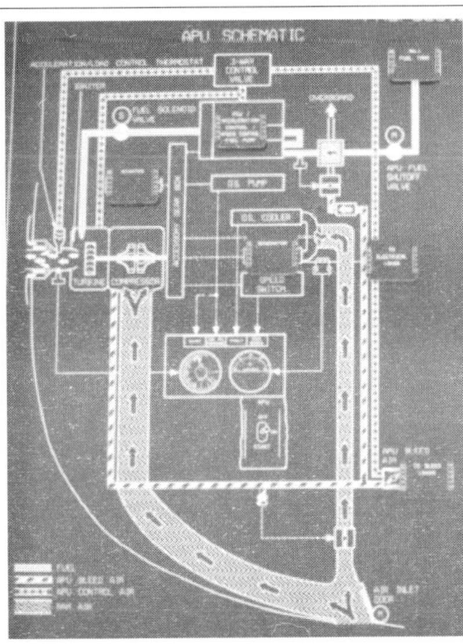</td><td>STARTER
FCU / ACCELERATION CONTROL / SPEED CONTROL FUEL PUMP
No.1 FUEL TANK
GENERATOR
TO ELECTRICAL LOADS
TO BLEED LOADS</td></tr>
</table>

<table>
<tr><th>POWER PLANT SYSTEM SCHEMATIC</th><th>COMPONENT</th></tr>
<tr><td>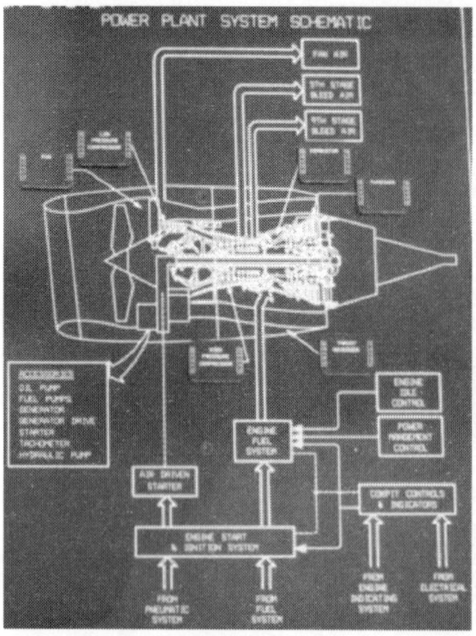
</td><td>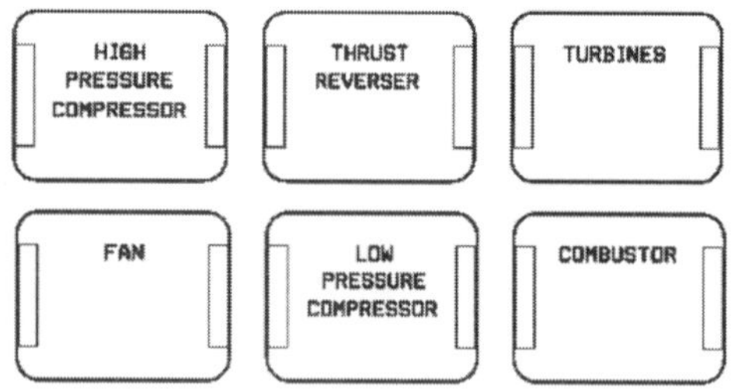
</td></tr>
<tr><th colspan="2">SCENARIO SWITCH</th></tr>
<tr><td colspan="2"></td></tr>
</table>

그림 10.5 APU SYSTEM MODULE 각 부의 명칭

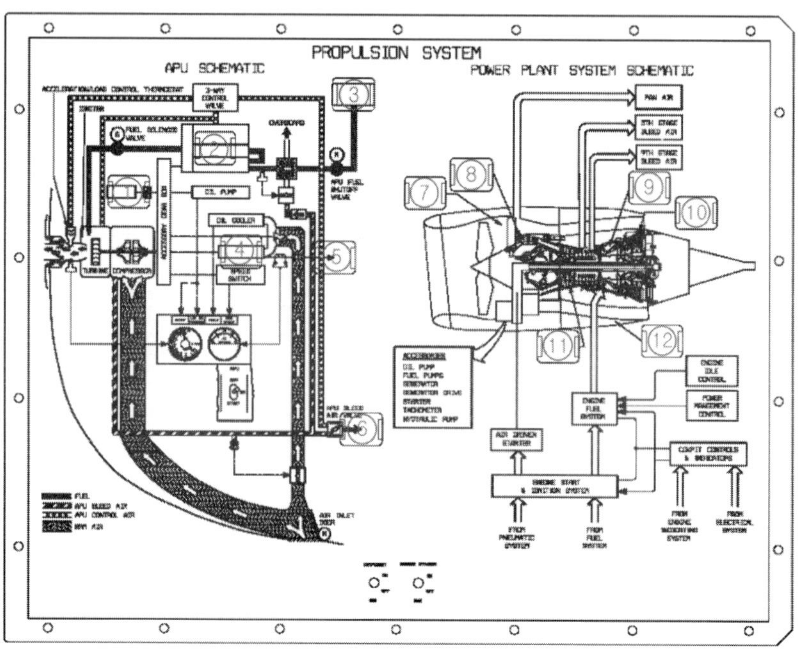

그림 10.6 APU SYSTEM MODULE SCHEMATIC

번호	component 명칭
①	STARTER
②	FCU / ACCELERATION CONTROL / SPEED CONTROL / FUEL PUMP
③	No.1 FUEL TANK
④	GENERATOR
⑤	TO ELECTRICAL LOADS
⑥	TO BLEED LOADS
⑦	FAN
⑧	LOW PRESSURE COMPRESSOR
⑨	COMBUSTOR
⑩	TURBINES
⑪	HIGH PRESSURE COMPRESSOR

번호	scenario switch 명칭
SW1	COMPONENT ON/OFF
SW2	ENGINE STARTER

표 10.1 APU SYSTEM MODULE component 및 scenario switch

1) 베이스에 그림 10.4의 WARNING SYSTEM 모듈을 장착한 후 전원 스위치를 켠다.
2) 모듈 중앙 하단에 있는 SCENARIO SWITCH의 위치를 OFF에 놓는다.

SCENARIO SWITCH NAME

- Scenario SW1 : COMPONENT ON/OFF
- Scenario SW2 : ENGINE STARTER

3) 화면 좌측 상단에 있는 Panel INFO 항목을 클릭하면 실습을 진행하기 전에 모듈에 있는 각 스위치의 초기 위치를 확인할 수 있다.
4) Scenario SW1 : COMPONENT ON/OFF

SW1이 OFF된 상태에서 COMPONENT를 정확한 위치에 부착한 후에 SW1을 ON한다. COMPONENT는 제자리에 부착된 경우(위치 및 방향이 일치해야 함)는 멜로디가 나오며, 실패한 경우에는 화면에 ? 표시가 나온다.

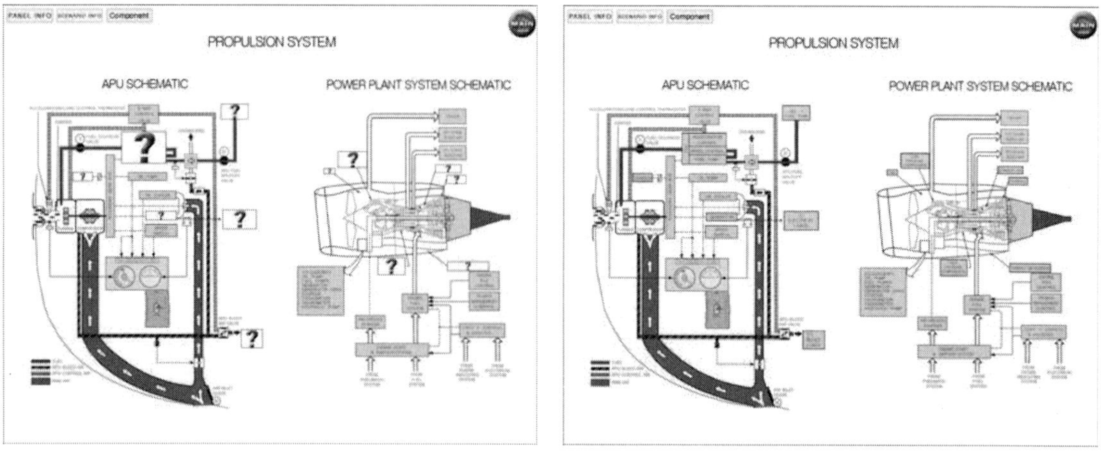

그림 10.7 APU SYSTEM component 장착 전/후의 결과 화면

5) Scenario SW2 : ENGINE STARTER

- Turbine Compressor가 회전하고 Starter가 작동되는 과정을 이해한다.
- Starter에 연결된 Gear가 연결된 후에 (우측) 엔진이 회전하는 과정을 이해한다.
- Cutoff상태에서 Idle 상태로 레버가 이동된 후에 연료가 공급되고 Igniter가 점화되어 엔진의 Turbine Compressor가 회전하는 것을 이해한다.

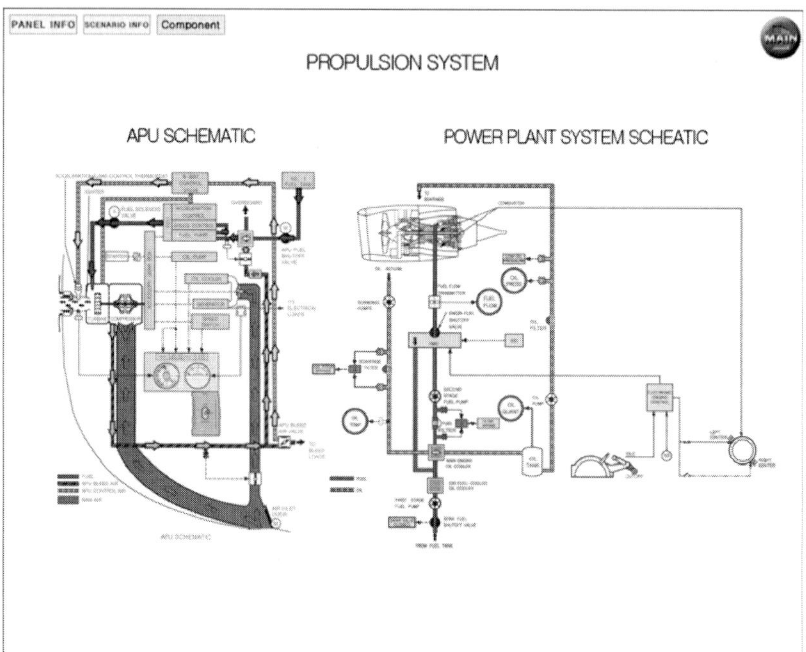

그림 10.8 ENGINE STARTING 과정

6) FUEL QUANTITY INDICATORS의 CENTER, No. 1, No. 2 TANK INDICATOR에 급유량이 증가되는 것이 표시된다.

7) 각 TANK가 MAX량까지 FUELING 되면 자동적으로 중단되며, 화면에 "2~3% TANK SPACE를 남기고 FUELING한다"는 메시지 출력한다.

참고문헌

1. "Boeing 737 operations manual," Boeing

2. "Aircraft Systems: Mechanical, Electrical and Avionics Subsystems Integration," Ian Moir and Allan Seabridge, Jun. 3, 2008

3. "Aviation maintenance technician handbook airframe," Vol. 1, 2, FAA

4. "Aircraft Fuel Systems," Roy Langton, Chuck Clark, Martin Hewitt and Lonnie Richards, Jul. 21, 2009

5. "항공기서브시스템," 이부일, 경문사, 2015

찾아보기

(1)

1차 비행조종면 104
1차 열교환기(primary heat exchanger) 31

(2)

2-wheel bootstrap 27
2차 열교환기(secondary heat exchanger) 31

(3)

3-wheel bootstrap 27

(A)

active thermocouple 147
Advisory Lights 184
Air cycle systems 26
APU(Auxiliary Power Unit) 208

(B)

Backup VF generator 170
basic simple bootstrap 27

(C)

Chemical anti-icing system 58
Combustion heaters 26

(E)

EICAS(Engine Indication & Crew Alerting system) 184
Electric heating 25
Electro-magnetic impulse system 60
Electrothermal system 58
EPU(Emergency Power Unit) 208
eutectic salt 148
Exhaust shroud heaters 25

(F)

feed tank 80

(H)

hot rod ice detector 61

(I)

IDG(Integrated Drive Generator) 168
inverter 168

(M)

MEA(More Electric Aircraft) 168

(N)

negative pressure relief valve 31

(O)

outflow valve 30

(P)

Permanent Magnet Generators(PMGs) 170
Pneumatic de-icing boots 59
power-to-weight 104
pressure capsule 62
pressure operated ice detector 62
pressure relief valve 31
Pressure type continuous loop systems 150

(R)

PRSOV 밸브(pressure regulating and shut off valve) 64
R12(dichlorodiflurornethane) 28
R134a (tetrafluoroethane, CF3CFH2) 28
Ram Air Turbine(RAT) 170
RAT(Ram Air Turbine) 210
reference thermocouple 147
rigid removable tank 82

(S)

serrated rotor ice detector 61
Stall Warning System 186
supercharger 29

(T)

Terrain Proximity Warning system 185
Thermal battery 209
Thermal pneumatic(hot bleed air) system 57
Thermal switch system 146
thermistor 149
Thermocouple system 147
Transformer Rectifier Units(converter) 171
trim tank 82
turbocharger 29

(U)

ultrasonic vibrator ice detector 63

(V)

Vapor cycle systems 27
VF generator 174
VSCF(Variable Speed Constant Frequency) 168

(W)

water separator 31

(가)

객실 상승률(cabin rate of climb) 30
객실고도(cabin altitude) 30
경고등(Warning Lights) 184
공압 터빈 시동기(air turbine starter) 206
공중 충돌 회피장치(Traffic Alert and Collision Avoidance System 혹은 Airborne Collision Avoidance System) 186
광물성유(Mineral Base Fluid) 110
교류 발전기(AC generator) 167
기체통합 탱크(integral tank) 82
기화기(evaporator) 27

(다)

대지 접근경보장치(Ground Proximity Warning system) 185
동력전달장치(PTU 111

(라)

레저버(Reservoir) 106
리튬이온 배터리 170

(바)

벤트시스템(vent systems) 80
불용 연료(unusable fuel) 79
블래더 탱크(bladder tank) 82
비상동력시스템(emergency power system) 169

(사)

스케벤지 펌프(scavenge pump) 83
스탠드 파이프 112
승압펌프(boost pump) 83
식물성유(Vegetable Base Fluid) 110

(아)

압축기(compressor) 27
여압조절 25
연료 수준 측정 센서(Level sensors) 84
연료공급(Fuel feed) 78
연료배출(fuel jettison) 81
연료의 가압(Fuel pressurization) 77
연료이송(Fuel transfer) 78
연속 루프형 감지센서(continuous loop type sensor) 148
윈드쉴드(windshield) 60
유압 작동기(actuator) 109
유압밸브(Hydraulic valves) 109
유압펌프(Hydraulic pumps) 107
유전율(dielectric constant) 84
이송펌프(transfer pump) 83
이젝터 펌프(ejector pump) 83
인버터(Inverters) 171

(자)

정속 구동장치(Constant Speed Drive) 168
정전용량식 센서(Capacitance sensors) 84
주의등(Caution Lights) 183
중앙집중식 통합경보장치(Central Master Warning/Caution Panel) 182
직류 발전기(DC generator) 167

(차)

초음파 센서(Ultrasonic probes) 84
축기(condenser) 27
축압기(Accumulator) 108

(카)

크로스 피드(cross feed) 79

(파)

팽창밸브(expansion valve) 27

(하)

합성유(Synthetic Fluid) 111

저 자 약 력

이 부 일

- KAIST 항공공학과(박사)
- KAI T-50 계통팀 근무(1993년 ~ 2005년)
- 항공기체기술사
- 現 한국폴리텍 항공대학 근무

저자와의 협의에 의해 인지 생략

항공기장비 실습

1판 1쇄 2015년 9월 1일

저 자 이부일
발행인 송광헌
발행처 복두출판사
주 소 서울특별시 영등포구 경인로82길 3-4 센터플러스 807호 (우) 07371
전 화 02-2164-2580
FAX 02-2164-2584
등 록 1993. 11. 22. 제 10-902 호

정가 : 15,000 원

ISBN : 979-11-86541-94-4 93550

한국과학기술출판협회 회원사